U0589527

个人形象与社交礼仪

任丽华　姚冬玉　王绍晶　**编著**

东北大学出版社

·沈　阳·

ⓒ 任丽华 姚冬玉 王绍晶 2018

图书在版编目（CIP）数据

个人形象与社交礼仪／任丽华，姚冬玉，王绍晶编著. — 沈阳：东北大学出版社，2018.7（2025.1 重印）
ISBN 978-7-5517-1928-5

Ⅰ. ①个… Ⅱ. ①任… ②姚… ③王 Ⅲ. ①个人—形象—设计 ②社交礼仪 Ⅳ. ①B834.3 ②C912

中国版本图书馆 CIP 数据核字（2018）第 157361 号

───────────────────────────

出 版 者：东北大学出版社
　　　　　地址：沈阳市和平区文化路三号巷 11 号
　　　　　邮编：110819
　　　　　电话：024-83687331（市场部）　83680267（社务部）
　　　　　传真：024-83680180（市场部）　83680265（社务部）
　　　　　E-mail：neuph@ neupress. com
　　　　　网址：http：//www. neupress. com
印 刷 者：三河市万龙印装有限公司
发 行 者：东北大学出版社
幅面尺寸：787mm×1092mm　1/16
印　　张：22.75
字　　数：370 千字
出版时间：2018 年 7 月第 1 版
印刷时间：2025 年 1 月第 3 次印刷
责任编辑：石玉玲
封面设计：潘正一
责任出版：唐敏志
───────────────────────────
ISBN 978-7-5517-1928-5　　　　　　定 价：46.00 元

前　言

中华民族自古以来就是"礼仪之邦"。早在一万八千年前，北京周口店的山顶洞人戴上了兽齿、石珠串成的"项链"，便拉开了中华礼仪的序幕；周朝，我国流传至今的第一部礼仪专著——《周礼》诞生了；春秋时期，孔子首开私人讲学之风，其"不学礼，无以立""质胜文则野，文胜质则史，文质彬彬，然后君子"等言说被弟子载于《论语》；汉代的《礼记》集上古礼仪之大成，是封建时代礼仪的主要源泉……中华礼仪文化源远流长，博大精深。

作为中国传统文化的一个重要组成部分，中国礼仪文化在我国面向世界展示传统文化独特魅力、提高文化软实力的进程中，肩负着重要的使命。

礼仪的核心是"尊重"，尊重他人，尊重自己。

在社会人际交往中，适当的打扮不仅是对他人的尊重，也是尊重自己的表现。良好的个人形象包括合适的发型、整洁的妆容、得体的服饰、恰当的举止等。"腹有诗书气自华"，个人的内在修养也极为重要，应做到彬彬有礼、言之有物，使交往对象感到舒服、愉悦。"内外兼修"应是每个人一生不断努力的目标。

本书融知识性、指导性、可操作性于一体，在内容上，涵盖了"个人形象"与"社交礼仪"两部分内容。"个人形象"包括仪容、仪表、仪态礼仪等；"社交礼仪"包括见面、介绍、名片、言谈、宴请等日常交际礼仪和接待与拜访、电话、谈判、开业与剪彩等商务礼仪。

在结构上，采用模块形式并设有"开篇有'礼'""技能点""礼仪小链接""案例分析""技能训练"等框架模式，便于读者学习和掌握礼仪技能。各个模块之间环环相扣，保证读者能够循序渐进地"知礼、习礼、用礼"。

本书在编写过程中，借鉴了一些专家、学者的相关研究成果，在此深表谢意！由于时间仓促、资质有限，本书难免会有疏漏之处，恳请广大专家、读者们提出宝贵意见。

编者

2018 年 6 月

目 录

第一部分　礼仪概述

◇开篇有"礼"◇

一个总经理在报纸上登了一则广告，要雇一名勤杂工到他的办公室做事。有五十多人闻讯前来应聘，这个总经理选中了一个男孩子。

"我想知道，"他的一个朋友问道，"你为何喜欢那个男孩，他既没有带介绍信，也没有受任何人推荐。"

"你错了，"总经理说，"他带来许多介绍信。他在门口蹭掉脚下的土，进门后随手关上了门，说明他做事小心仔细；当看到老人时，他立即起身让座，表明他心地善良、体贴别人；进了办公室先脱去帽子，回答我提出的问题干脆果断，证明他既懂礼貌又有教养。"

他接着说道："其他应聘者都从我故意放在地板上的那本书上迈过去，而这个男孩却俯身捡起来，并放回桌子上。当我和他交谈时，我发现他衣着整洁，头发梳得整齐，指甲修得干干净净。难道你不认为这些小节是极好的介绍信吗？我认为这比介绍信更为重要。"

（阿为. 最好的介绍信［J］. 语文教学与研究，2006（9）：49.）

中国是四大文明古国之一，自古以来就有"礼仪之邦"的美誉。古人曰："中国有礼仪之大，故称夏；有服章之美，谓之华。"这就是"华夏"的来源，所以我们被称为"华夏子孙"。礼仪是人类文明的结晶，在传统文化中占有重要的地位。随着社会的不断进步，礼仪在现代生活和人际交往中越来越显示出其重要性。

模块一 礼仪的起源与发展

中华民族是人类文明的发祥地之一，文化传统源远流长。礼仪作为中华民族文化的渊薮和基质，也有着悠久的历史。礼仪源于人类社会形成之初，经历了漫长的发展过程。

技能点一 礼仪的起源

礼仪究竟何时何故而起，自古以来，人们做过种种探讨。

"礼仪祭祀说"。汉代学者许慎在《说文解字》中说："礼，履也，所以事神致福也。"远古时期，人类的生存环境极为恶劣，强大的自然力和恶劣的生存环境超出了人类思维所能理解的范围，形成了人类对风雨雷电、日月星辰、山川丘陵、凶禽猛兽的崇拜。在崇拜中，人类创造了神话，创造了祭神的仪式，于是礼仪就产生了。如图 1-1-1 所示，在"礼"

图 1-1-1

字从甲骨文到楷书的字体演化中，都体现出祭神祈福的内容。这种对神的祭礼慢慢渗透到人们的日常生活中来，如吃喝、耕作、狩猎、行军、打仗等，这些活动也要按照适当的程序进行。

"礼仪交往说"。在原始社会，人们以狩猎为主，周围的环境充满了危险，所以他们的手中经常拿着石头或棍棒以防身。与不熟悉的人相遇时，如果心怀善意，便摊开自己的手掌，向对方示意手中并没有武器，两人互相摸摸手心，以示友好。这一源于交往安全需要的动作沿袭下来，就是今天常见的握手礼。

"礼仪风俗说"。我国传统节日众多，且有内容丰富、形式多样的节日习俗。比如，端午节传说是为了纪念爱国诗人屈原，他于五月初五这天投汨罗江自尽。据说，屈原投江后，当地百姓马上划船进行捞救。有人怕江里的鱼吃掉屈原的身体，就把饭团、鸡蛋等食物丢进江里。这些后来就演化成了端午节划龙舟、吃粽子的习俗。

技能点二　礼仪的发展

礼仪孕育于商代，而周朝是中国古代礼仪趋向完善的时代，孔子、孟子等思想巨人则发展和革新了礼仪理论。纵观我国礼仪的形成和发展，大致经历了以下几个时期。

1. 礼仪起源期：夏以前（公元前 21 世纪前）

原始社会是礼仪的萌芽时期，礼仪较为简单，还不具有阶级性。比如，部族内部的尊卑等级的礼制、祭神祈福的祭典仪式等都起源于这个时期。

2. 礼仪形成期：夏、商、西周（公元前 21 世纪—前 770 年）

在奴隶社会，统治阶级为了巩固自己的统治地位将原始的宗教礼仪打上阶级的烙印。周朝对礼仪建树颇多，特别是周武王的兄弟、辅佐周成王的周公，对周代礼制的确立起了重要作用。全面介绍周朝制度的《周礼》，是中国流传至今的第一部礼仪专著。

3. 礼仪变革期：春秋战国（公元前 771—前 220 年）

在这一时期，以孔子、孟子、荀子为代表的诸子百家对礼教进行了研究和发展，对礼仪的起源、本质和功能做了系统阐述，第一次在理论上全面、深刻地论述了社会等级秩序的划分及意义。

孔子（图 1-1-2）非常重视礼仪，他认为："不学礼，无以立"（《论语·季氏》），"质胜文则野，文胜质则史。文质彬彬，然后君子"（《论语·雍也》）。他编订的《仪礼》，详细记录了战国以前贵族生活的各种礼节仪式。与《周礼》和孔门后学编写的《礼记》，合称"三礼"，深刻影响了以后很多朝代（如汉、唐、宋等），是我国最早的礼仪学专著。在汉代以后的两千多年里，它们一直是国家制定礼仪制度的经典著作。

孟子把"礼"解释为对尊长和宾客严肃而有礼貌，即"恭敬之心，礼

图 1-1-2

也"；主张"以德服人"，讲究"修身"。

荀子把"礼"作为人生哲学思想的核心，把"礼"看作做人的根本目的和最高理想，"礼者，人道之极也"；提倡礼法并重，"礼之于正国家也，如权衡之于轻重也，如绳墨之于曲直也。故人无礼不生，事无礼不成，国无礼不宁。"（《荀子·大略》）

4. 礼仪强化期：秦汉—清中期（公元前221—1795年）

西汉初期，叔孙通协助汉高祖刘邦制定朝礼之仪，发展了礼的仪式和礼节。孔门后学编撰的《礼记》问世于汉代，包含古代风俗、饮食起居、家庭礼仪、服饰制度、道德修养等，堪称集上古礼仪之大成，是封建时代礼仪的主要源泉。盛唐时期，《礼记》由"记"上升为"经"，与《周礼》《仪礼》合称"礼经三书"。宋代，家庭礼仪研究著作颇丰。明代，交友之礼更加完善，忠、孝、节、义等礼仪日趋繁多。

5. 礼仪衰落期：清末期（1796—1911年）

清军入关后，逐渐接受汉族礼制并复杂化，导致一些礼节烦琐无比。例如，清代的品官相见礼，动辄一跪三叩，甚至三跪九叩。清代后期，古代礼仪盛极而衰。从19世纪中期开始，帝国主义用其坚船利炮打开了中国的大门。西方的科学思潮、价值观念、礼仪习惯也伴随着船炮一起涌入中国，打乱了千百年来未变的礼仪体系，使中国人的礼仪规范中吸纳了很多西方礼仪内容。北洋新军时期的陆军便采用西方军队的举手礼，以代替不合时宜的打千礼。

6. 现代礼仪期：民国时期（1912—1949年）

1912年，孙中山先生就任中华民国临时大总统。破旧立新，用民权代替君权，改易陋俗，正式拉开现代礼仪的帷幕。今天世界通行的见面礼节——握手礼——就由孙中山等人引入中国，首先在同盟会中实行，孙中山还曾亲自向革命党同志做握手的动作示范。

7. 当代礼仪期：新中国成立后（1949年至今）

中华人民共和国宣告成立后，中国的礼仪发展经历了礼仪革新、礼仪扭曲和礼仪复兴三个阶段。改革开放后，随着东西方交流的增多、西方发达国家在华投资的增加，西方的一些礼节也以更快的速度传入我国，使我国的礼仪又增加了许多新的、符合国际惯例的因素。

模块二 礼仪的内涵与作用

技能点一 何为"礼仪"

著名历史学家钱穆先生在会见美国学者邓尔麟时说:"中国文化的特质是'礼',它是整个中国人世界里一切习俗行为的准则,标志着中国的特殊性";孔子说:"非礼勿视、非礼勿听、非礼勿言、非礼勿动";著名思想家颜元说:"国尚礼则国昌、家尚礼则家大、身尚礼则身修",都体现了我国自古以来对礼的重视。

在西方,"礼仪"最早见于法语的"etiquette",原意是法庭上的通行证。法庭,无论是在古代,还是在现代,为了展现司法活动的威严,为了保证审判活动能够合法有序进行,总是安排得庄严肃穆、戒备森严,所有进入法庭的人员必须十分严格地遵守法庭纪律。在社会交往中,人们也必须遵守一定的规矩和准则,只有这样,才能保证文明社会得以正常维系和发展。于是,当"etiquette"一词进入英文后,就有了"礼仪"的含义,意即"人际交往的通行证"。

后来,礼仪一词的含义逐渐独立并明确起来。简单地说:"礼",即礼貌、礼节;"仪",即仪表、仪态、仪式、仪容。礼仪的核心就是尊重。"礼"是"仪"的灵魂,"仪"是"礼"的外壳,二者互为依存、缺一不可。

礼仪,就是人们在社会的各种具体交往中,为了互相尊重,在仪表、仪式、仪容、言谈举止等方面约定俗成的、共同认可的规范和程序。

在今天,理解礼仪的含义,应从以下三个方面入手。

①礼仪是一定社会、处于一定关系中的人们共同认可的行为规范,它与胡作非为、为所欲为是不相容的。

②礼仪是为维系和发展人际关系而产生的,它必须随着人际关系和其他各种社会关系的发展而发展。

③礼仪在实践中是一个情感互动的过程,礼仪是施礼者与受礼者尊重互换、情感互动的过程。

技能点二　礼仪的特征和原则

（一）礼仪的特征

1. 礼仪行为具有规范性

规范性是礼仪的本质特点。它告诉人们应该怎样做，不应该怎样做；怎样做是对的，怎样做是错的。例如：无论谈什么事，都要用礼貌用语；在公关活动中，人们应该怎样施礼，也都有一套行为规范。

2. 礼仪规范具有普遍性

一方面，从古至今，礼仪始终贯穿于人们的一切交往活动中，并且普遍地被人们接受和确认。礼仪不但伴随着人类社会的发展而不断发展，而且贯穿某一活动过程的始终。另一方面，礼仪不仅在一个地区、一个部门，而且在全世界范围被确认。尽管不同地区呈现出不同的礼仪表现形式，但就其注重礼仪行为这一点来说，是相同的。

3. 礼仪形式丰富多样

礼仪的种类繁多，表现形式也多种多样，例如：日常交际活动就有鞠躬礼、握手礼、致意礼、拥抱礼等多种形式；正式社交场合，礼仪更是多种多样，礼仪的要素也比较严格。形成礼仪多样性的基本原因是各国历史发展的背景不同。各地区、各民族的风俗习惯不同，也是形成礼仪多样性的主要原因。

4. 礼仪具有情境性

礼仪的情境性是指人们的礼仪行为要自然、和谐、恰到好处。该什么时候施礼，施以什么样的礼，都要因人、因时、因地而宜，否则就不能达到增进感情、交流思想的目的。

（二）礼仪的原则

礼仪的核心是"尊敬"。礼仪主要起规范作用，规范则有标准和尺度。礼仪水平的高低反映出个体或群体的修养和境界。礼仪的原则可大致概括为以下四条。

1. 平等原则

现代礼仪中的平等原则，是指以礼待人、有来有往，既不能盛气凌人，也不能卑躬屈膝。平等是现代礼仪的基础，是现代礼仪有别于以往礼仪的主要原则。

2. 互尊原则

古人云："敬人者，人恒敬之。"尊重是礼仪的情感基础，人们彼此尊重，才能保持和谐愉快的人际关系。

3. 宽容原则

心胸坦荡、豁达大度，能设身处地为他人着想，谅解他人的过失，不计较个人得失，有很强的容纳意识和自控能力。"海纳百川，有容乃大。"一是入乡随俗；二是理解他人；三是虚心接受批评。

4. 自律原则

礼仪宛如一面镜子。对照礼仪这面镜子，可以发现自己的形象是英俊、美丽，还是丑陋、俗气。因此，要知礼、受礼，自我约束，在社会生活中时时处处自觉遵守礼仪规范，努力树立良好形象，做一个受大家欢迎的人。

技能点三 礼仪的作用

礼仪是人们长期社会生活实践中约定俗成的一种行为规范；礼仪是社会用来维护政治秩序和规范人民的客观需要；礼仪是提高人的自身修养、衡量人的道德水准的有效途径。

（一）约之以礼

孔子说："博学于文，约之以礼。"礼仪对人有十分巨大的约束作用。古语说："行为心表，言为心声。"西方谚语也有类似的说法："行为是心灵的外衣。"这两句话都在表达一个意思，即一个人的语言行为是思想修养的外在表现。从这一点来说，人们的礼仪行为具有对道德修养的表达功能。因此，礼仪通常具有很强的约束性。

（二）提升自我

礼仪可以体现施礼者和还礼者的内在品质和素养。注重礼仪的培养，这是体现人格的大事。修养是个人魅力的基础，其他一切吸引人的长处均来源于此。古人云："修身、齐家、治国、平天下。"把"修身"列在首位，说明良好的个人修养是成就事业的前提。

道德修养是指一个人在道德观念、道德境界、道德行为方面的素养。要通过学习提高、工作磨炼自觉养成一种良好的政治思想修养、业务素质修养、道德修养和习惯。一个人的修养不是一朝一夕形成的，需要经常努力，不断完善自己。

【礼仪小链接】

美与善的化身
——著名记者侯波眼中的宋庆龄

首次见到宋庆龄，给我的印象是美丽、高贵、优雅。她像高山白雪，令人叹为观止。住到一起，我深切地感受到的又是端庄、宁静、温柔、睿智、贤惠。她是美与善的化身，每一个动作都十分自然，无论是一瞥目光、一个微笑，还是一声轻唤，都充满了美的魅力，令人陶醉，使人着迷。难怪有人说：她只要往那一站，就为中国人争了光……但是她绝不孤傲。进餐时，她礼貌、优雅，很讲卫生，搞分餐制；她将甜饼子夹到卫士前边的碟子里，然后给翻译等人员都夹了甜饼子，自己才坐下来吃饭。

（权延赤．领袖泪［M］．呼和浩特：内蒙古人民出版社，2004：233-234.）

（三）成就个人

礼仪是个人成功的保证。卡耐基认为：一个人事业的成功只有15%是他的专业技术，而85%则要靠人际关系和他为人处世的能力。翩翩的风度、高雅知礼的举止是美好的个人形象和组织形象的外在体现，知书达礼，会使人乐于交往、合作，从而为事业成功、家庭幸福开启大门。

（四）完美企业

具有完美礼仪的员工的企业，具有完美的企业形象，使企业在很大程度上获得良好的社会效益。学习礼仪也可以说是为了形象、为了效能、为了服务等，但如果概括成一个字，学礼仪就是为了"美"，即为了个人拥有一种美好的形象，为了组织享有一种美好的声誉。对任何组织来说，不管它是营利，还是非营利，形象是最根本的。形象是立身之本，也是赢得他人了解、理解、支持、信任的基础和条件。

模块三　礼仪修养

在参加各种交际活动时，人们的一言一行都关系到自身的体面，其个体表现是否符合社交礼仪规范，直接影响个人形象、所在组织形象及交往效果。具有良好的社交礼仪风度的人，在任何交际应酬场合都会受到交际对象的欢迎。那么，如何加强自身的礼仪修养呢？

技能点一 礼仪修养的含义

塑造人的形象就称为礼仪（图1-3-1）。礼者，敬人也。礼多人不怪。礼与仪互为因果，仪是礼的表现形式。礼仪修养即礼仪达到的一种程度。礼仪修养是指人们为了达到某种社交目的，按照一定的礼仪规范要求，结合自己的实际情况，在礼貌的品质、意识等方面所进行的自我完善和自我改造。

图1-3-1

礼仪修养并非与生俱来，它是在一定的社会环境和物质生活条件中通过社会生活的实践、教育的熏陶和个人自觉的培养逐步形成的。"成于中而形于外"，礼貌待人绝不是简单的学习、模仿，更不是形式主义。大学生在学习礼仪行为规范的同时，还要注重自己的内在修养，在勤奋求知中不断地充实自己，以提高自己的礼仪水平。

举止大方、谈吐不俗、温文尔雅和高雅风度的良好礼仪修养，绝不是一朝一夕的学习和简单的模仿所能习得的，必须经过长期的学习、实践、积累和反复的运用、体验，才能真正掌握其精髓。

技能点二 礼仪修养与传统道德修养

礼仪具有几千年传承不衰的性质，因此，它本身就是传统道德的一种载体和化身。它所体现的是中华民族几千年的思维模式、行为方式和价值取向，影响着每一个中国人的日常生活和为人处世。

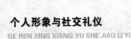
（一）诚实守信、礼敬他人

诚实守信、礼敬他人，是一种美德，是做人的准则，也是做人做事的基本礼仪。诚实是我们对自身的一种约束和要求，讲信誉、守信用是外人对我们的一种希望和要求。守信就是信守承诺，说话算数、讲信誉、重信用，履行自己应承担的义务。诚实是守信的基础，守信是诚实的具体表现。

（二）谦和忍让、社会和谐

礼的根本精神、根本宗旨是对对方的谦恭和礼让。《易经》有"满招损，谦受益"，孟子曰"辞让之心，礼之端也"，毛泽东的"虚心使人进步，骄傲使人落后"，一直是现代人做人做事的行为准则。

（三）勤劳节俭、适度节制

礼仪要求适度和节制，凡事不宜过分，即孔子所说"过犹不及"，这一思想体现在衣食住行等生活细节上就是勤俭节约。孔子学习《易经》达到"韦编三绝"，法国作家福楼拜读书的灯光成为夜间行船的灯塔，美国发明家爱迪生"成功是由一分天才加上九十九分的汗水组成的"，等等，都讲的是这个道理。

（四）团结互助、礼尚往来

礼仪除要求人自身的行为举止规范外，还应该有"团队意识"，即人与人之间要团结互助。任何一个人都不能脱离社会而独立存在。孔子的"己所不欲，勿施于人""己欲立而立人，己欲达而达人"，都要求人要与人为善、助人为乐、团结互助。

技能点三　提高礼仪修养的方法

（一）加强学识修养

礼仪规范从形式上看，只是些举手投足、表情达意的小事，没有什么复杂高深的学问和技能技巧，但是，要真正成为一个懂礼之人，却必须加强自己的学识修养。首先，需具有一定的文化知识基础。其次，还需要精通礼仪所涉及的许多专业学科知识。例如，公共关系学、伦理学、管理学、市场学、人际关系学、心理学、美学、语言学、民族学、传播学、动作语言学等。最后，礼仪还涉及提高个人道德修养，了解各地区、各国家的风俗习惯等。

（二）树立公众意识

现代社会是信息社会，每个社会组织都有很大的开放度，社会组织之间竞争非常激烈。可以说，哪个社会组织赢得了公众的芳心，那么，这个社会组织就有了制胜的法宝。在市场经济条件下，无论是生产领域还是流通领域，都要经常变换公众的对象，与不同的"上家"和"下家"打交道，今天可能还互不相干，明天可能就是很好的合作伙伴。这就要求人们打破原有的"官本位"观念。为塑造自己组织的良好形象，应在所有显在或潜在的公众对象面前注重仪表仪态；讲礼貌，守礼节，同时为公众利益着想，时时把公众利益放在首位，只有这样，才能树立组织良好形象，获得公众的美誉。有这样一个实例，就很说明问题。重庆市一个私营企业经理有一天按约出发乘公共汽车去和一个"大买主"进行销售谈判，车上人多拥挤，这个经理踩了一个女士的脚，当这个女士抬头注视他的时候，这个经理不但没有道歉，反而说了两句难听的话。到站下车后，当这个经理到达对方办公室时，发现经理办公桌后坐着的不是别人，正是被他在车上踩了脚的那个女士。这场谈判尚未开始，就宣告结束了。

（三）以自觉为前提

礼仪修养要有一定的理论学识作基础，也需要接受一定的理论和实践的专门训练，但是，礼仪修养的起点、过程，都离不开公关人员的主体自觉性，或主观能动性。只有当自己对"公众""互利""长远""美誉""形象至上""风度""修养""理解""信任"等观念深刻理解之后，只有当自己充分认识到公关礼仪的重要性，理解公关礼仪与自己组织之间的利益关系，公关礼仪的潜在效果，等等之后，才有可能去用心学习、钻研、感悟、实践各种礼仪规范和程序，才会不懈地为美化组织形象而努力。

（四）以真诚为信条

礼仪对于公务活动的目的来说，虽然只是形式、手段的东西，但却应当成为公务人员情感的真诚流露与表现。礼仪的核心，在于从根本上体现组织对公众的关心、重视和尊敬，如果没有对公众的真诚、尊重和关心，一切礼仪都将变成毫无意义的东西。礼仪不是摆谱、做花架子；否则，就会引起公众的反感，甚至可能导致公务活动的失败。

模块四　中西方礼仪之异同

西方礼仪是指不同于中国礼仪的一种西式文明，包括道德观念、日常会面、商务往来、衣食住行等各个方面的礼仪方式。这些礼仪方式与我们中国人常见礼仪有些不同，甚至有些差别很大。了解中西方礼仪的异同对今后我们与西方人士进行人际交往将会有很大帮助。

技能点一　相同点

礼仪是相通的，中西方礼仪的共同特点是敬人、爱己，人们都以讲文明、懂礼貌为荣。

技能点二　不同点

①中国人重家族、重群体；西方人重"唯我"，强调个人独立，追求个体自由。

中国人历来有重视群体的价值观，"能群者存，不群者灭；善群者存，不善群者灭"。由于重群，中国人便产生了重家族的价值观念。对中国人来说，国就是家，家就是国，家国同构，国可以说是家的概念的延伸和扩展。

西方国家竭力主张个性解放和人身自由，反对人身依附关系，主张人格平等独立。

在中国，询问人的年龄、婚否、薪金多少，可以看作对他人的关心；而在西方，则会被看成对他人的不尊重，侵犯他人隐私。

②中国人重视等级和身份；西方人主张人生而平等，男女平等，女士优先。

在中国古代，尤其是封建统治者，为了维护其统治，用礼来约束人们，主张贵贱有等、长幼有序。在中国古代家庭生活中，"礼"是非常重要的。它要求家庭成员必须遵守敬老爱幼、长幼有序、尊卑有秩等规则。在今天的现实生活中，我们依然受其影响。

西方社会阶层的对立和差别是客观存在的，但是不同阶层的人在日常生活中却十分看中自己的尊严，带有等级色彩的礼仪没有市场，不受欢迎。

例如，西方有女士优先的传统，许多礼仪都是从尊重妇女的角度进行规范。

③中国人情感含蓄，谦让克己；西方人情感外露，重视实用。

中国人讲究谦让克己。认为"满招损，谦受益"，不愿过分招摇，善于控制自己的情感，表现在礼仪上就是十分谦虚客气。例如，感情再好的中国夫妻一般也不会当众做出过分亲昵的举动。

西方社会竞争激烈，讲究办事效率，说话直来直去，切中要害，而且情感炽热，不善掩饰。

例如，在接受礼物时，中国人和西方人的做法大相径庭。中国人收礼时，通常会客气地推辞一番，接过礼物后，一般不当面拆开礼物。而西方人收礼时一般不推辞，而是先表示谢意，当面拆开礼物，并对礼物赞扬一番。

【礼仪小链接】

2011年，两个美国客户到中国某公司参观工厂和展厅。因为他们是大客户，所以公司的副总经理、外贸部经理、主管和一个业务员共四人出来迎接他们。这两个美国客户到达公司时是午饭时间，中方的副总经理有礼貌地问："现在是午饭时间了，请问你们想进午餐吗？"事先，双方都了解了对方国家的文化，中方知道美国人比较直接，所以就询问要不要吃午饭。而美方的回答是"不是很饿，随便"，其实美方客户已经很饿了，但是知道中国人善于间接表达，于是就委婉地说"随便"。于是，美国客户饿着肚子跟着热情的中方人员参观了工厂。在参观工厂时，其中一个美国客户看到了一张贴错英文字母的海报，当场就指着那张海报说："喂，你看，那张海报的英文写错了。"副总经理认为美方客户不给他面子，很不高兴。这时业务员说："本来想换掉的，时间比较匆忙，就先过来接待你们了。"参观完展厅，到了价格谈判阶段。美国客户直接问如果他们下订单，中方能够给多少折扣。中方抓住美方直截了当和没有耐心的性格特点，故意扯东扯西，就是没有直接给出最终价格，谈判持续了大概半小时，一个美国客户急了，说："如果贵方不给出最低价，我们就去找其他厂家。"中方经过紧急商议之后，决定先和美方客户去饭店吃饭。吃饭时中方敬了两个美国客户很多酒，虽然吃饭期间美国客户又问到最低产品价格，但是中方还是没有回答。

一直到双方都喝醉。第二天一早，美国客户收到了中方副总经理助理发来的邮件，中方最终答应给美方最低的出厂价。两个美国客户虽然摸不着头脑，但还是很高兴地回国了。

④中国是礼仪之邦，注重礼尚往来；西方是法制之国，讲究依法办事。在中国，人际交往中更多体现出人情味儿；在西方，法律是社会的最高权威。

【案例分析】

跨国 M 公司受 A 公司总裁王某的邀请去 A 公司实地考察投资项目，陪同考察过程中王某无意间在车间吐了一口痰，被 M 公司的考察人员注意到，考察团回国后立即取消了此次投资计划。

思考：为什么 M 公司会取消投资计划？

【技能训练】

训练一：分小组收集中外历史上因注重礼仪而取得成功的案例。
训练二：讨论作为一名即将走入职场的大学生，应该如何进行礼仪修养的训练。

第二部分　个人形象礼仪

◇开篇有"礼"◇

小张是一家物流公司的业务员。他口头表达能力不错，对公司的产品、服务及业务流程都十分熟悉，给人感觉朴实又勤快，在业务人员中学历是最高的。可是，他的业绩总是上不去。

小张自己非常着急。部门经理选择了一个合适的机会，善意提醒了他，小张这才知道问题出在哪里。原来，小张从小有个大大咧咧的性格，不修边幅。他的头发经常乱蓬蓬，双手指甲很长也不修剪，身上穿的白衬衫皱皱巴巴、变色了也不知道换。他还爱吃煎饼卷大葱，却不知道怎样去除口中异味。小张这种随意的性格能被生活中的朋友包容，但在工作中常常过不了与客户接洽的第一关。其实小张的这种形象在与客户接触的第一时间已经给人留下不好的印象，让对方觉得他是一个对工作不认真、没有责任感的人，通常与客户很难有进一步的交往，更不用说承接业务了。

自此，小张从改变个人形象上狠下功夫。他注意保持自己的头发干净、整洁、长度适中；勤修剪指甲；经常换洗白衬衫，每天身上穿的白衬衫都是洁白、平整的；吃完饭马上漱口，见客户前绝不吃有异味的食物。一段时间后，客户们逐渐改变了起初对小张的不好印象，小张的业绩直线上升，年底还得到了"优秀员工奖"。

（http：//www.zaidian.com/qitaliyi/577008.html）

模块一　仪容礼仪

仪容主要指人的容貌，而且是经过修饰以后能给人以良好直觉的容貌。仪容之美体现了自然美和修饰美的和谐统一。"三分长相，七分打扮"，恰到好处的修饰能弥补自身的某些缺陷，展现一个人的仪容之美。

技能点一　发型礼仪

按照人们的一般习惯，在打量一个人时，往往是从头部开始的，因此，发型是个人形象的重中之重。发型礼仪要求人们依据自己的审美习惯、工作性质和自身特点，对头发进行清洁、修剪、保养和美化，做到保持干净、长短适中、发型得体。

一、头发常识

人的头发约有 12 万~15 万根，多者可达 20 万根，每天长 0.30~0.35 毫米，头发的生长期大约为 2~5 年，每日要掉 20~30 根，多者掉 50~100 根，但又不断长出新的头发，大约每 5 年头发就要更换一次。

人的头发的主要成分是角蛋白、色素和脂质类。从生理结构上看，每根头发可分为三层：表层、内层和发髓。人的发质取决于头皮的皮脂腺分泌量，可分为三种：干性头发、油性头发、中性头发。皮脂分泌量少的是干性头发；多的是油性头发；皮脂分泌中等的，属于中性头发。

二、头发健康状况判定

（一）以下状况证明头发健康

①头发自然光泽。

②头发柔顺易梳，不分叉，不打结。

③用手抚摸时，有润滑感觉。

④梳时无静电。

⑤头发有弹性和韧性，不易折断。

（二）以下状况证明头发不健康

①掉发严重，一次掉发量较多。

②头发干燥枯黄，毫无光泽。

③发梢分叉、断裂。

④头屑增多，头皮发痒。

⑤头发脆弱，容易折断。

三、头发的保养

（一）注意饮食

蛋白质、碘、维生素 B 等，给头发补给养分，使头发有光泽。要少吃盐、脂肪、辛辣食物，尽量不吸烟，这些东西会使头发不健康。头发缺铁、铜等矿物质会过早地变白，年纪不大，头发斑白，影响个人形象。因此应多吃动物肝脏、蛋黄、黑豆、黑芝麻等含铁、铜等矿物质较多的食物。

（二）多做运动

长时间过度地紧张、疲劳，是头发出问题的主要原因。而多做运动，能够消除紧张，增加血液循环，促使头发健康光泽。

（三）情绪状态

俗话说："笑一笑，十年少，愁一愁，白了头。"可见良好的情绪对头发保养的重要作用，要有良好情绪的前提是提高修养，应注意从修养上下功夫。

（四）正确洗发

①洗发前先梳头，把头皮上的脏污和鳞屑弄松。

②把头发打湿，尽量使里层头发和外层头发一样湿透。选用适合自身发质的洗发水，将洗发水倒在手心，稀释、起泡。不要把洗发水直接倒在头发上、过度刺激头皮。

③洗发时，动作要轻柔，用指腹轻轻按摩头皮。

④冲净洗发水，不要残留在头发上。

⑤把护发素涂抹在发梢，然后再揉搓至发根。用手指肚轻搓头皮，千万不能用手指甲抓挠头皮，大概轻搓两三分钟即可用温水将护发素彻底冲洗干净。油性发质的人，可以只将护发素涂抹在发梢。

⑥洗完头发，先用毛巾包住吸干水分，再用宽齿梳子将头发向前梳，然后用吹风机吹干，从发根吹至发梢。吹头发时，吹风机口要离头发 15cm 左右，否则头发会过干。恒温或加有负离子出风口设计的吹风机，可以保护头发。如果时间允许，最好让头发自然晾干。

（五）科学梳头

①按头发的纹理，把头顶及脑后的头发从发根到发梢往下梳，左右两边的头发则向左右两边梳，用力要均匀，不要猛拉猛梳。

②勤梳头发。梳头时要坚持按摩头部，有利于促进头发的血液循环。

③就寝前，要把束紧的头发散开并梳理好，使头皮解除束缚，得到休息。

（六）减少伤害

①防止阳光的暴晒。过度的日晒会使头发干枯变黄，夏天应戴遮阳帽或打遮阳伞以保护头发。

②游泳时要戴泳帽以保护头发，泳后，把头发冲洗干净。在海水中游泳后，头发中的盐分过多，更能吸收阳光中的紫外线，使头发损害程度加重好几倍，因此应事先涂一些发油，泳后立即冲洗干净。

四、发型的选择

发型即头发经过一定修饰之后所呈现出来的样式。在选择发型时要考虑自己的身材、脸型、年龄、职业。

（一）发型应符合比例原则

比例原则，主要是指发型与身材的比例，应符合"黄金分割规律"，即头长是身长的七分之一。一般来讲，身材细高，头发留的轮廓应是圆形；身材高胖，头发轮廓应构成椭圆形；身材矮，适宜留短发；身材胖，侧发向前蓬松，注意掩盖脸部。

比例原则，还包括发型与脖颈的比例。颈短的人，可使发型稍向上隆起，用舒卷或大波浪来弥补，再配以低领或无领衣服，就可以使视线自颈部上下流动，这样可使人感觉到颈部与头部的和谐。颈长的人，可以使头发平覆于头，同时，穿高领衣服，使视线向中心收缩，压缩颈部，使之看起来缩短，以符合身体比例。

（二）发型应与脸型相配

总的原则是用发型来调整脸部的不足。常用的方法有两招：一是"衬托补充"，即利用发量的增减，反向延伸或收缩脸型；二是"遮盖掩饰"，利用头发来组成合适的线条，以掩盖脸型和面部比例。

1. 椭圆形脸

椭圆形脸是比较理想的脸型，它适合任何类型的发型。

2. 圆脸

圆脸应使发型上的直线多一些，使脸型让人感觉不那么圆。对于男性来说，发脚不可蓄留太矮，顶发可上卷或自然蓬松，不留耳发。

对女性来说，可以把头顶头发挽高，使脸部显长，不留刘海，避免遮额头，并且两边头发可披下，略盖住两颊，以减少脸部的宽度。也可头发侧分，长过下巴，脸也可显得长些。

反过来，若头发紧贴头皮，中间分缝，会使脸显得更圆；而头发蓬松，两边的头发剪得太圆，也会使脸显得更圆。

3. 长脸

可增加头围及脸颊两侧的发量，避免顶部过高，女士还应避免垂直长发，还可以用刘海遮盖一部分前额。

（三）发型应与年龄相符合

年轻女性梳短发显得年轻活泼，披长发则飘逸俊美，因此发型选择的余地较大，不大受年龄制约，而受身材、脸型、性格、职业等因素的制约较大。

中年女性一般不宜留长发。因为披肩长发的活跃感与她们成熟稳重的气质不相称，而且披长发更显老气，所以一般宜留短发、卷发或梳盘髻。

老年女性也宜留短发或梳盘髻发式，显得年轻一些。

对男性来说，中青年男性适合留分头、短平头，分头显得俊秀文雅，短平头显得自信、豪迈、刚健。

老年男性适合梳背头。把顶发和侧发向后梳去，这样的头型显得沉稳、成熟、老练。

（四）发型应考虑职业特点

选择发型还要受到所从事的职业的制约。在工厂车间工作的女性，如果留有长发，那么上班时应该盘成发髻。否则一不小心，头发卷入机器，后果不堪设想。发型虽美，如果构成了危害，则不能称其为美。至于有的饭店老板为了干净卫生、无一头发掉进食物，让所有工作人员剪成光头，这种做法却是走了极端，有哗众取宠之嫌。饭店工作人员戴上专业的帽子，既卫生又漂亮，何苦让他们在秀发和工作之间做出艰难的选择呢？何况，顾客去饭店吃饭，食物是干净了，可是，服务人员的光头能让顾客食欲大增吗？

总之，发型礼仪应综合考虑符合自己的身材、脸型、年龄、职业的特点，有时甚至也要考虑环境、民族、季节及自身头发的特点等因素，梳出适合自己的发型。

技能点二　妆容礼仪

一、肌肤的保养

化妆成功的基础是拥有健康的肤质和肤色。想要拥有充满活力的肌肤，就要注意平日对肌肤的保养。

（一）不吸烟

吸烟不仅有害健康，而且对皮肤伤害很大。实验结果证明，吸烟会导致皮肤缺氧，使皮肤加快老化。吸烟，不仅双肺受到损害，唇部周围也会留下深深的纹路。

（二）勤锻炼

经常锻炼可以改善血液循环，增强皮肤保湿和皮脂平衡调节的能力，令肌肤清新润滑。所以，经常运动是最好的美容手段。建议可采用游泳、做操或到户外散步、跑步、玩各种球类、步行上班等方式来锻炼身体。

（三）使用防晒品

太阳暴晒是皮肤的最大敌人，它的危害是严重的。太阳的伤害是不可逆转的。青少年时期的暴晒一般要在几年后才显示出来，等到发现后，再纠正却为时已晚。现在，许多粉底霜和润肤霜中都含有防晒成分，如果使用专业防晒品护肤，效果会更好。夏天用遮阳伞，是户外活动必备的。

（四）减少食物刺激

不良的饮食习惯，如过量饮酒、茶或咖啡，会改变皮肤的质地。酒精会使皮肤失去水分，导致肤色泛红，也会破坏毛细血管，以致脸部呈灰黄色。过量的咖啡会使粉刺生长，过量食用精加工食品也会引起感觉迟钝并伤害肌肤。试着在日常饮食中逐渐减少它们的摄入量。每天饮食中保证喝8杯水。要多吃新鲜蔬菜和水果，建议每周至少吃3~4次粗粮。

（五）避免紧张忧虑

皮肤学家证实，精神紧张是成年人皮肤产生瑕疵的首要原因。高度紧张会令许多人长出粉刺。有一种理论认为，精神紧张会引起肾上腺素激增，这些激素是引发皮肤丘疹的主要原因。因为它们会促使脂肪的形成。而脂肪不仅堵塞毛孔，而且给加速粉刺形成的细菌提供了营养。

（六）季节性护肤

冷风和干燥的室内空气会吸走皮肤中的水分，令肌肤干燥、起屑、粗糙。表皮受到外界刺激会促使皮脂腺分泌更多的油分，积累到一定程度会长出粉刺。因此，不同的季节应选用不同的护肤用品保护和滋养皮肤。

（七）正确使用化妆品

根据肤质，选择适合自己的化妆品。同时，使用化妆品要选用正规厂家生产的，注意保质期，劣质或过期的化妆品都会对皮肤造成损害。

（八）接受专业美容

专业美容在改善、保养皮肤的同时，还能够由专业美容化妆师给予美容化妆方面的专业指导。

二、如何化妆

古人云"女为悦己者容"，而现代社会人们化妆，既为悦己，使自己充满自信地迎接每天的工作；也为悦人，得体适宜的妆容，是对人际交往对象的尊重。化妆，是运用化妆品和工具，采取合乎规则的步骤和技巧，对面部进行渲染、描画、整理，以增强立体印象，调整形色，掩饰缺陷，表现神采，从而达到美化视觉感受的目的。

（一）化妆的原则

1. 淡雅自然

化妆的最高境界是"妆成有却无"，即没有明显人工美化的痕迹，妆容自然真实。

2. 简洁协调

一般来说，工作妆的重点是嘴唇、眉毛，整个脸部应当只有一个重点，例如，稍微突出眼部或唇部；另外，妆容要和当日服饰协调一致。

3. 适度合礼

根据场合来决定化不化妆和如何化妆，注意在化妆时对本人进行正确的角色定位。

4. 扬长避短

化妆既要扬长，适当地展示自己的优点；更要避短，巧妙地掩饰自己所短。工作妆重在避短而不在于扬长。

（二）化妆的步骤与技巧

化妆可以调整人的五官清晰度与轮廓立体程度。亚洲人的完美面孔比例标准是符合"三庭五眼"的要求，准确把握自身面部的比例，利用化妆手法向"三庭五眼"的比例靠拢，就可以产生美好的效果。

※小知识

什么是"三庭五眼"？

"三庭五眼"指脸的长、宽标准比例。"三庭"指从发际线到眉间连线、眉间到鼻尖、鼻尖到下巴尖，分上、中、下三部分，比例为1:1:1，是标准端正的比例；如果是4:6:4，则更接近黄金分割。"五眼"指眼角外侧到同侧发际边缘，刚好是一只眼睛的长度；两眼之间是一只眼睛的长度；另一侧到发际边也是一只眼睛的长度；加上两只眼睛，刚好是五只眼睛的长度（如图2-1-1所示）。

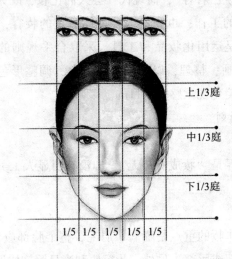

图 2-1-1

1. 妆前准备

（1）束发

用束发带将头发束起来或包起，这样主要是为了使脸部轮廓更加清晰明净，以便可以有针对性地化妆。

（2）洁肤

用洁面乳清洁面部污垢及油脂，有条件的话还可以用洁肤水清洁枯死细胞皮屑，然后结合按摩涂上有营养的化妆水。

（3）护肤

选择膏霜类，如日霜、晚霜、润肤霜、乳液等涂在脸上，令肌肤柔滑，并可防止化妆品与皮肤直接接触，起到保护皮肤的作用。

（4）修眉

用眉钳、小剪修整眉形，并且要拔出多余的眉毛，使之更加清秀。

2. 化妆过程

（1）面部打底

调整面部肤色，遮盖面部瑕疵，使面部整体柔和美化。粉底种类很多，粉底液轻薄自然，适合各种肤质；粉底霜滋润，适合干性皮肤；粉底膏遮瑕效果突出但厚重，因此工作妆采用粉底液较为合适。

粉底涂抹均匀后，便可用散粉或粉饼来定妆，还有均匀肤色、掩饰毛孔、控制出油等效果。散粉或粉饼应根据自身肤色选择色号，皮肤白皙可选择象牙色；皮肤偏黑可选用小麦色。

（2）眉部化妆

有人说"没有什么比眉毛更能改变你的脸"，眉毛决定了人的脸部印象。眉部化妆的前提是修剪眉毛。修眉之前先选一副好用的修眉工具，包括眉梳、眉钳、眉剪、眉刀等。要找准适合的眉形，首先要定位三个点：眉头、眉峰与眉尾。

描眉的基本原则是强调眉的自然弧形，若眉形不理想，便需要修整了。方法是用剪刀修剪出所要的眉形，然后用拔毛器拔去眉形外杂毛。如果修出的自然眉形还有缺憾的话，就需要用化妆术加以调整。画眉的基本要诀是用眉笔从眉山画到眉梢，眉头要淡，并沿着眉毛生长的方向细细地画。画好后，用眉刷顺眉毛生长方向刷几遍，使眉道自然。

（3）眼部化妆

先在整个眼皮上涂一点粉红色，再根据需要选涂一点紫色、蓝色或褐色等较深的眼影膏于靠近眼线的地方。注意要涂抹均匀，色彩过渡力求自然，画眼影的目的是为了突出眼球，使之更加明亮、传神。因此，根据自己的肤色和眼球的色彩选择眼影膏的颜色及涂抹的厚度是十分重要的。

在日常生活的简单化妆中，可以只画眼线，略去涂眼影这一步。画上眼线，可以使眼睛看上去大而有神。眼线的基本画法是沿着眼睛的轮廓，上眼线画全画实，下眼线则从大眼睑离眼端三分之一处画至眼尾，而不能沿眼睛四周画成黑黑的一圈。

（4）涂腮红

运用腮红，可以塑造出一张健康而有血色的脸。同时，脸型不够理想的，还可以运用腮红来调整。涂腮红的正确方法是用大粉刷取适合的腮红沿颧骨向鬓边轻刷成狭长的一条。可用腮红和阴影粉做脸型的矫正。如在鼻梁两侧抹浅咖啡色，鼻梁正中抹上白色，使鼻子立体感增强。

（5）唇部化妆

唇妆能够修饰、改变唇形，也能提亮肤色、增添风采，是化妆中很重要的环节。

工具。唇线笔、唇膏、唇彩、唇刷、纸巾、蜜粉、粉底、粉饼。

步骤。先用唇线笔沿自然唇线描画唇上部中央，画出一个小 V 字，顺着唇线由中央往唇角描出唇形，接着画下唇，由两侧的唇角分别向中间描，与中间横线连接。画唇线时，为了达到"自带三分笑"的效果，可在嘴角处向上做适当的强调，使嘴角略微显得上翘一点。再用唇刷将口红均匀涂满整个唇部，注意不要画出唇线外。涂口红时，嘴巴应微微张开，以便涂均一点。

技巧。若要唇妆持久，可事先在嘴唇上拍一点粉，再涂口红；或者涂抹后用纸巾轻压唇部，沾去多余口红，再用蜜粉定妆；若想让唇妆更鲜亮、立体，可适当使用唇彩；在上下唇中间涂层唇彩，可进一步突出圆润感；如果画淡妆，口红只涂于上嘴唇，然后，上下嘴唇用力抿两下即可。如果唇部干燥，涂口红会起皮。建议晚上睡觉前涂一层润唇膏滋润唇部，第二天就可轻松上妆无压力了。

颜色的选择。口红的颜色很多。一般来说，年轻女性宜选用玫瑰红等颜色稍淡的口红，中年女性宜选用大红等略显明亮的口红。肤色偏黄偏暗的人适合橘色系的口红，而肤色白皙的人粉色、红色、橘色系都适合。还可依据当日服饰颜色选择口红颜色：若服装颜色为蓝色、灰色等冷色系，可搭配粉色系口红；若服装颜色为橙色、棕色等暖色系，可搭配橘色系口红；若服装颜色为黑色、红色等高饱和度色，可搭配大红色系口红。另外，也可根据季节选择不同的口红颜色：春天适合涂橘黄色、玫瑰红、珊瑚红等颜色的口红；夏天适合涂有光泽的淡粉色口红；秋天适合涂明亮的橙色口红；冬天适合涂鲜艳的大红色系口红。

3. 化妆注意

应避免在他人面前化妆、补妆。如有需要，可以去洗手间补妆。

化妆要注意自然，不可太夸张、引人侧目，如过长的假睫毛、白天使用的眼影色彩太浓等。日常妆的最高境界是"妆成有却无"，即通常我们说的"裸妆"。

（三）卸妆

许多女性只注重化妆这一步，对于卸妆却很不在乎，甚至带妆过夜。事实上，这样做容易出现彩妆色素沉淀、毛孔粗大、皮肤粗糙暗黄、长闭合性粉刺、上妆不服帖等问题。应该说，卸妆是极为重要的一环，也是第二天上妆的基础。

1. 眼部卸妆

卸除眼部彩妆要使用眼部专用的卸妆液，温和不刺激，不会伤害眼周肌肤。将卸妆液倒在化妆棉上，敷在眼睛上 10 秒钟，眼部彩妆就会溶解。

2. 唇部卸妆

如果不能彻底卸除唇妆，长期残留在嘴唇纹理中的口红会让唇色渐渐变深，久而久之，嘴唇会出现老态。用卸妆液浸湿化妆棉，轻敷唇部 30~60 秒，彻底溶解唇妆。

3. 全脸卸妆

脸部卸妆是卸妆工作的最主要部分。市面上的面部卸妆产品主要分为卸妆油、卸妆水与卸妆乳三种，它们质感不同，各有所长。卸妆油溶解彩妆能力较强，适合卸浓妆；卸妆乳与卸妆水只适合卸淡妆。

卸妆后，用洁面乳清洁、滋养皮肤，用清水洗净。

脸洗过之后，皮肤特别需要补充水分和养分，因此，要拍上收缩水或柔肤水等，再涂抹精华液、晚霜，也可以做面膜来护理脸部。这样，就会使皮肤从疲劳中恢复过来，睡一晚觉后，便又可以全新的姿态迎接新的一天。

（四）香水的使用

"红男绿女佩香草，两情相悦赠芍药"，古人以香草提醒自己修养德行。今天，人们使用香水是提高个人魅力的重要手段。但香水并不是洒得越多越好，正确地使用香水，是让人感到香味若有若无，令自己和他人感到清爽。

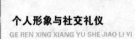

1. 香水的等级

香水因香精的浓度不同而分成以下等级：香精（浓缩香水）、淡香精、香露（香氛）、古龙水、淡香水。香精浓度越大、香味越浓、持香也越久，反之则越短；但受气温、体温的影响持香时间也会受影响。

香精。浓度 15%~30%，持续时间 5~7 小时。香精的纯度最高，持续时间长，通常都是以沾式的设计为主，少量使用在手腕及颈部就能够有很持久的表现。

淡香精。浓度：10%~15%，持续时间 5 小时左右。淡香精的持久度表现会比淡香水来得理想，若工作场合或活动的环境不太允许常常补香，淡香精会是最佳的选择。

香露。浓度 5%~10%，持续时间 3~4 小时。香露的酒精比例较高，较容易挥发，通常清晨使用后，在中午休息时间可以再补香，微微的气息可以持续到下午，适合喜欢清爽的人。

古龙水。浓度 3%~5%，持续时间 1~2 小时。多半以清爽的柑橘调居多，适合用在运动、洗澡之后，或者想要转换心情及恢复精神的时候。

淡香水。浓度 1%~3%。

2. 香水使用"七点法"

香水最好洒在动脉处，随着脉搏跳动，香气一阵阵散发开来，似有似无、若隐若现最好。也可遵循"七点法"，即洒在耳后、腰部和手肘、手腕、大腿、膝盖、脚踝的内侧这七个部位。除此，还可喷在裙角或衣角的边缘，随着人的走动，散发芳香。男士则可将香水点在领带里侧、裤腿翻边内，使香气轻轻地飘出，并可保持一定的长久性。

3. 不同场合香水的选择

①隆重场合。公司年会或是大型宴会上，可选择浓艳的香水，以搭配华丽的晚装和配饰。除了尽显大气与成熟之外，还可以突出个人魅力。选择含有麝香或琥珀这类浓郁之气的香水，让周围的人被吸引；也可以选择玫瑰或紫罗兰这些花香，中规中矩却能展现年轻女性独特的魅力。喷在锁骨、腰部，能让气味散发得更加缓慢，香调的变化也会放缓，能一直保持最佳状态。

②家庭聚会。要选择优雅低调、平易近人、气味清新的香水，如果选择那些浓烈的香水，很可能引起长辈们的反感。甜甜的果味香水是这个场

合最好的选择，清新的葡萄柚和柠檬、甜甜的桃花香与柑橘香、有趣的荔枝和石榴味都可以凸显年轻与活跃。

③旅行路上。无论是独自旅行，还是结伴同游，选择一款适合自己的好香水，都能让旅行的心情更加愉悦。海洋系香氛、花香和果木香，都能和大自然融为一体，那些来自自然的气味，又被带回到自然之中了。

④慎用香水的场合。探望病人和参加葬礼时，一定要保持身体气味的洁净，否则会让人觉得不庄重；工作时间或者面试只可以涂抹淡香香水，否则刺鼻的浓香会让人觉得与这个场合格格不入；参加别人的婚礼，最好不要涂抹浓香型的香水，这样会有喧宾夺主之意，很不礼貌。

4. 香水使用禁忌

切记涂抹香水不可过于浓烈；不可将香水擦在过于暴露的地方，更不可涂在体温较高和易出汗的地方；不要将香水喷洒于浅色的衣服上，以免将色素留在衣服上；香水不能喷洒在珠宝、金、银制品上，否则会使之褪色、损伤；孕妇应避免使用香水，避免其含有的麝香成分，对胎儿产生不良作用；另外，香水对频繁发炎或有伤口的皮肤会产生刺激，使用前应做好试验。

模块二　仪态礼仪

仪态，就是人的身体的姿态，包括人的各种身体姿势及表情等。人除了用语言表达思想外，还常常运用姿态来表现内心活动。"站有站相，坐有坐相"。我国古代很早就有对举止行为的要求。随着人类文明的提高，人们对自身行为的认识也日益加深。温文尔雅、从容大方、彬彬有礼已成为现代人的一种文明标志。的确，礼貌的举止行为是一种教养，更是人无形的财富。

在日常生活中，人的身体可呈现出许多姿态，站姿、走姿、坐姿、蹲姿和卧姿等。通常呈现在公众面前的是站、坐、走三类。在这三大类的基础上，还可以衍生出其他许多具体不同的体姿。作为一名职场人士，在办公及社交场合，其体姿和仪态都要符合礼仪规范。体姿是无声的语言，它在开口说话之前就传递出了信息，使人产生印象。一个人的姿态表明是否对他人有兴趣，是否在意他人的看法，而良好的态度对于仪态优雅和事业成功也是至关重要的。

技能点一　站姿

一个在社交场合中受欢迎的人，最重要的就是要具备正确的站立姿态。站姿是正式或非正式场合中第一个引人注视的姿势。良好的站姿能衬托出气质和风度。站姿的基本要点是挺直、均衡、舒展。对站姿的要求是"站如松"，即站得要像松树一样挺拔。

一、正规的站姿礼仪

①头正，颈直。两眼平视前方，表情自然明朗，收下颌，闭嘴。

②挺胸。双肩平，微向后张，使上体自然挺拔，上身肌肉微微放松。

③收腹。收腹可以使胸部突起，也可以使臀部上抬，同时大腿肌肉会出现紧张感。

④提臀。使臀部略微上翘。

图 2-2-1

图 2-2-2

⑤两臂自然下垂。女士右手握住左手垂于体前，男士手背在身后，或垂于体侧（图2-2-1、图2-2-2）。

⑥两腿挺直。膝盖相碰，脚跟略为分开，两脚尖夹角45~60°（对于女士而言）。对于男士，可双脚微微张开，但不能超过肩宽。

二、应当尽量避免的站姿

①两腿交叉站立，给人不严肃的感觉。

②双手或单手叉腰。这种站法往往含有进犯之意，异性面前叉腰，是不礼貌的侵犯行为。

③双臂交叉抱于胸前，这样的动作会有消极、防御、抗议之嫌。

④双手叉于衣带或裤袋中，给人不严肃、拘谨小气的感觉。

⑤身体抖动或晃动，给人漫不经心或没有教养的感觉。

⑥头下垂或上仰，收胸含腰，背曲膝松，身靠柱子、餐桌、柜台或墙，给人精神松懈的印象。

技能点二　坐姿

坐姿是社交活动中最重要的人体姿势，是一种静态造型，其包含的信息也非常丰富。生活中无论是伏案学习、参加会议，还是会客交谈、娱乐休息都离不开坐。"坐"作为一种举止，同样有美丑、优雅与粗俗之分。不正确的坐姿会显得懒散无礼，正确的坐姿能给人一种安详端庄的印象（图2-2-3）。

正确的坐姿对坐的要求是"坐如钟"，即坐相要像钟那样端正。除此之外，还要注意坐姿的娴雅自如。

一、坐姿基本要领

上身自然坐直，双肩放松，腰背挺直，女士两膝并拢，男士膝部可分开不超过肩宽。

图2-2-3

二、几种标准坐姿（图 2-2-4 至图 2-2-8）

图 2-2-4　　　　　　　图 2-2-5　　　　　　　图 2-2-6

图 2-2-7　　　　　　图 2-2-8

三、坐姿礼仪

①不坐满椅面，但也不要为表示谦虚，故意坐在边沿上，一般应坐满椅面的三分之二。

②入座时，应轻轻用右手拉出椅子，切忌弄出大声。

③坐下的动作不要太快或太慢、太重或太轻。太快，有失教养；太慢则显得无时间观念；太重给人粗鲁不雅的印象；太轻给人谨小慎微的感觉。应大方自然，不卑不亢轻轻落座。女士入座时，若穿裙装，应把裙子下摆稍稍向前收拢一下，再坐下。不要坐下后再整理衣服。

④落座后，身体不要前倾或后仰，也不要驼背、含胸，以免给人造成精神不振的印象。

⑤坐下后肩部放松，手自然下垂，交握在膝上，五指并拢。也可一只手放在沙发或椅子的扶手上，另一只手放在膝上。

⑥女士两膝、腿并拢，男士膝部可分开不超过肩宽。女士就座时不可跷二郎腿，男士的二郎腿不可跷得太高。无论男女，坐下后，腿脚不能不停地抖动。

⑦坐着谈话时，上体与两腿应同时转向对方，两眼正视说话者，不能以手掌支撑着下巴。

技能点三　走姿

走姿是站姿的延续动作，是在站姿的基础上展示人的动态美的极好手段（图2-2-9）。无论是在日常生活、还是在公众场合中，走路都是"有目共睹"的肢体语言，能够表现一个人的风度和韵味。

古人说："行如风"，要求人走起路来像风一样轻盈。走路的基本要点是从容、平稳、直线。

图 2-2-9

一、走姿基本要领

①抬头、挺胸，上体正直，下巴与地面平行，两眼平视前方，精神饱满，面带微笑。

②跨步均匀，两脚之间相距一只脚或一只半脚。

③先迈脚尖，然后脚跟落地。身体的重心在脚掌前部，两脚跟走在一条直线上，脚尖偏离中心线约10°。

④两只手前后自然协调摆动，手臂与身体的夹角一般在10~15°。

⑤速度适中，不要过快或过慢。过快给人轻浮印象，过慢则显得没有时间观念，没有活力。女性脚步应轻盈均匀，有弹性、活力；男性脚步应稳重、大方、有力。

二、走路需注意的问题

①不要含胸。会给人躬腰驼背的印象。必须注意纠正。

②不要挺腹。有傲慢松懈之嫌。

③臀部扭动幅度不要过大。这样的走路姿势极不雅观。

④忌走"八"字步。

⑤不要多人一起并排走；不要搂肩搭背走。

⑥在狭窄的走廊或通道处遇到长辈、上级等，应站立一旁，让其先走。

⑦走楼梯，不要一步踏两三级阶梯。如遇尊者，应主动将扶手的一边让给尊者。

技能点四　蹲姿

一、规范的蹲姿

①下蹲时，应左脚在前，右脚靠后。

②左脚完全着地，右脚脚跟提起，右膝低于左膝，右腿左侧可靠于左小腿内侧，形成左膝高、右膝低姿势（图2-2-10）。

③臀部向下，上身微前倾，基本上用左腿支撑身体。

④采用此式时，女性应并紧双腿，男性则可适度分开（图2-2-11）。

图 2-2-10   图 2-2-11

二、低处拾物

当拾起掉落东西或取放低处物品时，最好走到物品的左边，让物品位于身体的右侧，腿取半蹲的姿态，右腿压住左腿，然后用右手迅速拾取物品（图 2-2-12）。如果穿着低领上装时，一手可以护着胸部。拾物时不要东张西望，从地上取物，东张西望让人产生猜疑；不要采用全蹲姿态，全蹲从正面看，腿显得短而粗；也不要用翘臀姿态从地上取物，如果是着短裙，就不雅观了。

三、蹲姿需注意问题

①蹲下时，速度切勿过快。
②与他人保持一定距离。

图 2-2-12

③着裙装女性，注意两膝并拢，避免"走光"。

技能点五　手势

手臂姿势，通常称作手势。它指的是人在运用手臂时，所出现的具体动作与体位（图2-2-13）。它是人类最早使用的、至今仍被广泛运用的一种交际工具。在一般情况下，手势既有处于动态之中的，也有处于静态之中的。在长期的社会实践过程中，手势被赋予了种种特定的含义，具有丰富的表现力，加上手有指、腕、肘、肩等关节，活动幅度大，具有高度的灵活性，手

图 2-2-13

势便成了人类表情达意的最有力的手段，在体态语言中占有最重要的地位。

一、不同手势的含义

（一）OK 形手势

在中国表示数字"0"或"3"；在英美国家表示"赞同"；在法国表示"没有"或"毫无意义"；在日本表示"现金"；在地中海国家暗示一个男人是同性恋者。

（二）V 形手势

在中国代表数字"2"；在英国、澳大利亚、新西兰、美国等国家代表"胜利"，此手势是丘吉尔在第二次世界大战时发明的。现在很多国家的人们都喜欢用此手势，但要注意，掌心一定要向外，才是胜利的意思；如果向内，是侮辱人的意思。

（三）竖大拇指

在中国表示"了不起""很棒"，有赞扬之意；但在英国、新西兰、澳大利亚等国家表示搭车。

（四）手势忌讳

忌用食指指人。忌掌心朝上、用手指或仅用食指招呼人。

二、手拿、接递物品动作要领

(一) 手拿物品

①在办公室内,手拿物品时要拿稳妥,尽量做到轻拿轻放。

②避免在拿物品时手势过于夸张。

③为其他人递送食品时,注意不要把手指搭在杯、碟、盘边。

(二) 接递物品

①接递物品最好用双手或右手。左手传递物品被视为失礼之举。对于信仰伊斯兰教的朋友更是如此。

②递送物品时,应为对方留出接拿物品的地方。如果递送的是带有文字的物品,必须把正面朝向对方,以方便对方接过后阅读。

③递送带尖、刃的物品,应使尖、刃朝向自己,不要指向对方 (图2-2-14)。

④递送水杯时,一手托底,一手握把,杯把朝向客人右手;纸杯握下三分之一处,离口部稍远些。

⑤递送饮料时,饮料商标朝向客人,一手托底,一手握距瓶口三分之一处 (图2-2-15)。

图 2-2-14   图 2-2-15

三、引导手势

为客人或嘉宾引路、指示方向时,以肘关节为轴,大小臂弯曲140°,手掌与地面基本成45°,引领手势不宜过多,动作不宜过大,但要让对方看见。

指示方向时,上身稍向前倾,面带微笑,自己的眼睛看着目标方向,并兼顾客人是否意会到目标。

以下是几种常用的引导手势。

图 2-2-16

图 2-2-17

①横摆式。用于"请进";手从体前向右横摆到与腰同高,眼睛看向被邀请者或手指的方向(图 2-2-16)。

②斜摆式。用于"请坐";一只手由前抬起,再以肘关节为轴,前臂向右下,到与大腿中部齐高,上身前倾,目光兼顾客人和椅子。座位在哪里,手应指到哪里(图 2-2-17)。

③直臂式。用于给对方指引方向,如"请往前走";手臂伸直与肩同高,掌心向上,与地面成45°,朝指示的方向,伸出前臂。

④双臂式。适用于面对多人时,做"诸位请"的手势;双手从身体前,向两侧抬起,再以肘关节为轴,与胸同高,上身略前倾(图 2-2-18)。

图 2-2-18

四、举手致意（图 2-2-19）

①面向对方；

②手臂上伸；

③掌心向外。

五、挥手道别

身体站直，用右手或双手。手臂向前平伸，与肩同高。注意手臂不要伸得太低或过分弯曲。

掌心朝向客人，指尖向上，否则是不礼貌的。手臂向左右两侧挥动，若使用双手时，挥动的幅度应大些，以显示热情。

图 2-2-19

技能点六　表情

表情反映人们的内心世界。坦率的眼神和真诚的微笑就像无声的语言，默默地传达着善意的信息。目光像天线，在社交活动中，需要有敏锐的目光去观察环境，寻找目标，判断时机，然后作出决定。

表情有天生的因素。但是，一个人后天气质、风度、价值观的变化必然反映在脸上。这就是说，人的惊、喜、怒、悲、傲、惧等基本表情同人的其他因素一样，是由人的文化修养、气质特征等内在变化决定的。

【礼仪小链接】

有一次，有人向林肯总统推荐一个人作为内阁成员，林肯没有用他。林肯的理由是："我不喜欢他那副长相。""哦，可是，这不太苛刻了吗？他不能对自己天生的面孔负责呀！"林肯说："不，一个人过了四十岁，就该对自己的面孔负责！"

的确，当一个人随着岁月的推移逐渐成熟的时候，他的知识、智慧、才能、性格不会不在他的脸上留下痕迹。

通过观察人外在的面目表情，可以得到很多关于此人的信息。打个比方说，面目表情可以看作人体的测量仪，从一个人的脸上可以看出其种族、国籍、性别、年龄、性格、地位、道德情操、微妙心理等。

例如，亚洲儿童遭到父母训斥时，大多会低头老实地听着。在我国，传统上认为，"男儿有泪不轻弹"，男子面目表情的最高标准是"喜怒不形于色"；而女子在面目表情上比男性的束缚少一些。再如，性格外向的人，喜怒哀乐易明显地表现在脸上；性格内向的人一般脸部表情比较沉郁，不容易看出其心理变化。道德高尚的人，一般从脸上可以看出其慈祥、温和、高贵的气质；卑劣的流氓，一般有一张阴险、狡诈、蛮横的脸。至于面目表情能反映一个人的心理状态，那是显而易见的。

构成表情的主要因素是眼神和笑容。

一、眼神

（一）从眼睛看内心

我们必须了解怎样从一个人的眼睛了解其心理状态。这就需要了解眼睛"看"这种行为的四种组成因素：时间、方向、方式、内含的情感。

1. 时间

一般来说，看的时间长，表明比较重视；反之，表示不太重视。但也有为掩饰自己的兴趣故意看的时间短甚至不看的情况。

2. 方向

从行为者与交际对象的位置来看有直视、斜视之分；从行为者与交际高度的关系看，有平视、仰视、俯视之分。这里也分别包含微妙的心理因素。

3. 方式

直视、对视、凝视、盯视、虚视、扫视、睨视、眯视、环视、他视。

4. 内含的情感

眼睛表达情感通过以下方式进行。

①眼皮的开合程度。例如，瞪大眼睛表示惊愕、愤怒等；睁圆双眼，表示不满、疑惑；眯缝着眼表示快乐、欣赏等；眨眼睛则表示调皮、不解等。

②瞳孔的某些变化。瞳孔的直径在 2~8mm，平时保持适中大小，光线耀眼时会缩小，暗时会扩大。瞳孔的变化也反映出情感的变化，当人们看到新奇东西而产生强烈兴趣时，瞳孔会放大。如人们在恐怖、紧张、愤怒、喜爱、疼痛等状态下，瞳孔都会扩大；而在厌恶、疲倦、烦恼等状态下就

会缩小。

③眼球转动的方向也可以表达情感。例如，斜着眼看人，白眼球增多，表示蔑视、轻视和不快。谈话时，柔和的视线向上看对方，表示尊敬或撒娇；柔和的视线向下看，表示慈爱、成熟、稳重。

眼睛除表达个人情感外，还能显示双方关系的情感。如很多人中，一人对另一人挤眼，就能显示出双方关系上的默契。

（二）眼神的主要交际功能

①建立和确立关系。例如，瞧不喜欢的人次数少，瞧喜欢的人次数多并且时间也较长。

②展示内心情感，例如：含情的眼神交流了爱的渠道；回避眼神接触，则表明歉意的感情。

（三）注视礼仪

1. 散点柔视

与人相处，难免要有视线接触，一般来说，散点柔视的办法会让对方感到更加舒适和自然。所谓散点柔视，就是指视线的落点多一些，不要总是死盯着一点不放；目光尽量要柔和些，不要咄咄逼人或睡眼惺忪。

不能对关系不熟或一般的人长时间凝视，否则将被视为一种无礼行为。这也是全世界范围内通行的礼仪。

2. 社交注视

正常的谈话视线所及的范围要在发际之下、下颌之上的区域内。当说到重点、表示强调时，要盯住对方的眼睛。标准注视时间是交谈时间的30%～60%，这叫社交注视。社交注视时间长短除受文化影响外，还受性格、性别、综合背景条件的影响。

总体说来，亚洲人交谈中，目光接触少于欧美人，欧美人又少于阿拉伯人和拉美人。美国人和西欧人习惯在谈话时保持适当的视线接触，不正视对方的眼睛说明不够真诚坦率，是一种不友好的表示。甚至，英美人有一句格言，说："不要相信不敢正视你的人。"当然，正视并不意味着死盯，他们一般对讲话者给予密切的注视，表示在倾听对方的发言，他们还会时常眨眨眼睛，表示自己听懂了，而且同意对方的意见。阿拉伯人说话几乎是目不转睛地直视对方的眼睛，因为他们认为紧紧地凝视对方的眼睛才能领会对方的心灵。

在大多数亚洲国家，女孩子从小就被教育不要凝视男性或长辈的眼睛。男性一般也不会公然地长时间凝视某一异性。否则，就会被认为不自重。

另外，性格外向的人比内向的人目光接触多，看的次数也多。当人们感到舒适或有兴趣或很高兴时，看对方的次数和时间也会增加。

3. 超时型注视和低时型注视

眼睛注视对方的时间超过整个交谈时间的60%，属于超时型注视，一般使用这种眼神看人是失礼的，但有些情况属于例外：

你很天真，对方很老成时；

警察审讯犯人时；

对地位较高的人表示崇敬时；

谈判中目光对视，表示力量和自信时；

上司欣赏地看着你时，表明他想知道更多的信息，并赏识你的才干。

眼睛注视对方的时间低于整个交谈时间的30%，属于低时型注视，低时型注视，属于失礼的注视。表明内心自卑或企图掩饰什么或对人不感兴趣。

4. 眼睛转动

眼睛转动的幅度与快慢都必须遵循一个"度"，不要太快或太慢。眼睛转动稍快表示聪明、有活力；但如果太快则表示不诚实、不成熟，给人轻浮、不庄重的印象。

5. 恰当地使用亲密注视

和亲近的人谈话，可以注视其整个上身，叫亲密注视。亲密注视要注意把握好"度"。不要对陌生人、尤其是陌生异性使用亲密注视，否则是不礼貌的行为。亲密注视不能用斜视、俯视、蔑视等眼神注视，否则也是失礼的行为。对亲近或陌生的人讲话时闭眼，给人印象傲慢或表示没有教养。在长辈面前的亲密注视，应注意目光略向下，显得恭敬、虔诚；对待下级、孩子等的亲密注视，应目光和善慈爱，显出宽厚爱心；朋友之间的亲密注视，应热情坦荡。

二、笑容

笑容是人们在笑的时候所呈现出的面部表情，它通常表现为脸上露出喜悦的神情，有时伴以口中发出欢快的声音。它是一种既悦己又悦人的感觉。"一个美好的微笑胜过十剂良药。"

（一）关于笑

①笑的种类。（图2-2-20）

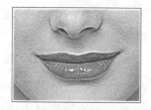
含笑

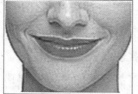
微笑

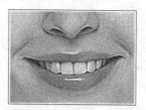
轻笑

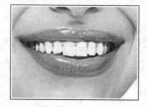
浅笑

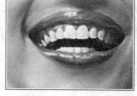
大笑

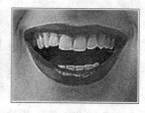
狂笑

图 2-2-20

②笑的本质。心境良好、充满自信、真诚友善、乐于敬业。

③笑的方法。

共性：面露喜悦之色，表情轻松愉快。

个性：眉部、唇部、牙部、声音之间的动作与配合不同。

④笑的注意事项。声情并茂、气质优雅、表现和谐。

⑤笑的禁忌。假笑、冷笑、怪笑、媚笑、怯笑、窃笑、狞笑。

（二）关于微笑

1. 微笑的力量

美学家认为：在大千世界万事万物中，人是最美的。在人的千姿百态的言行举止中，微笑是最美的（图2-2-21）。美国的一个心理学家做过一个测试，他把7张脸谱按序编号，交给被试者，让他们回答：你最喜欢日常生活中见到哪一种脸谱？测试结果表明，绝大多数人都喜欢那张轻松微笑

图 2-2-21

的脸谱。可见，微笑是最受欢迎的表情。

微笑的表情之所以动人、令人愉快，最主要的不在于这种表情在外观上所给人带来的美感，而在于这种表情所传递、表达的可喜的信息和美好的感情。微笑总是给人们带来友好的感情，总是给人带来欢乐和幸福，带来精神上的满足。一个受欢迎的人，必定是常对大家微笑的人。

微笑，已成为各国宾客都理解的世界性"语言"。世界著名的酒店管理集团都有一条共同的经验，那就是"微笑"。美国著名的麦当劳快餐店老板也认为："笑容是最有价值的商品之一。我们的饭店不但提供高质量的食品、饮料和高水准的优质服务，还免费提供微笑。"

日本各航空公司空姐上飞机服务之前，接受的主要礼仪训练就是微笑。学员要在教官指导下进行长达 6 个月左右的微笑训练，训练在各种乘客面前、各种飞行条件下应当保持的微笑。

随着现代商务活动的频繁展开，微笑越来越少不了。特别是各行各业的业务人员、办公室的接待人员、服务人员，更需要学会微笑。

【礼仪小链接】

20 世纪 50 年代初，希尔顿旅馆总公司的老板在所属各宾馆都购置了一批现代化设备以后，到各地巡查，每到一地都召集员工会议："现在我们的旅馆已新添了第一流的设备，你们觉得还必须配备一些什么样的东西才会使客人更喜欢它呢？"在员工们各抒己见、献计献策之后，老板总是摇摇头说："请你们想一想，如果旅馆里只有第一流的设备，而没有服务员第一流的微笑，那些旅客会认为我们供应了他们全部最喜欢的东西吗？如果缺少服务员的美好微笑，正好比花园里失去了阳光和春风。假如我是顾客，我宁愿住进虽然只有残旧地毯，却处处可见微笑的旅馆，我不会、也不愿走进只有一流设备而不见微笑的地方。"因此，微笑服务成为希尔顿旅馆业遍布五大洲各大城市、资产不断扩大的杠杆和诀窍，成为跻身美国十大财团的重要法宝。

2. 微笑的内涵

（1）微笑是自信的象征

一个人即使在遇到了极严重的危险或困难的时候，也仍然微笑着、若无其事，这种微笑充满着自信，充满着力量。

（2）微笑是礼貌的表示

一个懂得礼貌的人，微笑之花常开在自己的脸上。对认识和陌生的人，他都将微笑当作礼物，慷慨、温暖，像春风、似春雨，使人们感到亲切、愉快。

（3）微笑是和睦相处的反映

能够与别人相处得很融洽，往往是经常保持微笑的结果。因为他在别人面前，经常笑容满面，和蔼可亲，易于接近。这种微笑，好像一种磁力、一种电波，能够跟许多人的心灵相通、相近、相亲。

（4）真诚的微笑是心理健康的表露

一个心理健康的人能真诚地微笑，使自己美好的情操、崇高的思想和善良的心地水乳般交融在一起。发出真诚微笑的人，表现出对别人的尊重、理解和同情。与善于发出真诚微笑的人交朋友，无疑会得到坦诚、热情、无私的帮助。

3. 微笑礼仪

笑容自然、适度、充满情意。

笑容贴切，指向明确，对方容易领会。

笑容亲切庄重。

微笑进行时，还可以配上简短的赞语，如："好!""对!"等，以加强微笑的交际作用。

微笑最忌媚态，特别是女性更要注意这个问题，以免对方误会，引起不良后果。微笑可以美化形象，具有审美意义。因此，工作人员要善于微笑，向人们展现美好的心灵。

技能点七 日常举止行为禁忌

这里所说的各种禁忌行为，是一些常常被称作小节的举止。但小节虽小，却能够影响人的整体形象，因此也不能忽视。

①在众人面前，应力求避免从身体内发出各种异常的声音，如咳嗽、打哈欠等，应起身离开一会儿或侧身掩面再为之。

②公共场合不得用手抓挠身体的任何部位。最好不当众抓耳搔腮、挖耳鼻、揉眼、搓泥垢等，也不能随意剔牙、修剪指甲、梳理头发等。若身体不适、非做不可，则应去洗手间完成。

③公开露面前，需把衣裤整理好。尤其是出洗手间时，不能边走边系扣子、拉拉链，擦手、甩水都是失礼的。

④在参加正式活动前，不宜吃带有强烈刺激性气味的食物。如蒜、韭菜、洋葱等。以免口腔异味而引起交往对象的不悦甚至反感。

⑤公众场所，高声谈笑、大呼小叫是一种极不文明的行为，应尽量避免。同样，在开会时，接打手机也是非常失礼的行为。

⑥对陌生的来访客人不要盯视或评头论足，当他人进行私人谈话时，不可接近。他人需要自己帮助时，要尽力而为。自己的行为妨碍了他人，应立即致歉；得到别人帮助时，应立即道谢。

⑦对一切公共活动场所的规则应无条件地遵守和服从，这是最起码的社会公德观念。不随地吐痰、不随手乱扔烟头及其他废物。

⑧自己患感冒或其他传染病，应尽量避免参加各种公共场所的活动，以免将病毒传染给他人、影响他人的身体健康。

⑨绝不在社交场合触摸他人，这种亲密的举动即使是开玩笑也难免会引起误会，有时哪怕是善意地、表示支持地拍拍肩膀，如果使用不当会被看作骚扰。

⑩与他人靠得太近、挤占他人的空间，同样也会带来不良后果。在社交活动中，令人感到舒服的距离约为1m，即一臂间隔。如果离人太近，就进入了亲密的范围，即0~0.5m之间，（一般是家庭成员间和情人间的距离），或亲近范围（0.5~0.9m，一般为朋友间的距离）。

模块三　仪表礼仪

在现代生活中，服饰越来越成为礼仪的一个重要部分，穿着打扮得体不仅仅是个人品位的体现，更成为人们彼此考量的一个尺度——服饰告诉人们你是谁。俗话说："佛要金装，人要衣装。""人靠衣裳，马靠鞍。""三分人才，七分打扮。"服装和饰品所产生的服饰美是组成个人气质风度美的主要因素。在社交场合，美丽的衣着，优雅的款式，艺术的搭配，可以体现出一个现代文明人良好的修养和对服饰审美独到的品味。

在社交场合究竟应该穿什么样的服饰，解决这个问题的关键是在于处于什么场合，在这个场合中处于什么身份、地位，想把自己塑造成什么形象。例如：如果在一个比较保守的企业工作，那么服饰就应该保守一些，从而给人一种稳重、干练、可靠的印象。

技能点一 服装的美学常识

一、服装的面料

社会的发展使服装的面料越来越丰富多样，上班族选择的面料应该是质量上乘、有品位的。纯毛、真丝、纯棉、亚麻等都是很好的选择。化纤产品磨损容易起球、发亮、起静电，即使是新型的化纤面料，也不及上述面料有品位，不太适合上班族选为上班时穿着的正装。

二、服装的颜色

服装色彩的搭配是很有学问的。色彩搭配的基本方法有三种，即同色搭配法、相似色搭配法、相异色搭配法。根据需要和可能，还会由此派生出许多其他搭配的方法。从商务工作场合的服饰的实际礼仪效果考虑，无论采用哪一种搭配方法，都应掌握一条基本原则：调和。应尽量避免红配绿、红配紫、深蓝与茶色、红色配茶色的搭配。

服装的色彩能影响甚至改变人的肤色在他人感官中的印象。人的肤色会因服装色彩的不同，给观赏者的感觉带来微妙的变化。因此，要善于根据自己的肤色，选择适当的服装色调，以达到让服装色调与肤色相映生辉的效果。例如：皮肤黄里偏黑的人，忌用黑色、黑紫色、深褐色等色彩面料做上衣，而以选用白色、黄色等亮色为好；肤色苍白的人，忌穿黑色与纯白上衣；肤色偏黄的人，忌穿蓝色或紫色上衣。当然，肤色与衣服色彩的搭配并无准则，在实际生活中应通过反复观察与比较，找准适合自己、能完整表现自己健康肤色的主色调。

三、服装的款式

上班族服装款式保守一点好于过分前卫。尤其忌讳暴露、透明和短小。忌暴露是指身体上不太雅观的部位和不应在办公室示人的部位不要裸露出来，如胸毛、腋毛、腿毛等，赤裸的背部、腹部等。忌透明，是指服装的面料不宜太薄、透出身体或内衣的颜色和形状。忌短小是指服装的袖口、下摆、裙摆、裤腿不要太短，不要露出不应该暴露的身体部位。

技能点二　服饰色彩搭配

一、服饰色彩搭配

（一）彩色系

①色相：色彩的名称和相貌；

②纯度：色彩的鲜艳程度；

③明度：服装的明暗程度；

④冷暖调：色彩的冷、暖调子。（图2-3-1）

（二）服饰颜色分类

①暖色：红、橙、黄、粉红；

②冷色：青、蓝、紫、绿、灰；

③中间色：黑、白、咖啡。

（三）颜色搭配原则

①冷色+冷色；

②暖色+暖色；

③冷色+中间色；

④暖色+中间色；

⑤中间色+中间色；

⑥纯色+纯色；

⑦纯色+杂色；

⑧纯色+图案。

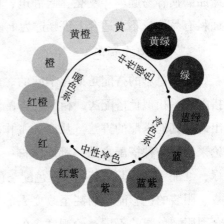

图2-3-1

（四）颜色搭配的禁忌

①冷色+暖色；

②亮色+亮色；

③暗色+暗色；

④杂色+杂色；

⑤图案+图案。

（五）颜色具体搭配

①暖色系+冷色系：红+蓝、黄+紫，此配法，是相对配色；

②浅色系+深色系：浅蓝+深蓝、粉红+铁灰，此配法，是深浅配色；

③暖色系+暖色系：黄+红、黄+绿，此配法，是同系配色；

④冷色系+冷色系：灰+黑、紫+黑，此配法，是同系配色；

⑤明亮系+暗系：白+黑，此配法，是明暗配色，是明亮与黑暗的搭配，是强烈的感观。

⑥深浅配色，是一深一浅的搭配，是和谐的感观。

二、人体肤色四季诊断与色彩搭配（表2-3-1）

表2-3-1　　　　　　　　　　四季肤色特点及适合颜色

	肤色	头发	眼睛		整体	适合色调
夏	乳白，粉白，面颊水粉色红晕	轻柔的黑色、柔和的棕色或深棕色	眼白白色	瞳孔焦茶色、深棕色	目光温和	怡静温柔	适合常春藤色、紫丁花色和夏日海水、天空色等冷色调
冬	青白色，略暗的橄榄色，带青色的黄褐色	乌黑发亮、黑褐色、银灰、深酒红	眼白白色	瞳孔深黑色、焦茶色	目光锐利有神	干练自信	适合黑、白及红、黄、蓝、绿、紫等纯度高的颜色
春	浅象牙色，暖米色，细腻而有透明感	明亮如绢的茶色，柔和的棕黄色、栗色	眼白浅湖蓝色	瞳孔亮茶色、黄玉色	目光明亮	活泼鲜嫩	以黄色为基调的各种明亮、鲜艳、轻快的颜色，如浅水蓝、亮绿、暖粉色等
秋	象牙色，深橘色、暗驼色或黄橙色	深暗的褐色、棕色或铜色、巧克力色	眼白湖蓝	瞳孔深棕色、焦茶色	目光深稳	成熟稳重	适合金色、棕色、黄绿色等暖色调

技能点三　着装的基本原则

一、着装整洁

整洁是穿衣戴帽的第一要素。若一男士穿着一套皱皱的西服或脚穿一双脏脏的皮鞋出席一个宴会，就足以证明他是一个我行我素、不顾及他人感受的人。他顾及不到衣装不整是对宴会主客的失礼。这样的人，想要达到交往的目的是很有困难的。

二、根据体形穿衣

服饰穿着是否美观，与自身体形有极大的关系。这就要针对自己的体形、肩型、脸型、腿型等身体特征，分析优势和劣势，扬长避短，穿出自己的美丽潇洒。什么体形选择什么样的服饰风格，是有一定规律可循的。总的原则是使人看着觉得匀称、和谐、舒服就可以了。通常情况下，冷色调容易使旁观人产生体形变小的错觉，上浅下深、上轻下重、上薄下厚的自然过渡也是符合形体着装要求的。

三、着装遵循"TOP 原则"

（一）T 是 time，即时间原则

着装要根据时间的不同而变化。穿戴服饰时应考虑到时代性、四季性、早晚性。所谓时代性，是指服饰应顺应时代发展的主流和节奏，不可太超前，也不可太滞后。所谓四季性，是指服饰的穿戴要考虑四季的气候环境。例如，同样的裙装，夏天应穿薄面料的，秋天应穿厚面料的，冬天，即使是暖气十足，也不能穿薄纱裙，而穿毛料裙、绒质裙就比较适宜。所谓早晚性，是指服饰应根据每天的早、中、晚气温变化而调整。

（二）O 是 occasion，即场合原则

主要是指衣饰打扮应顾及活动场所的气氛、规格。庄重、严肃的庆典、仪式活动应尽量正规；轻松、愉快的郊游、远足，则比较随意。宴会、舞会、演出等社交场合要穿得尽量郑重。礼服、民族服装都是很好的选择。办公、会议等工作场合要穿得正式得体，西装、套裙都很合适。家居、购物等休闲场合则可以任意发挥个人的想象力，根据自己的喜好来穿着。

（三）P 是 place，即地点原则

地点不同也是决定如何穿衣的重要因素。地点原则要求职业人员对即将到达的正式场景有一个了解或估计，是办公室还是码头车站？是高级宾馆还是公园、郊外？……然后，选择自己应穿的服装和应戴的饰品，尽量做到在种类、质地、款式、花色等方面与所要参加的活动地点相协调。例如，在运动场合，要穿运动衣、运动鞋；在游泳池要着泳装、戴泳帽。如果在运动场穿一套西装，即使西装再漂亮，也显得极不和谐。

技能点四 女性着装礼仪

一、女性正装的基本常识

（一）女性正装选择的要素

1. 面料的选择

女性正装一般选择匀称、平整、柔软、垂悬、挺括的面料。西装套裙的面料选择也可以依据季节来定，如夏季用丝绸，华贵柔美；春秋用毛料，考究挺括；冬季用羊绒或毛呢，高贵典雅。

2. 色彩的选择

女性正装在色彩的选择上应以冷色调为主，如黑色、藏蓝、灰色等。西装套裙上下一色显得端庄、典雅；上深下浅显得活泼、动感；上浅下深，显得庄重、成熟。此外，还应考虑肤色、身材、年龄、性格及所从事的工作。

3. 尺寸的选择

一套做工精良的职业装，应大小合身、长短合适。选购套装时，建议抬起双肘，看看腋下和后背是否紧绷；站立时是否显示出漂亮的腰线；坐下时腰腹部会不会产生许多褶皱。

（二）完整的正装组合

1. 衬衫

穿在职业装里面的衬衫一般选择单色，颜色应与套装颜色协调。注意内外搭配，可以内深外浅，也可以内浅外深。没有图案的白衬衫是经典之选，不容易出错。

2. 内衣

内衣最好与衬衣同色。夏天衣服面料轻薄，容易透出内衣颜色，应首选白色内衣。

3. 皮鞋

应选择黑色、船形皮鞋，避免选择颜色鲜艳的鞋子，也不要穿漆皮、系带皮鞋、皮靴、凉鞋等。为了足部舒适，小牛皮和羊皮材质的皮鞋是最好选择。5cm 左右的中跟皮鞋，最适合服务工作场合，既舒适又能拉伸腿部线条。

4. 袜子

常见丝袜颜色有肉色、黑色、灰色等，可根据套裙、鞋子颜色和谐搭配。其中，肉色丝袜是百搭品。避免穿网眼、镂空丝袜；最好穿连裤袜，以免袜口滑脱。

二、女性职业装穿着要领

①套装讲究做工精致，色彩雅致，熨烫平整、挺括。

②衬衫领口洁净，纽扣系好，最上面一粒可不系。

③衬衫下摆必须掖入裙腰内侧。

④裙长及膝，根据年龄等要素，裙长可在膝盖上、下 10cm 左右。

⑤肉色或黑色丝袜，无跳线脱丝，袜口不可暴露于外。

⑥正式场合单鞋前后不露，鞋跟高度适中；不是特别正式的场合，可露脚趾，即可以穿鱼嘴鞋。

技能点五　男性着装礼仪

一、社交场合男子应穿的礼服

（一）晨礼服

晨礼服多为黑色或灰色。上装后摆为圆尾。裤子一般用背带，配白衬衫。黑、灰、驼色领带均可。黑袜子、黑皮鞋，可戴黑礼帽。晨礼服是白天穿的正式礼服，适用于参加典礼、星期天到教堂做礼拜、参加婚礼等活动。

（二）燕尾服

燕尾服即大礼服。黑色或深蓝色。上装前摆齐腰平，后摆如燕尾。裤子一般用背带，白色领结。黑皮鞋、黑丝袜。大礼服是一种晚礼服，适用于晚宴、舞会、招待会、递交国书等场合。

（三）小礼服

小礼服也称便礼服。全黑或全白。配白衬衫、黑领带或黑蝴蝶结，黑皮鞋、黑袜子。一般不戴帽子和手套。小礼服适用于晚 6 时以后举行的晚宴、音乐会、歌剧、舞剧、晚会。

二、社交场合的通用礼服——西装

西装是目前世界各地最常见、最标准、男女皆用的礼服。穿着西装，要注意面料、颜色、款式及规格的选择，同时要了解西装穿着礼仪。

（一）西装的选择

1. 面料

西装的面料应该挺括而不失柔软。纯毛或含毛量较高的织物是上选。那些棉、麻、条绒等面料制成的西装都属于休闲装范畴，上班时不宜穿着。

2. 颜色

深色的面料看起来沉稳成熟。其中，蓝色系列、棕色系列、灰色系列都是保险系数极强的选择。黑色和白色西装日常穿着显得过于隆重，难免做作之感，所以，最好晚上再穿。

3. 款式

西装源自欧洲。最正统的西装当属于欧式，欧式西装适应欧洲人身材魁梧的特点。背部造型呈倒梯形。肩宽腰窄，多为双排扣。英国虽属欧洲，但英式西装的款式有别于欧式，多了身侧双开衩儿，显得绅士味十足。相比起来，日式西装更照顾东方人的体形特点，适合中国人穿着。

4. 规格

选择西装不仅要重视款式，更要留心规格。否则，不合身的西服，即使是再名贵的品牌也无法穿出风韵来。西服有二件套、三件套之分，正式场合应穿同质同色的深色毛料套装。二件套西服在正式场合不能脱下外衣。按习俗，西服里面不能加毛背心或毛衣，在我国，至多也只能加一件 V 字领羊毛衣，否则显得十分臃肿，以致破坏西服的线条美。泛泛地说，穿上皮鞋自然站直后，从肩膀到鞋底的高度，上衣和裤长应各占一半。这样的衣长和裤长是比较合适的。确切地讲，上衣下摆的边缘应在自然下垂的中指第二指节左右，裤腿边缘应盖住大概 1cm 的鞋面。其他标准：两臂伸直后，袖长应以袖口距指间 12cm 为宜。裤腰位置最好稍高于肚脐的位置。后开衩最长不超过 20cm。当然，这些数字也并非严格的死标准，可以根据具体情况变通。得体、合身、穿出气质风度才是最终目的。

（二）西装穿着礼仪

1. 穿好衬衫

能与西装相配的衬衫很多，最常见的是白色或其他浅色，如果是深色衬衫，应选用亮色的领带。衣领的宽度应根据自己脖子的长短来选择。例如，脖子较长的人，不宜选用窄领衬衫。相反，脖子较短的人，不宜选用宽领衬衫。领口的大小以扣上扣子后，自己的食指能上下自由插进为宜。袖子的长度要长出西装衣袖0.5~1cm，领子要高出1~1.5cm，以显示衣着的层次。

　　穿着衬衫时，应扎进西裤里。如不与西装上装合穿时，衬衫的领口扣子可以不扣。要配扎领带时，则必须将衬衫的全部扣子都系好。（图2-3-2、图2-3-3）

图 2-3-2

图 2-3-3

2. 系好领带

　　领带是西装的灵魂，在西装的穿着中起着画龙点睛的作用。穿上一件得体的西装，配上一条精致的领带，会使人风度翩翩、精神飞扬。

　　领带要求与西服在花色和打结方法上格调和谐、浑为一体，给人以整体美。

　　领带的颜色一般不宜与服装的颜色完全一样，以免给人呆板的感觉。浅色服装配上深色艳丽的领带，会给人以热烈奔放的感觉；深色服装配上深色或深素色领带则有庄重感；浅色或深色服装配上淡色或素色领带则使人感到文雅大方。

　　领带的色调还要与肤色相协调。肤色深的，可选择浅色的，给人以明朗的感觉；肤色白的，可选择深色或艳丽的领带，显得格外精神而健美。

　　领带的颜色还应适合自己的年龄。

　　年轻人应多佩戴色彩艳丽、花纹活泼的领带；上了年纪的人，则宜选用颜色较素、庄重大方的领带。

　　系领带还要注意场合。正式、庄重、隆重的场合以深色为宜；在非正式场合，以浅色、艳丽为好。

　　西装脖领间的 V 字区最为显眼，领带应处于这个部位的中心，领带的领结要饱满，与衬衫的领口吻合紧凑，领带的长度以系好后下端正好触及腰上皮带扣上端处最为标准。领带夹一般夹在衬衫第三粒与第四粒扣子间为宜。西装系好纽扣后，不能使领带夹外露。

领带的打结也很有讲究，主要系法有普通型、标准型、潇洒型和蝴蝶结四种。

3. 扎好皮带

因西裤带的前方显露于外，因此，必须以雅观、大方为原则选择裤带。一般来说，西裤带的颜色以深色、特别是黑色为最好；带头既要美观、又要大方，不要太花哨。裤带扎好后，不应在裤带、裤鼻上扣挂钥匙等物品，以免让人觉得俗气。（图 2-3-4）

图 2-3-4

4. 穿好袜子和皮鞋

袜子应选长点，以坐下跷脚时不露出小腿为宜。袜子的颜色最好是深色的，或者是西装和皮鞋之间的过渡色。在正式场合穿西装一定要穿皮鞋，不能穿布鞋、凉鞋、球鞋或旅游鞋。皮鞋以黑色为佳，咖啡色也不错。皮鞋面一定要整洁光亮。（图 2-3-5、图 2-3-6）

图 2-3-5

图 2-3-6

5. 系好纽扣

西装的纽扣除实用功能外，还有重要的装饰作用。西装有单排扣和双排扣之分。单排扣又有单粒扣、双粒扣、三粒扣之别。在非正式场合，一般可以不系纽扣。但在正式或半正式场合，则应将单粒扣扣上，或将双粒扣上面的一粒扣上，三粒扣应将中间一粒扣上。双排扣的西服一般要把纽扣全部系上，以示庄重。（图2-3-7）

图 2-3-7

6. 用好口袋

西装上衣的几个前襟外侧口袋，统统是装饰用的。除左上方的口袋可以根据需要放置折叠考究的西装手帕外，别的口袋不应放任何东西，以保证西装的笔挺。钱夹、名片、钥匙等物品应放入西装前襟两边内侧的口袋里。

另外，穿新西装之前，务必把上衣左袖袖口上的商标、纯羊毛标志剪下来，不要留在衣服上。

三、中山装

在国际、国内的许多重要场合，国人把中山装作为一种正式的礼服来穿着。中山装的造型特点是端庄威严、浑厚整齐，能够恰到好处地表现出我国男子汉的气度美。与西装相比，中山装有较强的适应性。面料质地高、中档皆可，颜色冷、暖、中性都可采用，穿着时，不必讲究衬衣的款式、色调，因为它基本上被罩在里面，不会影响外观的统一。同时，穿中山装，免去了打领带，配领夹等细碎的环节，简便易行。质地考究细致的中山装可以当礼服用。穿着中山装，应将门襟、风纪扣、袋盖扣全部扣好；口袋内不宜放置杂物，以保持平整挺括；要配穿擦亮的皮鞋。

技能点六 佩戴饰物

一、小饰物、大形象

饰物就是能起到装饰作用的物件。包括帽子、眼镜、耳环、项链、戒指、手链、领带等。饰物一般都精致、小巧，但是千万别以为它们很小，就认为不重要。其实，佩戴合适的饰物会使你的形象更添风采。所以，饰物也应精心打理。

（一）因人而异

饰物的佩戴要注重人本身的因素，要与人的体形、发型、脸型、肤色及服装相和谐。

（二）符合环境

饰品的佩戴要与所处的环境相符合，不同的环境对饰物的质地、款式、形式有不同的要求。

（三）男女有别

女性佩戴饰物的种类繁多，选择范围广泛。而男性能佩戴的只是戒指、领饰、袖饰、项链等，所以，男性的饰品应少而精，不要佩戴得花里胡哨损坏自己的形象。

（四）考虑场合

根据所赴的场合、活动内容选择佩饰。上班、旅游、运动时少佩戴或不佩戴饰品；宴会、舞会、生日聚会，则可佩戴漂亮、醒目的饰品；吊唁的场合只能戴结婚戒指、珍珠项链及素色的饰品。

（五）整体协调

在佩戴饰品时还要考虑人、环境、心情、服饰风格等诸多因素间的关系，协调一致地搭配，恰到好处地点缀，才能起到佩饰的原始目的。

二、帽子的佩戴

帽子是现代女性的主要饰物。帽子，无论是质料、色彩，还是款式，都是多种多样的。选择帽子，要注意款式，更应注意色彩、大小、高矮与自己肤色、体型、身材的关系，尽量让帽子帮助自己达到扬长避短的效果。

帽子既可正戴，也可歪戴，不同的戴法会产生不同的视觉效果和礼仪效应。正戴显得庄重、严肃，歪戴则显得活泼、妩媚；正戴可以使脸型更加丰满、端庄，歪戴则会使之显出清瘦、俏皮。

不同的脸型选择帽子的方法是：尖脸，选用圆顶帽；圆脸，选择棒球帽；身材高大者，帽子宜大不宜小；身材矮小者，帽子宜小不宜大；矮个子，选择高筒帽；高个子，戴宽檐帽；穿西服，宜戴礼帽；女士的时装帽会使女性潇洒大方；各种草帽配上夏季时装会平添女性魅力。

一般来说，参加各种活动及上门做客，进入室内场所都应脱帽，并视情况脱下大衣、风衣，男士任何时候在室内都不得戴帽子、手套；女士的纱手套、纱面罩、传统礼服、披肩等，作为服装的一部分，则允许在室内穿戴。

三、眼镜的佩戴

一副好的眼镜，不但能为自己的脸上增色，而且还是一道美丽的风景。合适的、精致漂亮的眼镜能使人风度翩翩、气质非凡。眼镜的选择要考虑到个人脸型、肤色及气质类型等因素。

（一）根据脸型选择眼镜

方型脸可选用稍圆或有弧度的镜片与方脸互补。

圆脸或胖脸，应选大框架、线条较宽的眼镜，颜色应为黑色或咖啡色等较深颜色。

长脸和瘦脸的人，应选择上宽下窄的镜框，以便加宽脸形，使脸部显得比较丰满。

椭圆脸的人适合戴各种类型的眼镜。

（二）根据肤色选择眼镜

皮肤较白的人选择各类镜框都可以，但皮肤黑或黄的人应选稍微深一点的框架；否则，反而衬得脸色更黑。

除此之外，眼睛大的人可以选择较窄的框架，小眼睛的人则应选择无框架眼镜，高度近视的人宜选择小框架以避免镜片太厚。

（三）墨镜佩戴礼仪

①在室内活动时，不要佩戴墨镜。

②在室外的礼仪活动，也不应戴墨镜。

③在与人握手、说话时，应将墨镜摘下，告别后再戴上。

④因有眼疾需戴墨镜时，应向对方说明并致歉意。

四、耳环的佩戴

耳环是女性的重要饰品之一，其使用率仅次于戒指。耳环佩戴得体，会使女性的容颜变得秀美。佩戴耳环，也必须根据自己的脸型、肤色、发型、服装等因素进行综合考虑。

脸型与耳环的对比关系，一般地说，要"反其道而行之"。通过观察发现，由于耳环使观察者的目光横扫整个脸部，因此，大多数耳环会增加脸部的视觉宽度。这对于瘦脸及脸部较窄的女性来说，是对瘦而窄的脸庞的一种弥补。（图2-3-8）

脸型搭配参考

脸型	圆形脸	方形脸	长形脸	瓜子脸	上窄下宽	鹅蛋脸	菱形脸
适合耳环形状					很长	所有形状几乎都可考虑	只需考虑肤色的大和小	

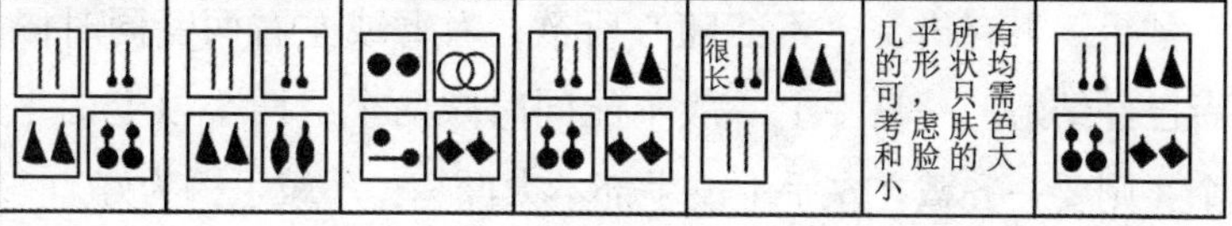

图 2-3-8

佩戴耳环时，必须考虑到服装的颜色和样式。一般来说，服装的颜色鲜艳，耳环的装饰效果就差。因此，佩戴珠宝耳饰，应选用淡雅的服装，尤其是上装更是如此。

佩戴耳环还要注意与年龄相协调。年轻人应选用三角形、多边形等动感强的耳环，以便给人天真活泼的印象。中年或老年女性最好选用自然、大方的珠宝耳饰，可显示出典雅、华贵、沉稳的风度。在各种社交场合，最适宜佩戴档次较高的珍珠、钻石、翡翠、珊瑚等珠宝镶嵌的耳环，既高雅端庄，又不失身份。

五、项链的佩戴

项链既可装饰人的颈部、胸部，又可使佩戴者的服饰更显富丽。项链由不同的原料制成，有各种颜色、长度和造型。

制作项链的原料按质地、价值和审美效果而言，有名贵、高雅的珍珠，富丽华贵的金银，古朴神秘的珐琅、景泰蓝，妩媚柔美的玛瑙，以及朴实活泼的贝壳、菩提珠，等等。

佩戴项链要考虑到自己的体形、脸形、脖子的长度及衣服的颜色等。例如，体形胖、脖子较短的人宜选配较长的项链，而不宜选用短而宽的项链；身材修长、脖子细长的人最好选宽、粗一些的短项链。

佩戴项链要和服装取得和谐与呼应。项链的颜色与服装的色彩反差要大一些，以形成鲜明的对比。例如，单色或素色服装，佩戴色泽鲜明的项链，能使首饰更加醒目，服装的色彩也显得活跃、丰富。

六、手镯的佩戴

手镯在改变服装式样上具有明显的效果，它适合于穿长袖衣服的瘦长胳膊的女性佩戴。选择手镯，一般以手臂的长短、粗细与手镯的粗细一致为宜。如手臂细长者可以佩戴宽镯或多个细线镯子；而手臂短粗者，则以佩戴较细的手镯为宜。

戴手镯很有讲究，不能随心所欲。右臂或左右两臂同时佩戴，表明佩戴者已经结婚。一只手上一般不能同时戴两个或两个以上的手镯，若想戴三个，则要一齐戴在左手上。手部不太漂亮，不戴手镯为好。

金手镯、嵌珠宝手镯，上面饰有花纹或图案，这类华贵富丽的手镯，适合成年女性戴。

男士不要戴手镯。要选择一款好手表，不要戴简易电子表或各种玩具表。

七、戒指的佩戴

【礼仪小链接】

为何婚戒要戴在左手无名指

在一般人看来，戒指戴在左手而不是右手，是由于大多数人右手比较灵活，左手较少活动，故戴在左手上不容易被磨损或撞击。而在古希腊的妇女们看来，是因为左手的无名指上有一条血管直通心脏，在这个手指上戴上结婚戒指寓有"心心相通"的意味。人们还给这个手指取了一个富有诗意的名字，叫作"爱情之脉"。在古罗马的女性们看来，是因为左手是一只服从的手，它象征温柔的妻子对丈夫的百般顺从和无限依恋。古罗马妇女的结婚戒指上刻有自己丈夫的姓名或印章，表示自己拥有丈夫的爱，并经常把它带在身边。

基督教信徒对此另有一番解释：大拇指经常使用，戴上戒指不方便；食指和小指各有一侧暴露在外，不利于包含戒指；中指虽然夹在中间，但被视作不纯洁的手指，用来戴结婚戒指显然不合适；那么唯一可戴的手指便是无名指。

天主教认为，大拇指、食指和中指代表"三位一体"，"三位"即圣父、圣子和圣灵。在天主教徒的结婚典礼上常常有这样的场面：新郎新娘交换戒指时，新郎要说一声"以圣父的名义"，然后摸一下对方的大拇指；说一声"以圣子的名义"，然后摸一下对方的食指；再说一声"以圣灵的名义"，然后摸一下对方的中指；最后要说一声"阿门"，才能把戒指戴到对方的无名指上。

尽管说法不一，但将爱情戒指戴在无名指上的习俗，一直流传至今。

自古以来，戒指就被视作爱情的信物，表达美好、永恒、纯洁之意。秦汉时期，我国女性就已经普遍佩戴戒指了。到了唐代，人们用戒指当定情信物，并一直延续到今天。在西方，戒指同样被视作爱情的象征而备受青睐，相恋、订婚、结婚都离不开戒指。

今天，戒指是一种男、女都可以佩戴在手指上的装饰品，材质多样，并且戴在不同手指上有不同的意义。

（一）佩戴戒指的含义

戴在食指上，表示尚未恋爱，正在求偶。

戴在中指上，表示自己已有意中人，正在恋爱。

戴在无名指上，表示自己已正式订婚或已结婚。

戴在小指上，则表示誓不结婚，独身主义。

由于戒指戴在不同手指有不同含义，所以一定要严格区分，正确地佩戴，避免失礼和引起误会。

（二）根据肤色选择戒指

肤色较白的手，可任意选择戒指，但以色彩亮丽为好；褐色皮肤的手，适合选择金质戒指，能产生和谐、高雅之感；黑色或暗褐色皮肤的手，应选颜色较深的戒指，不至于使手的颜色看上去更深。

（三）根据手型选择戒指

手指纤细的人，要选择方形或镶嵌宝石的戒指，会使手型更加美好秀气；手较宽大的人，要戴款式较大的戒指，如果戒指太小，会显得手更宽大；手指比较短小的人，要戴较细小的戒指，以减弱对方对手的注意力。

【案例分析】

某中德合资公司，在与德方约定的谈判中，中方为了慎重起见，特意从某大学里挑选了一个德语专业女学生做翻译。她梳着一头披肩发，无论身材、长相、能力都无可挑剔，谈判如期进行。在谈判中，德方向中方提出要求，必须更换翻译，否则无法进行谈判。中方代表很是纳闷，便问："是她翻译得不好，还是她……"德方说："她翻译得很好，长得也漂亮，但是她的头发总是甩过来甩过去，使我们无法集中精神。"

思考：
①这名女大学生违反了什么礼仪？
②这名女大学生应该怎么做？

【礼仪训练】

训练一：编盘发型

1. 直发编发（图 2-3-9）

第一步：梳顺长发以后，在脑后方位置拉取出两缕发丝。

第二步：将两束小的发束打圈环绕做造型。

第三步：将两股发束简单做编织发辫的处理。

第四步：最后，将其编织成造型精美时尚的编发发型即可。

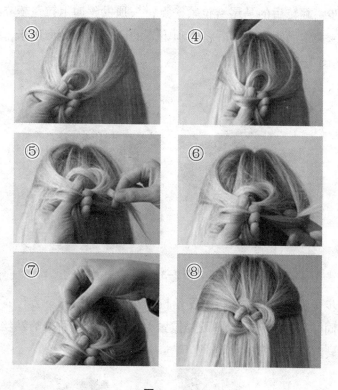

图 2-3-9

2. 卷发编发

第一步：梳着中长小卷发的女生，将头发全部在脑后散开，简单梳理通顺，然后将头顶上方的卷发拉出来，在脑后扎成松散的马尾辫，将马尾辫从上往下翻转一下。（图 2-3-10）

图 2-3-10

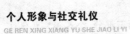

第二步：翻转后的马尾辫拉紧一点，头顶发丝向上拉蓬松立体，这样发型看起来会饱满很多，然后将头顶下方的两侧发丝分离出来，扭转之后向后拉。（图2-3-11）

图 2-3-11

第三步：将扭转的左右两边发丝拉到小马尾辫的正下方位置，扎成小马尾辫，同样从上向下翻转一下并拉紧，接着将双耳后方的发丝也分离出来，并扭转起来。（图2-3-12）

图 2-3-12

第四步：扭转之后拉到第二个小马尾辫的下方，扎成第三个小马尾辫，拉住马尾辫发尾，将马尾辫拉紧一点。（图2-3-13）

第五步：剩余的发丝披散在身后即可，最后简单地整理下额前碎发，一款简单而优雅的小卷中长发半扎发发型就扎好了。（图2-3-14）

图 2-3-13 图 2-3-14

3. 盘发

（1）短发盘发（图 2-3-15）

第一步：将头发束起向内侧拧起并用小发卡固定在右下方。

第二步：在发髻的发梢上喷发胶，并将发梢抓开造型。

  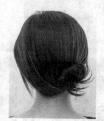

图 2-3-15

（2）长发盘发

样式一（图 2-3-16）。

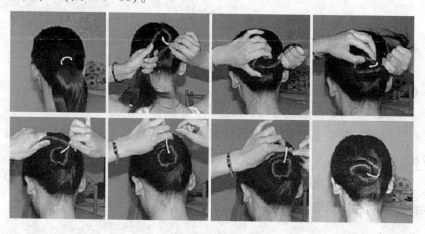

图 2-3-16

第一步：扎马尾。

第二步：头发向左绕，用手把皮筋往上弄一点，以免埋在头发里找不到了。头发再绕过来，绕到皮筋的位置，把绕过来的头发塞到皮筋里面，用皮筋把它们捆住。

第三步：捆过来的头发继续向左绕一圈，注意后面一圈的头发要在第一圈的后面绕，就是藏在第一圈的后面。

第四步：最后左手食指拿住的，是绕第二圈的头发，这时基本只剩个发尾了。把发尾继续塞到这根皮筋里面，用皮筋把它捆住，头发就盘好了。

样式二（图2-3-17）。

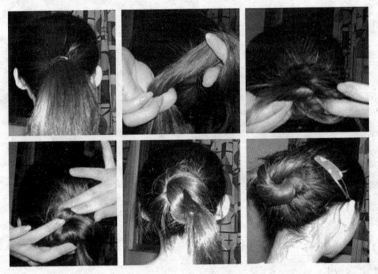

图2-3-17

第一步：扎马尾。

第二步：扎好一边马尾后把手指（大拇指和食指）压在马尾上，头发围着手指绕一圈。

第三步：用手指把绕过的头发转成一个圈。

第四步：把余下的头发如同打结一样，从发圈中拉出来，固定好小发髻。

第五步：把拉出来的头发打蓬松，然后整理好。最后把刘海随意整理成自己喜欢的样式即可。

训练二：女生练习化职业淡妆

眼线画法如下。

步骤一：内眼线

首先用手将上眼皮轻轻提起来，露出白色黏膜部分；然后用眼线笔或眼线液、眼线膏仔细填补睫毛根部的空隙，要全部填满，内黏膜也涂上黑色眼线膏。(图 2-3-18)

图 2-3-18

步骤二：上眼线

①画外眼线的重点是要紧贴睫毛根部，不能留出空隙。可以用手指轻轻按住眼皮，从眼头开始分段描画，线要平滑流畅，虽然不用一笔画完，但是一定要连接好。(图 2-3-19)

②眼尾处的眼线一定要延长。画法是手指抬起眼尾处的眼皮，在眼线末端、近眼角位置把眼线升高，约 1cm，并将翘起部分加粗，画成三角形。(图 2-3-20)

图 2-3-19

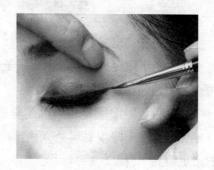

图 2-3-20

步骤三：开内眼角

将内眼角向外拉长 2mm，让内眼角呈现自然的尖三角形，并将上下两条眼线闭合，记住是要平行的，就像眼角本来就长成那样似的自然。（图 2-3-21）

图 2-3-21

步骤四：下眼线

①以眼球外侧下方为起点开始描画下眼线，重要的是在下眼线的眼尾处，要画出一个平行的眼角，眼线结束的地方要和上眼线连接起来，画成 V 字形。（图 2-3-22）

图 2-3-22

②在上下眼尾处将眼线用小刷子晕染开，下眼线选用眼影粉淡淡描画，再点上银色闪粉。（图 2-3-23）

③用粉色的眼线笔将内黏膜全部画满，粉色比起白色更加柔和自然，一定要描绘在下眼皮黏膜处，并且在眼头的地方加强，这样可以使眼睛看起来更明亮。（图 2-3-24）

图 2-3-23   图 2-3-24

训练三：微笑训练

①分组练习一度微笑、二度微笑、三度微笑。

②与同伴对视 30 秒，保持微笑，视线可在颈部以上转移。

③微笑与表情训练。

练习嘴角上翘。

第一，用上下两颗门牙轻轻咬住筷子，看看自己的嘴角是否已经高于筷子了。（图 2-3-25）

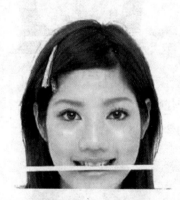

图 2-3-25

第二，继续咬着筷子，嘴角最大限度地上扬。也可以用双手手指按住嘴角向上推，上扬到最大限度。（图 2-3-26）

图 2-3-26

　　第三，保持上一步的状态。拿下筷子。这时的嘴角就是你微笑的基本脸型。能够看到上排 8 颗牙齿就可以了。（图 2-3-27）

图 2-3-27

　　第四，再次轻轻咬住筷子，发出"yi"的声音，同时嘴角向上向下反复运动，持续 30 秒。（图 2-3-28）

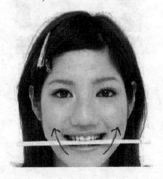

图 2-3-28

　　第五，拿掉筷子，察看自己微笑时的基本表情。双手托住两颊从下向

上推，并要发出声音反复数次。（图 2-3-29）

图 2-3-29

第六，放下双手，同上一个步骤一样数"1、2、3、4"，也要发出声音。重复 30 秒结束。（图 2-3-30）

图 2-3-30

练习眼中含笑。（图 2-3-31）

图 2-3-31

训练四：仪态礼仪训练

1. 站姿训练

（1）单人训练法

身体保持在一条直线上，让后背、脚后跟、臀部、肩膀及后脑完全紧

贴墙壁，保持自然呼吸，腹部收紧，面部放松，自然微笑。每天训练 15 分钟。（图 2-3-32）

（2）双人训练法

两个人为一组，背靠背站立，尽量让两人的脚跟、小腿、臀部、双肩、后脑都紧贴在一起，每次训练 15 分钟。

（3）道具训练法

训练时在头顶平放一本书，使头正且稳。为了训练两腿尽可能并拢、塑造腿部美感，在两腿中间夹上一张纸片。站立时保持面部微笑，呼吸自然。训练过程中要求头部的书和两腿间的纸片不能落地，身体保持平衡状态，每天训练以 10 分钟为宜。（图 2-3-33）

图 2-3-32

图 2-3-33

2. 坐姿训练

①入座时要轻要稳。挺胸、立腰。

②双目平视、嘴唇微闭、微收下颌。

③起立时，右脚向后收半步而后站起。应至少坐满椅子的三分之二。

上体转向一侧，两腿并拢，两脚向左或向右放，双手可分别放置或叠放于双腿上。（男生双膝可略分开）

女生可两脚交叉置于一侧（注意向体内收脚）。

3. 走姿训练

将一本书放在头顶，放稳后松手，接着，把双手放在身体两侧，用前脚慢慢地从基本站姿起步。这样虽然有点不自然，但却是一种很有效的方法。走路时要摆动大腿关节而不是膝关节，这样才能步伐轻盈。（图2-3-34）

图 2-3-34

4. 蹲姿训练

（1）交叉式蹲姿

下蹲时右脚在前，左脚在后，右小腿垂直于地面，全脚着地。左膝由后面伸向右侧，左脚跟抬起，脚掌着地。两腿靠紧，合力支撑身体。臀部向下，上身稍前倾。

（2）高低式蹲姿

下蹲时右脚在前，左脚稍后，两腿靠紧向下蹲。右脚全脚着地，小腿基本垂直于地面，左脚脚跟提起，脚掌着地。左膝低于右膝，左膝内侧靠于右小腿内侧，形成右膝高、左膝低的姿态，臀部向下，基本上以左腿支撑身体。

5. 手势训练

①横摆式；

②直臂式；

③斜摆式；

④双臂横摆式；

⑤情景模拟：向客户介绍产品。

训练五：服饰搭配

①出席朋友的婚礼的穿着；

②请搭配一套适合你的商务会议装。

训练六：打领带和丝巾

①女生至少掌握一种丝巾的系法；

②男生至少掌握一种领带的打法。

模块四　求职面试礼仪

技能点一　求职准备

如今，求职者与用人单位实行双向选择的模式日趋普及，主动求职现象非常普遍。许多即将毕业的大学生，都会面临求职、就业的问题。而一些对现有工作不大满意或有更高追求及人生目标的人，也会有换个工作的想法。可是，怎样才能找到一份称心如意的工作呢？有的人一次应聘就能成功，有的人多次应聘都被拒之门外。原因何在呢？这其中，既有自身素质、知识能力、个人形象的问题，也不乏应聘技巧的问题。因此，我们有必要了解应聘技巧和面试礼仪，以便使自己求职成功。

一、应聘前的准备

（一）自我判断

"人贵有自知之明"，那么，怎样才能达到"自知"呢？下面，就从求职应聘的角度回答这个问题。我们将讨论两方面的问题，一是从哪些角度来认识自己，二是怎样从这些角度进行自我判断。

在求职应聘之前，至少应当从以下几个角度进行自我判断，发现自己的优势和不足、兴趣与潜能、职业适应性等关系重大的个人特征。

1. 知识结构

知识结构，是指一个人所掌握的知识类别，各类知识相互影响而形成的知识框架及各类知识的比重。知识结构可以从以下四个方面进行分析。

一是自然科学知识和社会科学知识的比重，二是普通知识和特殊知识的比重，三是基础知识和专业知识的比重，四是传统知识和现代知识的比重。这里所讲的"比重"，不仅指数量关系，也指质量关系。你也许感到很难说清楚自己的知识结构，这没有多大关系。并不需要得出一个精确的结论，但是必须分析你的知识结构，特别是要找出自己所特有的或占优势的知识或缺乏的或处于劣势的知识，这样你才能发挥优势，弥补不足。在求职应聘之前，知识结构的分析至少有两方面的作用。一是根据自己的知识结构，选择适宜的职业。例如，如果你在计算机软件方面有渊博的知识，却对管理学一窍不通，最好还是去搞科研开发，而不要去竞争人事经理的职位。如果你的文字功底很差，就尽量避免去竞争文秘这个职位。二是针对所要应聘职位所需的知识结构，尽快弥补不足，使自己的现有知识结构得到改变以适应职位的要求。

2. 能力结构

一个人所具备的能力类型及各类能力的有机组合就是其能力结构。能力的类型多种多样，至少包括记忆能力、理解能力、分析能力、综合能力、口头表达能力、文字表达能力、推理能力、机械工作能力、环境适应能力、反应能力与应变能力、人际关系能力、组织管理能力、想象能力、创新能力、判断能力等。应聘前，对自己的能力结构进行判断分析是必要的，不同的职业、不同的职位需要不同的能力结构。发挥自己能力方面的优势，避开能力方面的欠缺，是事业成功一个十分有利的条件，那么，如何来分析评价自己的能力结构呢？一是凭自己的直觉来判断，二是凭经验来判断，三是在同别人的比较中来判断，四是从别人对自己的评价中来判断，五是借助能力倾向测验来判断。在西方工业发达国家中，能力倾向测验被广泛运用于职业决策和人员甄选录用中，经实践检验，具有较强的科学性。所以，可以用一些标准化的能力倾向测验进行自我评价和指导。

3. 个性心理特征

个性是决定每个人心理和行为的普遍性和差异性的那些特征和倾向的较稳定的有机组合。个性心理特征主要包括气质和性格两个方面。气质是与个人神经过程的特性相联系的行为特征。气质类型一般划分为多血质（活泼型）、胆汁质（兴奋型）、黏液质（安静型）、抑郁质（抑制型）四种。这四种类型为典型的气质类型。属于这些类型的人极少，多数人为中间气质型。人们的气质存在着相当大的差异，对自己的气质类型做出评判，选择适于自己的工作，对每个人都是十分必要的。与气质相比，人的性格差异更是多样而复杂。心理学家从不同角度来归纳性格差异，划分性格类型。按何种心理机能占优势可划分为理智型、情绪型、意志型、中间型；按心理活动的某种倾向性可划分为外倾型和内倾型；按思想行为的独立性可划分为顺从型和独立型；等等。因此，分析和评价自己个性上的优点和缺点，在求职应聘中扬长避短是非常重要的事情。

4. 职业适应性和职业价值观

选择正确的职业道路是人生的一件大事。一个人对某项职业的兴趣及其能力的适应性，对其完成某项职务功能及取得一定的工作绩效有直接的影响。求职应聘是一个了解自我、寻求职位、实现自我价值的过程。没有经验的求职者经常在谋职中失败，或是经常易职，总也找不到适合自己的工作，其中重要的原因就是求职者不了解自己的职业适应性，没有明确的职业价值观，感情用事，盲目选择。人的一生时间有限，要尽量在关键的时刻做出正确的选择。评价自己的职业适应性，要考虑自己的兴趣、特长和价值观。一个人的职业价值观受多重因素的影响，但一经确立就成为相对稳定的价值准则。一个人违心地选择一个自己并不喜欢的职业将是件痛苦的事情。因此，应当对自己的职业价值观有一个清楚的认识，选择一个自己真正喜欢和适应的工作，而不要受他人的左右违背自己的价值准则。

（二）对应聘单位和职位进行调查研究

1. 调查研究的重要性

求职应聘前对应聘单位和应聘职位进行调查研究，是获取有用信息的必要和有效手段，对应聘单位和应聘职位不了解，会造成在面试过程中心理没底，处处被动。对应聘单位和应聘职位进行调查研究，也会减少应聘的盲目性，从而减少被录用以后可能产生的心理反差，有利于今后顺利开展工作和职业生涯的设计和开发。有不少人凭一时冲动应聘了某一职位，被录用后才感到大失所望，抱怨待遇低，发展机会少，工作乏味、单调，人际关系难以协调，等等。所有这些问题，如果事先经过调查研究，一般都是可以发现的，如果你在了解了实际存在的问题以后，仍然坚持自己的选择，那么，就不会在将来产生巨大的心理落差，从而能面对现实，更快地适应环境。

2. 调查研究的内容

一个人要为自己的前途和命运负责，对职业选择、单位选择、职位选择这样的问题必须予以高度重视，使选择有科学可靠的根据。第一，调查研究当前的就业形势，国家和地区的就业政策。第二，了解可能从事职业的社会地位和职业声望。第三，了解可能从事的职业的工资福利待遇和未来发展的机会。第四，了解可能应聘的单位的社会地位，待遇水平，发展前景。第五，了解有关应聘职位尽可能全面真实的信息。如工作的性质、中心任务和责任，所需的知识结构、能力结构，以及对兴趣爱好、个性特征、技术特长等的专门要求。第六，面试的大约时间，面试场所的环境，面试可能采取的形式等。

二、争取面试的准备

在人员甄选录用过程中，面试一般是必要程序，直接关系到求职者能否被录用。因此，争取面试机会是求职中非常关键的一步。那么，哪些因素会决定求职者能否获得面试机会呢？一是个人简历，二是求职信，三是电话求职。

（一）个人简历

重点突出的个人简历可以"让对方在 30 秒内判断出你的价值"。个人简历的根本功用在于尽可能地吸引招聘单位的注意力，能让负责招聘的人为之怦然心动，对求职者产生兴趣和好感，欣然同意求职者来参加面试。个人简历呈现的是客观情况，一般由个人基本情况、求职意向与资格能力、自我评价三个部分组成。个人基本情况包括姓名、性别、年龄、籍贯、民族、专业、联络方式等（图 2-4-1、图 2-4-2）。

写好简历要注意以下几点。

①篇幅适中，一般以 1200 字以下为限，要使招聘者能在几分钟甚至几十秒钟看完，并留下一个深刻印象。

②布局得当，结构、逻辑、层次清楚，便于阅读、理解。

③用词要准确、恰当，要少用虚夸的形容词和副词，不夸张、不言过其实。

④内容要真实可信。所说的求职资格和工作能力要有根据，让人信服。

⑤简历中最好能体现出明确的求职目标，要针对所申请的空缺职位来写，有的放矢，使招聘人员觉得求职者各方面情况与应聘职位的任职资格

相吻合，与招聘条件相一致。

2-4-1

2-4-2

（二）求职信

通常寄个人简历的时候，应附上一封求职信。求职信源于简历，但高于简历，是对简历的简洁概述与补充。求职信同个人简历的写作目的一样，都是要引起招聘人员的注意，获得好感和认同，争取面试机会。相对简历来说，求职信更要集中地突出个人的特征与求职意向，打动招聘者的心，它所表达的是主观愿望。求职信带有一定私人信件的性质，应有一定的感情色彩，行文要简明流畅，晓之以理，动之以情，既有说服力，又有感染力，使人相信你的资格、能力和人品。求职信的结构一般由开头、主体和结尾三部分组成。

①标题：第一行中间写上"求职信"三个字。

②称谓：写在第一行，顶格写受信者单位名称或个人姓名"某某经理"、"某某公司人力资源部"或"某某公司人力资源部经理"。

③从何渠道得知招聘信息。

④希望应聘的岗位。

例如：

求职信

袁×经理：

您好！我叫李×，男，现年22岁。是一名财会专业的大学本科毕业生。从报上看到贵公司招聘一名专职会计人员的消息，不胜喜悦，以本人的水平和能力，我不揣冒昧地毛遂自荐，相信贵公司定会慧眼识人，会使我有幸成为贵公司的一名会计人员……

⑤个人素质条件：所学专业、学历、学位、学习成绩、获得的荣誉、相关工作经验等。

⑥结尾：表示希望得到面试机会。要把你想得到工作的迫切心情表达出来，请用人单位能尽快答复你，如"希望您能为我安排一个与您见面的机会""盼望您的答复""敬候佳音"等。语气要热情、恳切、有礼貌，别忘了向对方表示感谢，如"收笔之际，郑重地提一个小小的要求：无论您是否选择我，尊敬的领导，希望您能够接受我诚恳的谢意！"等。

（三）电话求职

为了节省时间，增加面试机会，电话求职已成为非常流行的求职方式。电话求职一般来说只是求职的辅助方式，其目的是争取面试的机会。

1. 打电话前的准备

①一定要在打电话前整理一下思路，把先说什么、后说什么、重点说什么弄清楚。

②手头上准备一些必要的求职材料，以便准确回答对方的提问。

③如果估计通话时间较长，应该打个电话预约一下。

④准备好笔和纸，做必要的记录。

⑤确认一下对方的电话号码、单位名称、所属部门、职位、姓名等。

2. 打电话的礼节

①选择好通话时间。一般应选择上班中间时间打，最好是上午9点以后，下午4点以前。避免在午休时间打电话。

②电话接通后主动报出自己的姓名，迅速说明通话缘由，使对方尽早明白，节省时间。

③注意语言、语调和语气，要表现出令人愉悦的气质，要热情、坚定、自信。

④说话吐字要清楚，音量要适中。不要过分客套，不要含糊其辞。

⑤所谈之事一定要有条理，按事先拟定好的纲要逐条讲述。

⑥不要漫不经心、心不在焉，也不要过分紧张、不知所措。

⑦挂电话前，要礼貌地提出面试的愿望和要求，要记清面试的时间、地点及需准备的材料等。

⑧通话结束时要道别，并诚挚地表示谢意。待对方挂电话后，再挂电话。

技能点二 面试礼仪

一、面试前的准备

(一) 心理准备

正确的应试心理有这样一些特点：热情、积极、自信、平静和谨慎。接到面试通知以后应该给予积极的响应，充满热情地投入准备工作中去，并相信经过自己的努力会赢得竞争的胜利，一个难得的机会正一步步地靠近，可以有机会充分展现才华，可以利用自己的知识和能力把握自己的命运。但是，在兴奋、激动之余，还要冷静地审视自己，考虑怎样才能发挥出自己的优势，弥补自己的不足，并为此做一些细致耐心的努力。最后，应当以一种平静的心态来迎接这次挑战，因为你毕竟还是你自己，不可能几天时间内超凡入圣或成为一个理想中的人物，只要自己尽了心、尽了力，就不要为不能把握的事而担忧。

可能在面试开始前的时候，会有点紧张，心跳比平常要快，呼吸也比平常急促，这时不要强迫自己平静下来，因为这样做往往适得其反。经验表明，适度紧张有利于集中精力、活跃思维，并不是坏事。因此，面试前最好是顺其自然，一方面积极努力，一方面不要期望过高，因为决定成败的因素并不是自己全能把握的。

(二) 形象准备

这里的"形象"是指应试者的客观形象，如衣着、服饰、首饰、化妆、发型等。仪表形象是最先进入主考官评价范围的求职要素，会极大影响主考官的第一感觉，因此每个应试者都应当重视自己的仪表形象。端庄、美好、整洁的仪表形象，能使主考官产生好感，从而做出有利于应试者的评价。科学研究的结果表明，个人感受到的对方仪表的魅力同希望再次与之见面的相关系数，远远高于个性、兴趣等的相关系数。所以在面试前，必须塑造自己的最佳形象。

1. 发型

在参加面试之前，应试者应理发、剃须。否则，是很不礼貌的。这里只谈发型问题。男士发型以短发为宜，它适合快节奏的生活特点，又能体现青年人的精神面貌。男士的风度不在于留多么长的头发，而在于自身的修养。头发的整洁和发型的选择，也至关重要。男士的发型要与脸型般配。脸长的人不宜留短发，下巴丰满的人可以把鬓发朝上梳一些，而下巴较方的人可以留上 2~3cm 的鬓发。女士发型上的要求更宽松一些，可以保留自己的特色，但不宜过短或过长，尽管近几年披肩发已被大多数人认可，但在面试中最好要整束一下，盘起或扎起，不能长发飘飘、随风飞舞。（图2-4-3、2-4-4、2-4-5）

图 2-4-3   图 2-4-4   图 2-4-5

2. 衣着

（1）男士的衣着

在面试这种正式的场合，男士的衣着也不能过于随便。运动服、沙滩装或牛仔服、夹克衫之类的休闲服装一般不是好的选择。西装在国内已经普遍流行，被认作男人的脸面，是公认的办公服装，所以，着西装面试已成为惯例，但也要因人、因时、因地而异。如果很不习惯穿西装也不必勉强，否则可能会出洋相、适得其反。如果在面试场合穿西装要强调高档、得体，皱巴巴的劣质西装无论如何也不会有助于面试成功。穿西装最好精心选择衬衫和领带（图2-4-6）。

有人认为穿着讲究是女人的事，而男人只要有事业心，就可以不必顾及其他。其实不然，得体的衣着不但会有助于显现男士的气质与风度，而且会帮助他在事业上取得成功。

（2）女士的衣着

女士在衣着上选择的余地较大，但女士的衣着中最能展现女性魅力的服装是裙子，一条恰到好处的裙子能够最充分地增加女性的美感和飘逸的风采。在面试场合中女士穿着的裙子至少长应及膝，可以是普通的长裙，最好是西装套裙。在面试场合中，所穿服装的色彩不要过于华丽，款式不要过于时髦。女士的着装首先要干净、整洁、合身，其次考虑突出个性，并且要符合应聘职位的性质（图2-4-7）。

图 2-4-6

图 2-4-7

3. 其他

（1）鞋袜的选择

鞋袜的选择也要注意与整体装束相搭配，其颜色至少应当与皮带、表带及服装颜色保持和谐。这样才能体现穿着的整体美。穿皮鞋不管是新旧，保持鞋面的清洁是第一位的。参加面试前，一定要擦皮鞋，这是对考官的尊重。男士穿西装一定要穿皮鞋，旅游鞋、布鞋、运动鞋、凉鞋都是不允许的。女士在面试场合除了凉鞋、拖鞋外，其他鞋子一般都可以穿。但不要穿鞋跟太高、太细的高跟鞋，否则会使自己走起路来东摇西晃，步履不稳。男士穿袜子要注意长度、颜色和质地。长度要高及小腿上部，太短的袜子穿起来松松垮垮，坐下来稍不注意就会露出皮肉，是有失体统的。袜子的颜色以单一色调为佳。女士穿裙子应当配长筒丝袜或连裤袜，腿粗则选择深色袜子，腿细则选择浅色袜子。切忌穿挑丝、有洞或用线补过的袜子。

（2）服装的配件

服装的配件在人的整体装束中至关重要。在面试场合中，对服装的配件应当给予必要的注意。如领带、腰带、纽扣、手帕、围巾等都不可轻视，要正确发挥它们各自的作用。

（3）首饰和化妆

首饰的佩带有一套规矩，它是一种无声的语言，既向他人暗示某种含义，又显示了佩带者的嗜好和修养。在面试时佩带首饰必须坚持以下几项原则。第一，应当遵从有关传统和习惯，在面试场合中最好不要靠佩带首饰去标新立异。第二，不要使用粗制滥造之物，在面试场合中不戴首饰是可以的，戴就要戴质地、做工俱佳的。第三，佩带首饰要注意场合，面试时最好不戴或少戴首饰。

化妆是一门既复杂又有趣的艺术，通过恰到好处的化妆，可以更加充分展示自己容貌上的优点。当你容光焕发、神采奕奕地参加面试时，无疑会赢得主考官的好感。但参加面试，绝不能浓妆艳抹。男士一般不必化妆。

二、面试礼仪

（一）面试的初始阶段

1. 迅速适应面试环境

在现实中，由于考官自身素质的差异，对面试的认识不同，所以造成面试环境千差万别，有些面试环境创造得非常好，基本符合正规面试的要求，有些面试环境却令人难以恭维。假如等待你的面试场所可能是一间狭小而杂乱的办公室，主考官悠闲地叼着烟卷，品着茶，翻着文件或报纸，电话铃声不断，看到这种情况，你可能很失望或很厌烦，但是，一定要平定自己的情绪，不能在表情和动作上表露出来。要知道，你是来面试求职的，不是来挑毛病的。要改造现实，首先要适应现实。

2. 礼貌对待接待人员

求职者前来参加面试，会有一种忐忑不安心理。一般情况下，接待人员会热情、自然地和应试者寒暄几句，对求职者前来参加面试表示欢迎。对接待人员的热情服务，应试者应及时给予积极的反应，平等礼貌地表示诚挚的感谢。这样不仅会获得接待人员的好感，而且温文尔雅、平等待人的君子风度会给考官留下美好的印象。

3. 建立和谐友好的面试气氛

建立和谐友好的面试气氛对主试和被试双方都有利。在和谐友好的气氛中，被试对主试有一种信任感和亲切感，从而愿意开诚布公，说出自己的真实想法，而且会轻松自然地发挥出正常的水平。在没有接待人员引见的情况下，应试者进入考场之前，应轻轻叩门，待得到考官允许后方可入室（图2-4-8、2-4-9）。

图2-4-8　　　　　　　　　　　　　　图2-4-9

入室后，背对考官，将房门轻轻带上，然后缓慢转身面对考官，有礼貌地向面试人打招呼。如果考官主动伸出手来，就报以坚定而温和的握手，不要主动与考官握手（图2-4-10）。若无主试人邀请，切勿自行坐下。

图 2-4-10

面试时要注意坐姿，切勿弯腰弓背，不要双腿交叉和叠膝，不要摇摆小腿。女士特别要注意，坐下后不要把腿向前伸直，也不要大大地叉开（图 2-4-11 为建议坐姿）。应试者要绝对避免伸懒腰、打哈欠、抖腿等忌讳的举动。已经安排好的应试者的座位，不要随意挪动。双手保持安静，不要搓弄衣服、笔或其他分散注意力的物品。面试者的神态要保持亲切自然。面容与眼神最容易引起考官的注意，面带微笑，使人如沐春风，最受欢迎。而不苟言笑，面无表情，最令人反感。

图 2-4-11

4. 配合考官顺利度过引入阶段

凡是有经验的考官，都对考生的应试心理有所了解，不会一上来就穷追猛打，一般都会引导考生自然地进入正题。对于考官的这类引导性的问题，考生最好随口应答，无所拘束，表现出对考官的好感和信任，但要注意用敬语如"您""请"等，切不可将同学或同事之间使用的语言用于回答考官的问题。面部表情要自然，谦恭和气。眼睛应看着问话的考官，但不要盯着看，不时看着旁边的考官（图2-4-12）。目光注视着问话者是尊重对方的表现，

同时也表现出你的自信。以眼瞟人、漫不经心、无缘无故皱眉或毫无表情
都会使人反感。

图 2-4-12

(二) 面试的主体阶段

为了能在面试的主体阶段获得考官的认同和赞许,赢得关键阶段的胜
利,应试者应从以下三方面做出积极的努力。

1. 正确有效的倾听

面试过程中,"倾听"对于考官和应试人都是十分必要的,双方都力图
准确把握对方的真实意图,获取尽可能多的信息。优秀的谈话者都是优秀
的倾听者,不论你的口才如何,若不懂得倾听,就不会给人留下好印象。
虽然面试中发问的是考官,回答的是应试者,应试者答话时间比问与听的
时间多,但应试者还是必须做好倾听。因为别人讲话时留心听,是起码的
礼貌,别人刚发问就抢着回答,或打断别人的话,都是无礼的表现。当然,
不听清楚就回答,往往意味着粗心,答非所问,可能说了许多不该说的话,
或表达得没有说服力。"倾听"并非简单用耳朵就行了,必须同时用心去理
解,并积极地做出反应,倾听与交谈都是自我推荐的重要手段。

2. 回答问题的原则、方式与技巧

(1) 知之为知之,不知为不知

在面试考场上,常会遇到一些自己不熟悉、曾经熟悉竟忘了或根本不
懂的问题。面临这种情况,首先,要保持镇静,不要表现得手足无措、抓
耳挠腮、面红耳赤。每个人都不是全才,不可能什么都知道,所以,应试

人不必为自己的"无知"而懊恼、甚至感到无地自容。其次，不要不懂装懂，牵强附会。与其答得驴唇不对马嘴，还不如坦率承认自己不懂为妙。最后，不能回避问题、默不作声。这样可能会使考官有一种被轻视的感觉，因为回答考官的问题是应试者必须要做的，这是起码的礼貌。

（2）确认提问内容，切忌答非所问

面试中，考官提出的问题过大，以致不知从何答起，或对问题的意思不明白，是常有的事。若在日常生活中，一般可以随便回答，但在面试这种郑重的场合，"想当然"地去理解对方所提问题而贸然回答，可能被对方视为无知，甚至是傲慢无礼。对于不太明确的问题，一定要采取恰当的方式搞清楚，请求考官谅解并予以更加具体的提示。

3. 展现出坚定的自信心

几乎不论什么单位，招聘什么人，都会对应试者的自信心做出评价，而这种评价又将直接影响是否录取某位应试者。因此，应试者要想面试获得成功，必须充分展现坚定的自信心。在面试中，考官一般怎样判断应试者的自信心呢？一位著名的人才评价专家曾撰文指出，面试中对自信心的判断主要靠行为语言，而不是靠回答问题的内容。判断的根据主要有：

①目光：应试人的目光不敢正视主考官的眼睛或一触即避开。

②手势：无意识地抓住什么东西或双手扭在一起。

③姿势：双肩耸起，身体前倾，双臂交叉在胸前。

④语言：声音低弱，语调犹豫、平淡、情绪化，时刻关注主考官的感觉等。

以上几种非语言行为都是不自信的表现。随着面试的规范化、现代化和科学化的逐步发展，面试考官越来越重视运用心理学的测量原理和技术，考察应试人的各方面素质，开始强调对非语言行为的观察和分析。作为应试人，也就需要更多地关注自己的非语言行为，在面试时有意识地加以调节和控制，以取得良好的面试效果。

（三）面试的收尾阶段

1. 察言观色，判断时机

由于近因效应的影响，考官对于考生最后给自己的感觉的记忆是深刻而持久的，因此，考生努力在最后阶段抓住时机，给考官留下美好的印象是至关重要的。在收尾阶段，考官的神情会更为自由放松，目光中审视的意味会明显减少，考官在提问结束前，也可能会很客气地询问你是否有什么要问的问题，这时候，作为应试者一定要谨慎，注意礼节和分寸，不要提问太多，不要让考官因回答你的问题而费力劳神。

2. 充满自信地重申自己的任职资格

能否胜任应聘职位的工作任务，是考官最为关心的事情，应用自己的自信心来感染考官的情绪，使他更加相信你是一个优秀的人选。重申自己的任职资格必须把握以下三个原则。一是事先要对应聘职务和职位进行分析，总结出该职务和职位的工作执行人员履行工作职责时应具备的最低资格条件。二是语言要概括、简洁、有力，不要拖泥带水、轻重不分。三是充分展现你的自信心。身体动作要自然放松、得体适宜，语气要坚定恳切，态度要谦虚谨慎，给考官留下值得信赖的印象。

3. 坚定恳切地重申自己的求职愿望

凡是有经验的考官无一不注重对应试人员求职动机的考察，应试者在面试收尾阶段，在恰当的时机坚定恳切地重申自己的求职意愿，就成为十分必要和有益的事了。应试者向考官表达自己的求职意愿，态度要明朗、坚定、诚恳，语言要有感染力，身体语言要协调配合，坚持以诚动人、以情感人。

4. 配合考官自然地结束面试

临近结束，应试者应注意察言观色，判断时机，抓住机会。既要尽力表现自己，又要适可而止、见好就收。应试者要全力配合考官，使面试在自然、轻松、愉悦的气氛中结束。需要指出的是，一定要让考官自觉结束面试，应试人不要自作聪明主动提出结束面谈，也不要给考官任何暗示和提醒，不要在考官结束面谈之前表现出浮躁不安、急欲离去的样子。

5. 礼貌地向考官告辞

当考官暗示或明示可以结束面试时，应试者要礼貌地与考官告辞。告辞时一般要面带微笑，并说感谢对方给了自己这次面试机会之类的话。告辞时应试者还可以说一些向考官们虚心求教的话。辞别时应整理好随身携带的物品，不要丢三落四、风风火火，而要从容稳重、有条不紊。出去推门或拉门时，要转身正面面对考官，让后身先出门，然后轻轻关上门（图2-4-13）。

6. 对接待人员表示感谢

如果在你进入面试考场前，有秘书或接待人员接待或招待你，在离去时应对他们的服务表示诚挚的感谢。尊重和谦逊是一种风度，在面试时要表现这种风度。尊重别人的劳动，平等待人，是一个人有良好修养的表现。对工作人员表示感谢将具体体现你的这种风度。更为重要的是，这种尊重他人、谦虚谨慎的作风将赢得考官的好感，给他们留下美好的印象。

图 2-4-13

【案例分析】

休息室里坐满了等候面试的人。有人充满自信，志在必得；有人紧张异常，一遍遍地背着自我介绍。面对众多的求职竞争者，李小倩不以为意地笑笑，从包里拿出化妆盒补妆，又用手拢拢头发，心想："我高挑的个子，白皙的皮肤，还有这身够靓的打扮，白领丽人味道十足，舍我其谁？"考官叫到李小倩的名字，李小倩从容进入考场。按考官的要求，李小倩开始做自我介绍："各位好！我是师大中文专业的毕业生李小倩。在校期间，我的学习成绩优良，曾担任两届学生会文艺部部长……我还有很多业余爱好，比如演讲、跳舞啊，还拿过奖呢！对于我的公关才能和社交手腕我是充满自信的。"李小倩一边说着，一边从包里拿市交谊舞大赛和校演讲比赛的获奖证书，化妆盒跟着掉了出来，各式的化妆用品散落一地。她乱了手脚，慌忙捡东西，抬头对考官说："不好意思！"考官们不满地摇头。考官甲说："小姐，麻烦你出去看一下我们的招聘条件，我们这里是研究所，你还是另谋高就吧。"

思考：李小倩为何面试失败了？

【礼仪训练】

训练一：求职者形象设计

1. 男性求职者形象设计

①不宜留长发：前不覆额，侧不掩耳，后不及领。

②着装整洁：穿西装，最好系领带；衬衫下摆扎进裤中；皮鞋要擦干净，穿深色袜子。

2. 女性求职者形象设计

①化淡妆。

②头发盘起或扎好。

③着装得体：可穿西装套裙，裙长及膝；如果穿长裤，上装稍长为宜；穿黑色船型皮鞋，长筒丝袜或连裤袜。

④不戴或少戴首饰。

训练二：面试初始阶段礼仪训练

①迅速适应面试环境。

②礼貌对待接待人员。

③建立和谐友好的面试气氛。

④配合考官顺利度过引入阶段。

训练三：面试主体阶段礼仪训练

1. 正确有效的倾听

2. 回答问题的原则、方式与技巧

①知之为知之，不知为不知。

第一，要保持镇静。第二，不要不懂装懂、牵强附会。第三，不能回避问题、默不作声。

②确认提问内容，切忌答非所问。

3. 展现出坚定的自信心

训练四：面试收尾阶段礼仪训练

①察言观色，判断时机。

②充满自信地重申自己的任职资格。

③坚定恳切地重申自己的求职愿望。

④配合考官自然地结束考试。

⑤礼貌地向考官告辞。

⑥对接待人员表示感谢。

训练五：经典面试问题及回答技巧

①当你被安排做一件事情，主管你的一把手和主管副手意见不一致时你怎么办？

这类问题可以判断出应聘者对自我要求的意识及处理问题的能力，这既是一个陷阱，又是一次机会。对于一个工作了几年的人来说，也是个头痛的问题，何况是个涉世未深的大学生。回答时，出发点必须站在领导的角度和秉着对工作负责的态度回答："作为具体执行工作任务的我来说，我会服从上级的安排，并尽快做好。本着对工作负责的态度，我会从实际工作的具体情况，给上级以必要的信息和提醒。并分别与两位领导在没有别人的情况下，说出该领导和另一位领导意见的合理地方，并综合他们的合理之处说出我对这个问题的建议，让他们都能考虑实际情况和对方的意见，并欣然接受我的想法。"这样，面试官会觉得你有责任心、有头脑，还服从领导。

②你是学生物的，为什么不去做生物和医药？

这个问题很尖锐，迫使你不得不暴露自己在专业上的弱点，你可以这样回答："我虽然学的是生物专业，但我更喜欢计算机，在校期间，我经常自学这方面的知识，而且两年前，就拿到高级程序员证书。这次又通过职业测评，咨询诊断结果显示我做销售比较合适，而且我性格开朗，亲和力强，所以，我认为我完全胜任贵公司计算机市场开发工作。"这样，既没有说到对生物不感兴趣、没有学好专业等欠缺，又把咨询师给的合理建议端出，引起面试官重视。

③谈谈你人生旅途中最大的成功和失败是什么？

这个问题很常见，但能有效反映一个人生命历程的深度和广度，接踵而至可以判断出思想的深度和悟性。如：你只能答出类似高考因未能考到满意的大学而痛哭了好几天，那就容易判断你是一个经历单纯、对逆境没有承受力的人。当你谈到最成功的一件事时，你要谈到从成功中得到的经验和升华，但不要眉飞色舞、夸夸其谈，给面试官以浅薄自大的感觉；谈到最失败的一件事时，要谈到从失败中吸取的教训和自己战胜失败的过程，不要垂头丧气、苦闷彷徨，给面试官以没有挫折商（逆商）的感觉。

④谈谈你的星座、血型、八字及家庭情况。

这类问题对于了解应聘者的性格、观念、心态等有一定的作用，这是招聘单位提出该问题的主要原因。回答时要说："职业规划是人生最重要的事，要靠科学的职业生涯规划来科学定位，从而找到各阶段的发展平台。不能相信星座、血型、八字等学说，那样会贻误前途、赔上时间成本。"谈到家庭时，可以简单地罗列家庭人口、宜说温馨和睦的家庭氛围、父母对自己教育的重视、各位家庭成员的良好状况、家庭成员对自己工作的支持、自己对家庭的责任感。

第三部分　日常社交礼仪

◇开篇有"礼"◇

　　高先生去蛋糕店为他的一位女性外国朋友订生日蛋糕，并要求打一份贺卡。店员接到订单后，问："高先生，您的朋友是太太还是小姐？"高先生也不清楚朋友是否结婚了，但想想她一大把年龄了，应该是太太吧，于是就说："写太太吧"。蛋糕做好后，店员送货上门。一位女士来开门，店员有礼貌地问："您好，请问您是怀特太太吧？"女士愣了愣，不高兴地说："错了！"就把门关上了。店员糊涂了，打电话向高先生确认，地址和房间号都没错。于是，店员再次敲开门，说道："没错，怀特太太，这是您的蛋糕！"谁知，这位女士大叫："告诉你错了，这里只有怀特小姐，没有怀特太太！"只听"砰"地一声，大门又一次关上了。

　　（称呼礼仪［EB/OL］.［2018-01-09］.http：//www.docin.com/p-427706778.html.）

模块一　见面礼仪

　　在人际交往中免不了与外人接触。与别人正式会面时，尤其是初次会面时，是否知礼守礼，往往关系到交往对象对自己第一印象的好坏。因此在与他人会面时，每个职场人员都要充分注意自己的言行举止。一般而论，在正式的职场交往中，见面礼仪大致上包括称呼、握手、介绍与名片使用等。

技能点一　称呼

称呼被看作交际的先锋官。合乎礼节的称呼是表达对他人尊重和表现自己有礼貌、有修养的一种方式。在职场正式场合的交往中，正式的称呼既表示出对对方的尊重，也体现了良好的职业素质，同时为公司树立了良好的企业形象；而且正式的称呼还能营造一个庄重、规范的交往氛围。

一、称呼的五种方式

（一）职务性称呼

在职场中，以职务称呼是最常见的一种方式，这种称呼意在表示对对方的尊重和敬意。职务性称呼又分为三种。

①仅称其职务。如"总经理""厂长""董事长"等。

②对方的姓氏+职务。如"许局长""刘部长""王主任"等。

③姓名+职务。如"赵平原科长""郭爱伦校长"等，这种称呼方式只适用于极其正式的场合，比如国际场合上的居间介绍。

（二）职称性称呼

对于那些有职称者，在工作当中，可以对他们以职称相称。有三种情况。

①仅称职称。如"教授""工程师"等。

②加上姓氏。如"谢教授""樊工程师"等。

③加上姓名。如"谢芳教授""樊小春工程师"等。

（三）学衔性称呼

以学衔称呼，可以体现对对方的尊重，也可以增进工作场合的学术氛围。

①仅称学衔。如"博士"。

②加上姓氏。如"李博士"。

③加上姓名。如"李力博士"。

（四）行业性称呼

根据对方所从事行业对其进行称呼。如"刘医生""杨老师"等。

（五）姓名性称呼

工作中直接称呼姓名，会让人感觉亲切；关系近一些可在姓氏前加"小"或"老"；再近一些可以只叫对方的名字，用于长辈对晚辈、上级对下级、并限于同性之间；再近一些就可以称兄道弟了。

以前，我国常见的称呼有"同志""师傅"。现在，在社交场合，对男性称"先生"，对女性称"女士"，对已婚妇女称"夫人"或"太太"。对于老前辈或师长，为表示敬重还可以称"某（姓）老"。

一般地说，称谓是一种随交情的递增而逐步随意化的。初识称"先生""女士""同志"，近了就可称呼姓名或只叫对方名字了。

二、称呼的注意事项

（一）称呼的顺序

如遇需向多人称呼的场合，要遵循先上级后下级、先长辈后晚辈、先女士后男士、先疏后亲的礼遇顺序进行。

（二）称呼的改变

近些年，因为许多从事不良职业的女性被称为"小姐"，使许多女性对"小姐"这一称呼产生心理抗拒。因此，最好不要称年轻女性为"小姐"，而称"女士"比较好。

（三）称呼错误

一般表现为读错被称呼人的姓名，比较常见的易读错姓氏如"盖（gě）""纪（jǐ）""查（zhā）"等，要避免出现此类错误，就要不断地虚心学习。

技能点二　握手

【礼仪小链接】

1954 年第一次日内瓦会议时，周恩来是我国出席会议的首席代表。当时美国采取了敌视中国、阻止会议达成协议的立场。美国代表团团长杜勒斯亲自下令禁止美国代表团人员同中国代表团的人员握手。周恩来团长则告诫中国代表团人员：我们不应该拒绝同美国人接触。不应该放弃任何可以做工作的机会，促使美国改变其立场。

历史出现戏剧性的转折是在 1972 年 2 月 21 日至 28 日，美国总统尼克松对华进行"破冰之旅"，标志这一转折的第一个行动就是中美两国领导人的历史性的握手。尼克松和周总理在首都机场同时伸出有力和坚定的右手，热烈有劲地紧握在一起，并亲切互致问候。周总理说："您的手伸过世界上最辽阔的海洋来与我握手。"尼克松说："一个时代过去了，另一个新的时代开始了。"

（资料来源：http：//new. 060s. com/article/2016/08/03/2209856. htm.）

握手礼是工作与生活中的基本礼仪（图 3-1-1）。学习握手礼，应掌握具体时机、先后次序和有效方式等。

图 3-1-1

一、具体时机

握手的时机，是一个十分复杂而微妙的问题。它通常取决于交往双方的关系、现场的气氛，以及当事人的心情等多种因素，不可一概而论。不过对于接待人员来说，在如下一些时刻，是有必要与交往对象握手行礼的，否则即失礼。

（一）应握手的场合

①在比较正式的场合同相识之人相遇、道别，应与之握手，以示自己的问候或惜别之意。

②在本人作为东道主的场合，迎送来访者时，应与对方握手，以示欢迎或欢送。

③拜访他人之后，在辞行之时，应与对方握手，以示再会。

④被介绍给不相识者时，应与之握手，以示自己乐于结识对方。

⑤他人给予自己支持、鼓励或帮助时，应与之握手，以表衷心感激。

⑥向他人表示恭喜、祝贺时，应与之握手，以示贺喜之诚意。

⑦对他人表示理解、支持、肯定时，应与之握手，以示真心实意。

⑧他人向自己赠送礼品或颁发奖品时，应与之握手，以示感谢。

（二）不宜握手的场合

其一，对方手部负伤或负重。

其二，对方手中忙于其他事，如打电话、用餐、喝饮料、主持会议、与他人交谈等。

其三，对方与自己距离较远。

其四，对方所处环境不适合握手。

二、先后次序

在比较正式的场合，行礼握手时最为重要的礼仪问题，是应当由谁先伸出手来发起握手。

（一）"尊者决定原则"

根据礼仪规范，握手时双方伸手的先后次序，应当在遵守"尊者决定原则"的前提下，具体情况具体对待。

"尊者决定原则"的含义是，两人握手时，各自确定彼此身份的"尊卑"，然后决定伸手的先后。通常应由位尊者先伸出手来，即尊者先行。位卑者只能在此后予以回应，而绝不可贸然抢先伸手，那是违反礼仪的举动。

在握手时，之所以要遵守"尊者决定原则"，既是为了恰到好处地体现对位尊者的尊重，也是为了维护在握手之后的寒暄应酬中位尊者的自尊。握手往往意味着进一步交往的开始，位尊者如果不想与位卑者深交，是大可不必伸手的。换言之，如果位尊者主动伸手与位卑者相握，则表明前者对后者印象不错，而且有主动与之交往之意。

（二）具体涉及的情况

其一，年长者与年幼者握手时，应由年长者首先伸出手来。

其二，女士与男士握手时，应由女士首先伸出手来（图3-1-2）。

其三，已婚者与未婚者握手时，应由已婚者首先伸出手来。

其四，上级与下级握手时，应由上级首先伸出手来。

在商务场合中，"位尊者"的判断顺序为职位—主宾—年龄—性别—婚否。在纯粹的社交场合中，判断顺序有所不同，应以性别—主宾—年龄—婚否—职位作为"位尊者"的判断顺序。

（三）某些特殊的情况

①若一人需要与多人握手，也应讲究先后次序，由尊而卑，即先

图3-1-2

年长者后年幼者，先长辈后晚辈，先老师后学生，先女士后男士，先已婚者后未婚者，先上级后下级，先职位、身份高者，后职位、身份低者。

②在工作场合，伸手的先后次序，主要取决于职位、身份。而在社交、休闲场合，则主要取决于年龄、性别、婚否。

③接待来访者时，这一问题变得较为特殊一些：当客人抵达时，主人应首先伸出手来与客人相握；而在客人告辞时，则应由客人首先伸出手来与主人相握。前者是表示欢迎，后者则表示再见。注意不要次序颠倒。

④应当强调的是，上述握手时的先后次序可用以律己，却不必处处苛求于人。要是当自己处于尊者之位，而位卑者抢先伸手要来相握时，最得体的做法，还是要与之配合，立即伸出自己的手。若过分拘泥于形式，对其视若不见，使其当场出丑，是极其失礼的。

三、有效方式

(一) 握手的距离

握手时，双方均应主动向对方靠拢，距握手对象约1米处。若双方距离过大，显得像是一方有意讨好或冷落一方；若双方握手时距离过小，手臂难以伸直，则不大好看。

(二) 握手的姿势

无论在哪种场合，无论双方的职位或年龄相差有多大，行握手礼时，只要有可能，都必须起身站直后再握手，坐着握手是不合乎礼仪的。

握手时双腿立正，上身自然前倾，行欠身礼；四指并拢，拇指张开；用力适度，上下稍许晃动二三次，随后松开手即可。

(三) 握手的神态

在通常情况下，与人握手时，应面含笑意，目视对方双眼，并且口道问候。切勿显得三心二意、敷衍了事、傲慢冷淡。如果迟迟不握他人早已伸出的手，或是一边握手，一边东张西望，甚至忙于跟其他人打招呼，都是极不应该的。

(四) 握手的手位

1. 单手相握

右手单手与人相握，是最常见的握手方式，左手掌垂直于地面最为适当。这被称为"平等式握手"，表示自己不卑不亢。（图3-1-3）

握手时伸出的手掌应垂直于地面，手心向下或向上均不合适（图3-1-

4)。掌心向上，表示自己谦恭、谨慎，这一方式叫作"友善式握手"。掌心向下，则表示自己感觉甚佳、自高自大，这一方式叫作"控制式握手"。握手时应掌心相握，这样才符合真诚、友好的原则。

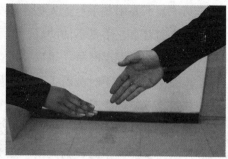

图 3-1-3   图 3-1-4

2. 双手相握

即用右手握住对方右手后，再以左手握住对方右手的手背。适用于亲朋故旧之间，表达自己的深情厚谊；不适用于初识者与异性，有可能被理解为讨好。这一方式，也被称为"手套式握手"。

双手相握时，左手除握住对方右手手背外，还有人以之握住对方右手手腕、手臂、按住或拥抱对方右肩。除非是面对至交，最好不要滥用。

（五）握手的力度

握手之时，为了向交往对象表示热情友好，应当稍许用力；与亲朋故旧握手时，所用的力量可以稍大一些；而在与异性及初次相识者握手时，则千万不可用力过猛。

握手的力度能够反映出人的性格。力度太大会显得人鲁莽有余、稳重不足；力度太小又显得有气无力、缺乏生机。总之，与人握手，不可以毫不用力、让对方感到缺乏热忱与朝气；但也不宜拼命用力、将对方握得龇牙咧嘴，有示威挑衅之嫌。

（六）握手的时间

握手的时间不宜过短或过长，应控制在 3 秒钟之内，即上下晃动二三下即可。若是亲朋故旧重逢，时间则可以相应适当延长。

握手时两手稍触即分即可。若时间过久，尤其是拉住异性或初次见面者的手不放，显得虚情假意，甚至被怀疑"想占便宜"。

(七) 握手的禁忌

握手虽司空见惯，但由于它可被用来传递多种信息，因此应努力做到合乎规范。

其一，不要用左手与他人握手，尤其是与阿拉伯人、印度人打交道时，因为在他们看来左手是不洁的。

其二，不要握手时争先恐后，应当遵守秩序，依次而进。

其三，不要握手时戴着手套或将另外一只手插在衣袋里。

其四，不要握手时戴着墨镜，患有眼疾或眼部有缺陷者例外。

其五，不要握手时面无表情、不置一词、无视对方、纯粹是为了应付。

其六，不要握手时长篇大论、点头哈腰，显得过分客套。

其七，不要握手时仅仅握住对方的手指尖或只递给对方一截冷冰冰的手指尖，像是迫于无奈。

其八，不要以肮脏不洁或患有传染性疾病的手与他人相握，更不能与人握手后，立即揩拭自己的手掌。

其九，不要拒绝与他人握手。在任何情况下，都不能这么做。

【课后小问题】

① "不管什么场合，都可以戴着手套和墨镜与人握手"，这种说法对吗？

②在握手场合中，以下哪种是正确做法(　　　)。

A. 男士与女士见面时先伸手　　B. 上级与下级见面时先伸手

C. 可以用左手与人相握　　　　D. 可以交叉握手

E. 握手时可以戴墨镜

【技能训练】

训练一：握手礼仪

要点：

①握手的姿势；

②握手的顺序；

③握手的手位；

④握手的力度；

⑤握手的神态。

训练二：握手练习

请同学、家人或朋友配合，练习握手礼。

模块二　介绍礼仪

介绍是人际交往的桥梁。通过介绍，可以拉近人与人的距离，创造良好的沟通机会，从而更好地进行交流。

技能点一　自我介绍

与人初次见面时，自我介绍可以赢得对方的好感与认同，是推销自身价值的一种手段，可以建立良好的人际关系。充满自信和具有特色的自我介绍，能够打开一扇社交之门。

一、自我介绍的场合

①社交场合结识朋友；

②前往陌生单位进行业务联系；

③演讲或发言前；

④求职应聘或参加竞选。

二、自我介绍的方法

1. 社交场合的介绍

可先向对方问好，然后向对方介绍自己，"您好，我们认识一下好吗？我是……"同时可以递上名片。

2. 代表单位的介绍

第一次到对方单位拜访，一定要介绍自己单位和部门的全称。

3. 自我介绍的称谓

只需清楚地说出自己的姓名，既不需加"先生""女士"等称谓，也不需加个人的职衔。

三、自我介绍的内容

自我介绍的内容可包括以下几方面：

①姓名；

②爱好、籍贯、学历或业务经历；

③专业知识、学术背景；

④自身优点、技能；

⑤用幽默或典故等概括自己的特点，加深对方印象；

⑥致谢。

四、自我介绍的注意事项

1. 选准时机

选择在对方闲暇、轻松、心情好时介绍自己。

2. 自信大方

语气自然、语速适中、语音清晰、态度诚恳。

3. 控制时间

言简意赅，以半分钟为宜，最长不超过三分钟，可辅以名片、介绍信等。

技能点二　为他人介绍

又称第三者介绍，是指由第三者为彼此不相识的双方相互介绍的方法。

一、介绍者的确定

在第三者介绍中，担任介绍者的人应是本次社交活动的东道主、领导或长者、活动负责人、专职人员、女主人或熟悉双方的人。

二、介绍者应注意的问题

1. 先与双方打招呼

2. 注意介绍的先后顺序

介绍时要遵循一个重要原则是"尊者优先"，即先把对方介绍给地位尊者。具体如下：

①把男士介绍给女士；

②把年轻者介绍给年长者；

③把未婚者介绍给已婚者；

④把职位低者介绍给职位高者；

⑤把主人介绍给客人；

⑥把晚到者介绍给先到者；

⑦同性别、年龄、地位相同的平等介绍。

3. 常用的介绍词

正确如"请让我来介绍一下""请允许我向您介绍一下"；错误如"您认识他吗"。

4. 注意神态与手势

无论介绍哪一方，都应手心向上，四指并拢，拇指微张，指向被介绍的一方，并向另一方点头微笑。切忌用单个手指指人(图3-2-1)。

图 3-2-1

【技能训练】

训练一：介绍礼仪

要点：

①介绍顺序；

②介绍手势。

训练二：准备一份自我介绍

要求如下：

①时间在一分半以内（300字左右）；

②脱稿、熟练、流利、自然；

③普通话标准、音量适中；

④服装得体、动作大方、表情自然；

⑤与听众有互动；

⑥内容生动、形式活泼、别具一格；

⑦介绍流程清晰（可自选、自定）：称谓、问候、名字、单位、籍贯、个性、座右铭、爱好、特色、祝福、致谢等。

模块三　名片礼仪

当今社会人际交往中，往往少不了使用名片。名片是传递个人信息的载体，是人际交往、建立联系的一个重要工具，既可表明自己的身份，又可推销自己、结交朋友。

技能点一　名片的主要作用

一、自我介绍

名片作为自我介绍的辅助工具，可以强化效果、节省时间、信息明确。（图 3-3-1）

图 3-3-1

二、结交朋友

递接名片是现代见面礼仪的一部分，名片为人们结交朋友"铺路架桥"。

三、维持联系

名片被称为"袖珍通讯录"，利用名片上提供的联络方式，人们可以保持联络。

四、业务介绍

利用公务式名片进行业务宣传、扩大交际面，可争取潜在合作伙伴。

五、通知变更

当职务、居所、单位、电话发生变化时，可以利用名片及时向朋友传递信息。

技能点二　使用名片的礼节

一、递送名片的礼仪要求

（一）递送名片的顺序

一般是地位较低的先向地位较高的递名片，男性先向女性递名片。给人递名片时，最好放在对方手的下方。

交换名片不止一人时，应先将名片递给职务较高、年龄较大者。如分不清对方的职务高低和年龄大小，则可先和自己对面左侧的人交换。

（二）递送名片时的仪态

在递名片时，应面带微笑，注视对方，要将名片正面朝向对方，双手恭敬地递上，并说："这是我的名片，请多关照。"

（三）双手递接或看对方

双手拇指和食指分别持名片上端两角，切忌单用食指和中指夹着名片给人（图3-3-2）。同外宾交换名片，要留意对方是用单手还是双手，然后照做。西方人、阿拉伯人、印度人习惯用单手与人交换名片。

图 3-3-2

（四）可在临别之时递名片

如果是事先约定好的面谈，或事先双方都有所了解，可不必着急交换名片，可以在交谈结束、临别之时递名片。

二、接受名片的礼仪要求

1. 接名片时的仪态

接名片时，应起身或欠身，面带微笑，双手拇指和食指接住名片下方两角，说"谢谢"或"十分荣幸"（图3-3-3）。接过名片，应认真看一遍，或者将名片上的重要内容读出声来。

图 3-3-3

2. 索取名片应委婉

索取他人名片，应语气委婉并见机行事。对长辈或地位较高者，可问"以后怎样才能向您请教？"对平辈、身份地位相仿者，可问"今后怎么和您保持联系？"

3. 不宜拒绝或委婉地拒绝

通常不应拒绝对方索要名片的请求，但是，如果实在不想给，措辞一定要注意，可说"对不起，我忘了带名片"，或者说"不好意思，我的名片用完了"。

4. 接名片后妥善保存

收下名片后，应轻声地读一遍对方的姓名或职称。并将名片放在名片夹中，而不要将名片放在裤袋中，也不要将名片当玩具、随便摆弄（图3-3-4、图3-3-5）。

图 3-3-4

图 3-3-5

三、名片的保管

①放在左胸内侧口袋里。

②夏天放在手提包内。

四、使用名片的忌讳

①不要把名片当作传单随便散发。

②不要随意放置别人名片。

③不要摆弄对方名片。

④在对方名片上做一些简单记录或提示可帮助记忆，但不要写对方缺点。

【技能训练】

训练一：接递名片礼仪

要点：

1. 递名片训练

递名片时，手的位置，名片的朝向，双手的姿势，配合的语言，递名片的顺序及手位。

2. 接名片训练

收下名片后，应轻声地读一遍对方的姓名或职称，并致谢。

收到名片时，应将名片妥善保存，放在该放的位置。

3. 索要名片方法

①交易法；

②明示法；（向同年龄、同级别、同职位）

③谦恭法。（向长辈、领导、上级）

训练二：制作一张个性化名片

要求：既可以是在社交场合结交朋友时使用的个人名片，也可以是工作场合使用的名片。设计美观、规范、信息齐全，可以手绘或电脑制作。

模块四　言谈礼仪

技能点一　交际礼仪语言

一、交际礼仪语言的特点

礼仪语言是用礼貌包装起来的、在社会交际中使用的一种专门性语言。它以自谦敬人、彬彬有礼为核心，是实施礼仪礼节的交际手段。通常，交际礼仪语言有以下特点。

（一）传统性

礼仪语言在我国已有悠久的历史。自有语言和文字开始，就出现了这种用于礼尚往来的交际语言。随着社会的进步和社会文明程度的提高，礼仪语言日益丰富和规范，为我们交流思想、传递信息、沟通感情、以礼待人，提供了适用的工具。

（二）礼仪性

礼仪是在人们交往中约定俗成的一些礼貌规范。从语言的角度讲，交谈语言是一种重在讲礼的语言，在语言的内容实质、表达的方式和表达感情方面强调"礼仪"的精神。它同一般的语言有许多差别。例如，一个人到某办公室找人，他说："我找李莉。"这是一般交际语言。假使他这样说："同志，打扰您一下，李莉是在这儿工作吗?"这就是礼貌语言。相同的要求而用不同语言表达出来，其交际效果会大相径庭。

（三）互尊性

礼仪语言要求言者不卑不亢，既尊重他人，也要自尊。古人说："敬人者，人恒敬之。"尊敬他人的人，也应受到他人的尊重。礼尚往来，就是要对等讲礼，使用礼仪语言也是如此。

二、交际礼仪语言的作用

（一）吸引效应

礼貌语言具有很强的人际吸引力，一个人娴于礼貌辞令，讲话又彬彬有礼，就容易让人接纳和亲近，即使在时空、背景、志趣、事业等方面存在差异，也会产生一种善言而密交的作用。宋代理学家程颐说："以诚感人者，人亦以诚而应。"你用礼貌语言来对待他人，别人也会用礼貌语言对待你。社会生活中的每个人，都有希望自己被尊重的愿望。在生活和工作中，使用礼貌的语言就是尊重他人的具体体现。因此，诚恳的礼貌语言能给人留下深刻的印象，从而得到对方的认可。礼貌语言可以改善人际关系，吸引更多的交际对象，从而为自己和社会组织的发展开辟更广阔的天地。

（二）审美效应

古人说："刻薄语，秽污词，市井气，切戒之。"这告诉我们，不礼貌的污言秽语，应加以戒除。要提倡谦和、纯朴、彬彬有礼的语言交际作风。只有文明有礼的语言，才是纯净的美的语言。在长期的社会交际实践中，人们自觉、不断地丰富和加强着用语礼仪，形成了系统而庞大的礼仪语言规范，这是社会文明和精神文明的重要组成部分。它不仅在社会交际中起着调节、互相吸引的作用，而且还具有很高的审美价值。

（三）服务效应

礼仪语言是为交际礼仪服务的，每一种礼仪礼节都有相应实用的语言，熟练地运用它，是一切礼仪交际成功的重要因素，不用或用错，必然引起社交之失算或当众出丑，甚至造成不可挽回的损失。例如，在晚会、舞会、宴会、庆典、婚礼、葬礼之类的礼仪活动，都需要依靠相应的礼仪语言为之服务。可见，礼仪语言的具体服务功能是不可忽视的。

三、交际礼仪语言的应用要求

（一）交际礼仪语言的灵魂是礼

我们已经了解了交际礼仪语言是人际交往的润滑剂和清洁剂，它可以促进联络、纯化人际关系，巩固和发展交情。在日常人际交往中，我们要多用谦词敬语和礼貌语，在具体交际过程中，无论男女尊卑，都应以礼待之，做到话中有礼，礼不离话，运用高尚纯净的言词，为自己和组织树立良好的形象。

（二）尊重交际对象的特点

交际对象有着各自不同的具体特点，比如年龄、性别、职业、职务、心理、文化素养、风俗习惯、特殊禁忌等，因此，我们不论是在群体交际还是个体交际中，必须对日常交际的语言形式进行最佳选择，要分清对象，出言有别，不能千篇一律地讲着始终不变的那几句话。

在对内对外的各种交际中还要注意民族风俗、文化背景、角色关系，只有这样谈话才能得体，交际才能有效。

【礼仪小链接】

李鸿章出访美国期间，一次宴请当地官员。宴前他发表了祝酒辞，说了一段客套话："我们略备粗馔，没有什么可口的东西，聊表寸心，不成敬意，请大家包涵……"结果承办宴席的美国老板误解为李鸿章故意败坏他饭馆的名誉，提出控告，要求李鸿章赔礼道歉，公开挽回影响。

李鸿章的这段话在中国是不会引起非议的，在美国就不行，如果中美双方都注意了对方的民族习俗、文化背景及角色关系，就不会引发这场官司。

尊重交际对象的特点，还有一个重要方面即尊重他人的特殊忌讳，说话要从群体、全方位出发，注意特殊对象的心理需求，以免造成公关交际活动的消极影响。说话人要主动、诚恳地保护那些有特殊忌讳的交际对象。

在礼仪语言交际中切实尊重不同对象的不同特点，就是敬重人、以礼待人的具体表现。

（三）遵守交际礼仪语言规范

在我国的礼仪语言中有一套专门的礼仪用语，如用于庆典场合的祝贺语，有很大一部分是约定俗成的固定形式。社会历史发展到当今时代，仍有生命力的文明礼貌专用语，还是可以继续使用的。但是，盲目保守、全盘沿袭，开口就是"先生台甫?"闭口就是"在下告辞"之类的话是现代交际所不需要的。所以，要在遵守礼仪交际语言规范的基础上，必须对传统礼仪交际语言进行过滤和选择，严格选用那些实用价值高，适合现代交际，利于发展公关事业的语言形式，绝不可粗精不分地照搬照说，尤其是对外交际，更要注意语言的规范化、现代化、公众化。

（四）交际礼仪语言必须庄重谦虚

得体的态势语可以使有声语言的交际作用更加富有表现力。我们知道，仪态庄重、文明谦虚是交际礼仪语言的两个重要辅助因素，有了它，才能保证在具体的礼仪交际实务中为人和气、诚恳，出言彬彬有礼，不信口开河、夸夸其谈，更不会藐视对方、恶语伤人。我们只主张对那些心怀叵测、蓄意刁难、恶言伤人的论敌针锋相对、严厉反驳，以维护自己或本组织的正当权益。

（五）交际礼仪语言必须机敏善变

在人际交往中，我们可能随时遇到意想不到的问题，如在业务洽谈、专题论辩、协约磋商、外交谈判等交际活动中，出现岔题、转题、非难、苛求等种种现象，这就需要我们随机应变，相机而言。即使是做了充分准备，组织严谨的谈判、辩论，也不会是、也不可能是尽在把握之中，往往出现激烈的舌战，这时就要加强控制，促使语言势头朝着有利于自己的方向发展。更值得注意的是，在机敏应变、妙言百出的现实交际中同样必须使用文明礼貌言语。

技能点二　常用的交际礼仪语言

一、谦称和谦语

（一）谦称

谦称是表达一种谦虚的意思。用于自称及向他人称自己的亲人。

愚——愚师、愚兄、愚见等。

舍——用于称比自己辈分低和年龄小的亲属，如舍妹、舍弟、舍侄。同"小"的用法有类似之处，如小儿、小婿、小媳、小弟、小侄等。

家——家兄、家父、家祖父、家祖母等。

鄙——鄙人、鄙职、鄙意等。

拙——拙见、拙作、拙刊、拙笔等。

敝——敝地、敝县、敝府、敝兄等。

（二）谦语

①自己的言行失误，说"对不起""不好意思""很抱歉""很惭愧""有失远迎""失礼了"等。

②请求他人谅解，说"请原谅""请多包涵""请别介意"等。

③对他人的致歉报以友好态度，说"没关系""别客气""您太谦虚了"等。

尊称和敬语与谦称和谦语，在许多方面是对应关系，如问："贵姓?"答："免贵姓×"。一个"贵"字，把对方的地位抬高了，表现出对对方的尊重。而对方的回答又把自己降到了与问话者同一高度，表现了自己的谦虚和对对方的尊重。诸如"令尊"同"家父"、"令妹"同"舍妹"、"贵府"同"寒舍"、"令爱"同"小女"、"高见"同"愚意"等都是相对的。一敬对一谦，表现了交际双方的文明礼貌修养。

二、致谢和道歉

受人帮助要及时地表示感谢，得罪他人要及时地赔礼道歉。受惠不谢，知过不改，在社交中，是一种严重的失礼行为。

（一）致谢

在人们的交往中，互相关心和互相帮助是文明礼貌的具体表现。一旦得到了别人的帮助或接受别人的恩惠或得到别人的称赞，就必须及时地、诚恳地表示谢意。口头致谢是一种常用的方法。

1. 致谢的方式

①当面致谢。一般情况要明确说出对对方的感谢。少数特殊情况，应该向对方注视点头表达谢意。

②书信致谢。通常情况下应写得正式一些。在信中，要把致谢的缘由写清楚，还要把自己的谢意尽可能都抒写出来。

③中转致谢。通常情况下的致谢都应亲自表达。中转致谢是在不能亲自表达的情况下的一种无奈选择。

2. 致谢的规则

①致谢要诚心诚意，饱含感情。

②致谢要认真自然，不可轻描淡写。

③致谢要使用尊称。如果是向几个人致谢，便要一一致谢，不可笼统了事。

④致谢要选择适当的时机及时地给予回报和酬谢。

⑤致谢后，要注意对方的反应，如果对方不解，要当场说明致谢的原因。

3. 致谢的常用语

致谢的常用语主要有"谢谢""非常感谢""感激不尽""多谢您""不胜感激"等。致谢语无一定规范，要因事而异，相机而言，使对方切实感到答谢人的诚恳，从而产生进一步发展情感的愿望。

（二）致歉

人际交往中难免出现这样或那样的误会和隔阂，但如果掌握一定的道歉技巧，则不仅可以消除误会和隔阂，而且还会增进友谊，密切关系。

1. 致歉的规则

①致歉不要怕丢面子，君子坦荡荡。比如某厂出现产品质量问题，在用户中造成不良影响，就应该公开认错、道歉。只有公开认错，公众才觉得厂家有改正的决心，才能相信其承诺。

②致歉时要态度认真、恳切、不虚伪、不做作。比如你骑自行车撞了人，便立即主动关切地说："太对不起了，撞疼了您，我陪您上医院去好吗？"对方看到你如此坦诚，即使有点小伤，也会说："没关系的。"否则，闹到交警大队去也是有可能的。

③多自我批评，多赞扬对方。比如上述撞车例子中，你再说："撞了您，主要是我骑车的技术不行，办事毛躁。"如果对方批评你几句，你应该说："您说得很对，以后我骑车一定注意慢些，谢谢。"对方即使有怨有火也会消气。

④口头致歉是主要方式，如果给对方造成了一定的物质损失，就不能仅停留于口头致歉，还要配合适当的补偿行为。

2. 致歉常用语

①确认自己言行不当，可说"对不起""失礼了""太不应该了""真抱歉""很惭愧"。

②请求对方谅解，可说"请原谅""请多包涵""请多批评"。

三、见面与告别

迎来送往，见面与告别，不断地交替重复，这是礼仪活动中的一项重要应酬，我们不仅要在行为上积极适应，而且还要运用口头交际认真地配合。

①积极运用十字礼貌语："您好""请""对不起""谢谢""再见"。

②见面时要说："您好""早安""欢迎光临""请坐""请用茶""近来身体好吗？""我能为您做些什么吗？"

③告别时要说："再见""祝您旅途愉快""欢迎您再来""后会有期""照顾不周请多多原谅""请走好"等。

这些应酬话里面既有热情的问候，又有真诚的祝愿，能够使人产生宾至如归的感觉，给客人、朋友留下深刻而美好的印象。

注意说这些话时，语言和神态一定要真诚，若用背书一样的语调说出这些话，只能使人产生反感。

四、雅语的运用

雅语是指一些比较文雅和委婉的话。它常在一些正规场合及一些有长辈和异性在场的情况下，被用来替代那些比较随便的、甚至有些粗俗的话语。社交场合多用文雅语言能体现出一个人的文化素质及尊重他人的良好品质。

下面试举例比较。

①听说你爸死了。

惊闻令尊辞世。

②喂，厕所在哪儿？

请问，哪里可以方便？

③我不吃了，我走啦。

各位请慢用，失陪。

④听说你老婆生了一个女娃子？

恭贺您喜得千金。

⑤你出去的时候要给我把门关好。

先生，请注意关门，以防意外。

以上例子一经比较，即可发现它们有着不同的礼仪品质，粗话引起反感，雅语可以博得对方欢心。因此，在社交场合，要随时注意使用雅语，以表示对社交对象的尊重。

技能点三　交谈的礼仪

一、交谈礼仪的原则

（一）语言行为有礼

在人与人、组织与组织之间交往离不开语言沟通，在与人交谈时要诚恳地听取公众的意见、建议和要求，举止行为文雅，谈吐谦和，特别要注意以下谈话行为礼节。

1. 与人谈话不东张西望

交谈中，注视对方在谈话中起着举足轻重的作用。交谈时，神态要专注，表情要自然，语言要和气亲切，交谈双方都应注视对方（图3-4-1）。边交谈边处理与交谈无关的事物，是轻视对方的表现。当然，注视不等于凝视，在整个谈话过程中，目光与对方接触应该累计达到全部交谈过程的50%～70%。在洽谈、磋商、谈判等场合，为了给人严肃认真的感觉，注视的位置在对方双眼或双眼与额头之间的区域。仅仅是注视对方还不够，应注意能够让对方感受到你对谈话的态度，让对方产生遇到知己的感觉。使话题谈得更广、更深。

图3-4-1

2. 不乱用手势

说话时除非需要用手势来加强语气或表示特殊的感情；否则，不要把头、手胡乱地晃动，特别是有些人边谈话边双腿不停地抖动，这些无意义的举动足以表现一个人的浅薄和轻浮。

3. 不做傲慢无礼的动作

对方讲话时，不能左顾右盼；显示出不耐烦的样子，就更加没有礼貌了（图 3-4-2）。例如，不停地看手表、伸懒腰、玩弄手指、活动手腕、修剪指甲、双手插在衣袋里等漫不经心、傲慢无礼的动作。

图 3-4-2

（二）交谈内容有礼

交谈内容应不粗不俗，不宣扬低级趣味，不散布违背道德、法律、社会习俗的言论，尤其是要尊重特定公众的特定习俗。在交谈内容方面需要注意以下问题。

1. 不用不雅的词语

言语是个人学问、品格的衣冠，一句不雅的话说出口，身份立刻被人看低三分。有人以为在交谈时说出那些不洁的词语，便会缩小同他人的距离，殊不知，这样的语言说出来只会显示出自己格调不高，也是对他人的不尊重。有些人有口头禅，也应尽量改掉，免得让人耻笑。另外，要记住：永远不要在长辈和领导面前说脏话；永远不要在异性面前说脏话；在正式的社交场合，永远不要说脏话。

2. 不问及他人隐私

交谈中，除非办理手续的必要，一般情况下，不应直接询问对方的履历、年龄大小、工资收入、家庭财产、婚姻状况、衣饰价格、家庭住址等私人生活方面的问题。女士对这些问题比男士更敏感，因此，更应特别注意才是。

3. 不卖弄学问

当不只与一人交谈时，假如有人听不懂外语或方言，最好就不要说。不然，会使人感到在故意卖弄学问或有意不让他听懂，这样的话就达不到交流的目的。因此，要记住：只有能让人听懂的语言才可能是好的语言。

4. 不多用"我"字

和别人谈话的时候，除非对方要求你谈谈自己的事，否则不要老是以

"自己"为中心句、句句不离"我"字。应该适当地关心对方，应多谈和对方有关或感兴趣的事。

（三）语言形式有礼

选择恰当的语言表达手段，做到语言规范，语调亲切柔和，多用谦词敬语，措辞庄重典雅，在交谈中，还要注意以下三点。

1. 不要太沉默

有些人在交际场合很少说话，原因可能是个性比较内向，也可能是由于自卑感作祟，以为自己学问不如人或地位太低等。这种过于沉默的习惯大大妨碍了社交活动，甚至也可能使别人误会你是个性情高傲的人。如果在谈话中陷入沉默，应该设法打破沉默。

2. 不要"抢白"

有些人在别人说话还未告一段落时，便随意插嘴，表示自己领悟得快、聪明，或者表示自己比说话者知识更广博，见解更高明。喜欢"抢白"的人，即使知识的确比别人广博，见解的确比别人高明，但人家心里会说："这人真没礼貌，真讨厌！"除非是在辩论的时候，否则千万不要"抢白"。

3. 不当众批评他人

在交谈时，力求创造愉悦和谐的谈话气氛，要使交谈双方都感到这次谈话是令人愉快的，而不致使对方落入尴尬、窘迫之境。在社交场合中，应尽量避免谈话引起争执，一般可用表示疑问或商讨的语气来满足对方的自尊心，不当众批评对方，尤其是长辈或身份高的人。更不能讥笑、讽刺他人。

总之，不论是单向交流的发言、讲话致辞、演讲还是书面的语言形式，都具有明显的礼仪性、礼貌性。因此，对待谈话对象要以理服人、以礼感人，通过交谈、对答或辩论等语言交际消除分歧。

二、失言与礼节

失言就是在一定场合和情景中无意说出得罪人伤害人的错话或蠢话，在某种程度上来讲，失言是一种交际失礼行为。失言的原因及其表现如下。

（一）不分场合说话

指的是不看特定的场合、气氛和公众情绪而滥发议论。例如，在参加完葬礼后，在去世者子女举办的答谢宴会上夸夸其谈，就很不合适，是一种很失礼的行为。

（二）不看听众结构说话

听众是一个复杂的结合体，在性别、年龄、职业、生理、性格和经历等方面有着多种不同的情况，还有着各种不同的需求，如果我们不看听众的结构，出言不慎，就将得罪或伤害其中的某一个人或某一部分人，达不到预期的效果。例如，一个公关部经理对一个新来的工作人员说："小王，你来我们公司工作，要换个样，好好干，我们这里可不比下面乡镇，可以随随便便、混饭吃……"这话总体精神是要求小王好好干，但在场的几个乡镇企业的干部听见后，就认为该公关部经理是在诽谤乡镇，感到自尊心受到了伤害。

（三）不顾俗语影响说话

我国的俗语、谚语、歇后语很多，大部分富于表现力，而且生动活泼，但有少部分包含着庸俗、猥亵、低级的成分。滥用俗语、谚语、歇后语也是引起失言的一个重要原因。例如，我们常听到的"天要下雨，娘要嫁人""睁一只眼、闭一只眼""歪嘴吹风———股邪气"这类话，如果稍不注意，就会触犯一些人的禁忌，所以，慎用俗语、谚语、歇后语是尊重他人、避免失言的需要。

【礼仪小链接】

某卫生局召开春季防疫会，主席台上坐着几个领导，其中有一个领导的右眼失明。一个领导同志在批评善恶相容、老好人的处世态度时说："现在的人都学滑了，不肯讲话了，反正是你不说我瞎，我不说你脚板大。"这句话刚说完，引起台下哄堂大笑。这个右眼失明的领导面生愠色，心里很不高兴，散会时，连熟人也不打招呼，神情十分沮丧地离开了。

（四）不顾修饰效果说话

在公关交际场合不顾后果、乱用修饰词语说话，往往达不到预期的效果。如口头广告、日常交谈、节目主持人讲话时，往往对修饰词产生的效果很少分析，热衷于无限夸张。例如，有主持人宣布："现在由中日双方最著名的两位歌唱家为我们演唱。这样的话，夸了两个，贬了一片，是中日听众和中日歌唱家都无法接受的。这也涉及如何正确地抬举人和恭维人的问题。要实事求是地称道人和赞美人，夸而不当，适得其反。

（五）不克制冲动说话

人在发怒的时候，容易说过头话，这在贸易洽谈、法庭辩论、自我辩护等场合经常被听到。人的感情一旦冲动起来，错话、蠢话可能脱口而出，这说明个人的修养不够，不善于控制自己的情绪。如果是代表组织谈判，不但会破坏组织的形象，甚至还会给组织造成直接的经济影响。

三、礼貌谈话技巧

言谈交际具有文明礼貌、机智善变的特点，礼貌的谈话技巧很多，简单介绍如下。

（一）慎用掩饰

在语言交际中，有时需要我们设身处地为他人着想，运用诚恳而得体的话语给予掩饰，搪塞他人偶然的过失，以维系、增进和融洽与交往对象的关系。

【礼仪小链接】

一个公关人员参加一次联谊茶话会，发现自己的茶杯里漂着一只苍蝇，她决定请招待小姐换一杯，怎么说呢？她是这样说的："小姐，刚才有一只小苍蝇掉到我的茶杯里了，可以为我换一杯吗？"并对她身边的伙伴小声地说："小苍蝇投水了，真够它苦的。"这个公关人员的话，实际上是临时编造的谎言，目的是为当事人圆场、掩饰，维护这个单位的良好形象。如果说："我的茶杯里有一只死苍蝇，真叫人恶心，喂，快给我换一杯！"这虽然是真话，但交际效果未必上乘，还可能使双方不悦，甚至产生隔阂，影响与对方的交往。

对他人的偶然过失，采取有意掩饰的态度，是一种礼貌语言行为。如果双方交情较深，可在事后，私下进行友好提醒，说明事情的真相，这样，对方和对方的单位将会产生感激之情，衷心地钦佩掩饰者的气度和风格。当然，掩饰与以诚待人、忠厚老实之间是没有矛盾的。

（二）巧用委婉

巧用委婉，就是运用婉转、含蓄的语言，表达信息、进行交际。对在某种时空中的个别人或人群，有时直言快语并不生效，甚至还有失礼之嫌，如果运用隐蔽、含蓄的委婉语言，反而有很好的实际效果。

【礼仪小链接】

导游小静是一个 20 多岁的女孩子，刚从大学毕业没多久。有一次，她带团在某地旅游。自由活动时，一个男客人突然向她提议，说："我们到那片林子里去走一走吧?"小静稍稍考虑后，说："先生，那里边有些脏，我们还是到干净热闹的地方去玩。您看，前面有一个景点，人们已经在参观，我们到那里去吧!"这个聪明的导游，既委婉地拒绝了游客的建议，又没有使游客产生不满，避免了因直言快语而引起的失敬和失和。

（三）善于夸赞

夸赞，就是运用言辞来称道人、恭维人。人人都在夸赞人，也希望得到他人夸赞，但不一定人人善用夸赞。必须明白，称道人、赞美人是文明礼貌在社交活动中的具体反映，也是加深感情、强化交际、缩短人际心理距离的重要交际手段。现从三个方面加以说明。

1. 诚恳的态度

真心实意，这是称道人、夸赞人的前提。虚情假意、逢场作戏，甚至以夸谋私，这是虚伪、卑微、狡黠心理的反映，以诚夸人、以礼赞人是夸赞成功的基本保证，是夸赞的灵魂和生命。

2. 准确的语言

夸赞的语言要准确，这是称道、夸赞人的原则。运用准确的语言夸赞人，可以使对方闻夸而喜，感受良深，从而给受夸之人学习、工作、生活上的动力。夸赞的语言要准确，具体要求就是造词必须准确、集中、能够突出地反映一个人在某一点或某方面的重要特征。要针对闪光点，集中目标地调整一个人的心理动力机制。夸赞语言面要窄、夸赞要具体，对方才会感受到真情实意。

3. 夸赞方法要灵活

夸赞方法灵活，这是夸赞人、称赞人的技巧。夸人有方法可寻，但没有固定方法，要根据对象、场合、交际的目的而临时应变。

（1）转借式

正面称道和恭维，有时效果不佳，不如转借第三者的赞词，运用传递的方法间接地进行夸赞。转借式夸赞，可以加强夸赞的交际合力，有时比正面夸赞的效果要好得多。

（2）换点式

在人际交往中总要夸人或被人夸，间或还有这样的情形：征求夸赞。其中，有的是失败者，需要精神安慰；有的是炫耀者，借助他人抬高自己或抬高亲人。换点夸赞是在从一个人的整体或从一个人的某一方面实在不敢恭维的情况下，机动选点，临时应酬，给失败者以安慰，给炫耀者以满足。

【礼仪小链接】

张先生应邀去朋友家做客。晚饭后，朋友让十岁的女儿为大家弹钢琴一首。弹奏之后，朋友请张先生评议他女儿弹钢琴的水平。张先生听后，觉得曲不成调，要夸，得有策略。于是，他带着赞赏的语气说："这孩子弹琴的姿势很正确，并且非常专注，多加练习，日后必成大器。"张先生的夸赞是能立得起来的，他避开了技巧，选择了一个弹性较强的侧面加以夸赞，显示了他既善于实事求是，又善于机敏夸人的语言交际能力。

（3）风趣式

夸赞之中带点风趣，可以增强感染人、激励人的力量，有时甚至可以迅速改变一个人的精神状态。

【礼仪小链接】

陈毅同志率领部队从江西突围，到达赣粤边境后，部队已经十分疲劳，都想睡一觉。一会儿，有的已经头朝广东、脚朝江西呼呼地睡起来。陈毅同志为了鼓舞士气，提高部队的战斗力，就表扬战士们说："同志们，我们真了不起呀，一身压着两个省啰！"由于夸奖有趣，幽默逗人，战士们发出了舒心的笑声，一下子驱走了爬山越岭的疲劳。

（4）控制式

夸赞他人，要实行程度控制，千万不可绝对化，必须一分为二，抑制过头。控制式夸赞，要求扬中有抑，抑中有扬，无论是上级表扬下级，还是群众称颂上司，或者是人与人之间的相互夸赞，都不能随意拔高、片面夸大、说出一些谁也难信的过头话。

夸赞的方法很多，只要运用得当，就能收到很好的语言交际效果。

（四）拒绝对方的技巧

1. 但是法

首先肯定别人的意见，然后一转说"但是……"，把对方没有考虑到的几种情况摆出来，说明具体意见，并没有明确拒绝对方，可是已经达到了拒绝的效果。

2. 商量法

在不同意对方意见的时候，不使用过于生硬的语句，取而代之以商量的口吻。如："你看这样是不是更好一些……""咱们能否换个角度考虑一下问题……"

3. 让对方自我否定

有时候让对方自己否定自己的要求，也不失为一种拒绝的好办法。可以帮对方分析其要求的不合理之处，摆明自己无法答应的种种理由，或者指出那样做的不良后果，让对方感觉自己的意见并不恰当，自己就会主动收口。

4. 借助别人的力量

有时候自己无法直接拒绝，可以借助比自己更有权威、更有水平的人来拒绝别人的要求。但注意不要让对方产生你没有诚意、是在推诿卸责的感觉。

四、聆听的艺术

【礼仪小链接】

美国著名成人教育家卡耐基有一次参加一个晚宴，他正好坐在一个太太的旁边，那个太太特别健谈，一整晚，她都在谈自己养的那些狗的事，卡耐基说的话，加起来不会超过十句。后来，卡耐基碰到这太太的一个朋友，这个朋友对他说，那个太太认为卡耐基是一个非常善于谈话的人。

为什么卡耐基的话连十句都不到，而别人却认为他非常善于谈话呢？因为他掌握了聆听的艺术。

（一）聆听的意义

聆听是搞好人际关系的需要。只要对人际关系融洽的人和人际关系僵硬的人进行比较，自然就会明白，越是善于倾听他人意见的人，人际关系越好，因为聆听是褒奖对方谈话的一种方式。你能够耐心倾听对方的谈话，等于告诉对方"你是一个值得我倾听你讲话的人"。这样在无形之中就能提高对方的自尊心，加深彼此的感情。反之，对方还没有把要说的话讲完，你就听不下去了，这最容易使对方的自尊心受挫。

良好的人际关系不是靠逢场作戏就能建立起来的，建立良好的人际关系有效的方法之一，就是要耐心倾听他人的谈话、他人的见解，这也是一个人及时了解别人的需要、期望和性格的好方法。是否耐心倾听他人谈话，甚至可以说这是涉及一个人给另一个人能否留下良好的第一印象的关键因素之一。当周围的人们意识到你能耐心倾听他们的意见时，他们会自然向你靠近。这样就可以与很多人进行思想交流，建立较广泛的人际关系。否则，自己将会被孤立，得不到周围人的同情和援助。

（二）聆听的障碍

1. 分神分心

客观上，如室内外种种噪声、频频响起的电话铃声、接连不断的外人插嘴……都会使专注倾听受到影响；主观上，如心中另有重要的急事要办，而心不在焉、情绪激动等，能够导致倾听分神分心。

2. 急于发言

这种障碍的主要表现是，经常打断对方的谈话，迫不及待地发表自己的意见，而实际往往还没把对方的意思听完、听懂。

3. 固执己见

有些人喜欢听和自己意见一致的人讲话，偏心于和自己观点相同的人。这种拒绝倾听不同意见的人，注意力就不可能集中在讲逆耳之言的人身上，也不大可能和多数人都进行愉快的交谈。

（三）聆听的方法

1. 全神贯注，切莫分心

人们听音乐时，常常习惯于轻敲手指头或频频踏脚打拍子。听人讲话时却万万不可这样，没有什么动作比这更能伤害他人的自尊心了。倘若对方是你的上级、同事和顾客，那就更糟糕了。因此，应设法撇开令你分心的一切。可以通过两眼直视讲话者、赞许性的点头或催促的手势等，表明自己在认真倾听，从而鼓励对方说下去。有些时候，甚至连你的坐姿也能起到这种作用，如果举止得体，彬彬有礼，便表明对对方的话甚感兴趣。

2. 尊重他人，甘当听者

交际之中，轮到你发言时，别以为自己可以一直说下去，要把说话的机会还给别人。涉世之初，大多数人都误以为成功的社交主要取决于个人的口才，其实并不全然如此。

【礼仪小链接】

有位外国领事官员的妻子，一次对人谈起她丈夫刚开始外交官生涯时，她在社交聚会上熬过的痛苦时光。她说："我这个来自布拉斯加州一座小城的女孩，面对满屋子口才奇佳、曾在世界各地住过的人，感到格外局促不安。我发现自己的处境非常尴尬，就拼命想找什么来说，而不是只听别人侃侃而谈。"后来有一天晚上，她向一个平常不大爱讲话但却深受欢迎的老外交官吐露了自己的苦恼。老外交官告诉她："很久以前，我就发现每个说话的人都需要听者。请相信我的话，在社交聚会时，一个忠实的听者是深受欢迎而且难能可贵的——就像撒哈拉沙漠中的甘泉一般。"

3. 适时插话，有所反应

为了鼓励别人说下去，可以适当提问来对其所述稍加评论，如说"真的吗"或"请你讲得具体一点"等，表明你不但在注意倾听，而且饶有兴趣，以使对方不致因话无反应而兴味索然、中断话语。的确，大家都有这种体验：跟毫无反应的人谈话，好比朝着挂断的电话大声呼叫，你很快就会作罢。

4. 察言观色，提高敏感性

在人际交往中，很多人口中所道并非肺腑之言——他们的真实想法往往隐藏起来，所以我们在听话时，就需要刻意琢磨对方话中的微妙感情，细细咀嚼品味，以便弄清其真正意图。

【礼仪小链接】

一名优秀的房产经纪人把他的成功归结为如下因素：他不只满足于听客户所讲的表面情况而且还对其话语字斟句酌，仔细揣摩，从而窥透客户当时的心事。一次当他告诉一个客户某幢房子的售价时，那人淡然笑道：

"对我们家来说，价钱高低无所谓。"然而，房产经纪人注意到他的语气中流露出沉吟，笑也那么勉强，知道客户感到为难——他分明是想买下但钱又不够，于是灵机一动便说："在拿定主意前，你大概还想多看几处房子吧?"结果，双方都达到了自己的目的：客户买到了他有能力付款的房屋，满意而归；房产经纪人则又做成了一笔交易。

【案例分析】

案例一：

张欢是一个活泼开朗的女孩，在一家公司做行政前台，来公司不久，就与同事们相处得很熟。一天中午休息的时候，她的朋友来找她，两人吃过午饭后，就坐在张欢的工位上聊天。当公司的经理经过时，张欢没有向经理介绍她的朋友，也没有与经理打招呼，经理也没有与她们打招呼。此后不久，张欢就被辞退了。

思考：为什么公司会辞退张欢?

案例二：

雷真是一家大公司的经理，平时因公司需要经常出差，于是他想给自己购买一份意外保险，以免自己发生意外时连累家人和朋友。碰巧有一个保险公司推销员打电话给他，问他想不想了解一下保险，雷真就与她约定了时间，说好见面详谈。

推销员按约定的时间来到雷真的办公室。雷真抬头看到了衣着整齐、打扮得体的女孩子，心中不由得对这个推销员增加了几分好感。雷真正准备与她详谈一下保险的事情，却被秘书告知公司要临时召开一个紧急会议。雷真向推销员表达了自己的歉意，并希望她留下一张名片，以便回头再和她联系。

推销员一听此言，马上拿出自己的包。包是个好包，很名贵，她把包拉开，首先抓出一包话梅，接着拿出一包瓜子，最后居然拉出一只丝袜，然后一脸无奈地望着雷真，说她忘带了。

雷真哭笑不得，心想："这么一个马虎大意的女孩子，怎么能给我制订出一份详细的保险计划呢?"他随即打消了向她购买保险的念头。

思考：为什么公司经理会取消保险计划?

案例三：

某局新任局长宴请退居二线的老局长。席间端上一盘油炸田鸡，老局长用筷子点点说："喂，老弟，青蛙是益虫，不能吃。"新局长不假思索，脱口而出："不要紧，都是老田鸡，已退居二线，不当事了。"老局长闻听此言顿时脸色大变，连问："你说什么？你刚才说什么？"新局长本想开个玩笑，不料触犯了老局长的自尊，顿觉尴尬万分。席上的友好气氛也被破坏，幸亏秘书反应快，连忙接着说："老局长，他说您已退居二线，吃田鸡不碍什么事。"气氛才有点缓和。

思考：

①老话说："莫对失意人谈得意事"，结合本案例谈谈你对这句话的理解。

②在交际中开玩笑应该注意什么？

【技能训练】

通过口述绘图，了解如何进行有效沟通。

1. 训练要求

地点：教室。

道具：纸、笔。

2. 训练方式

①两人一组训练：一人负责口述，一人负责绘图。

②选择一些简单的图（什么图都可以）。

③比较绘图者的绘图与原图的差异。

3. 训练内容

口述表达方：负责表述所见到的图，不能在看对方绘图时给予暗示。只能问对方是否完成了绘图。

绘图方：负责将对方口述的图案画在纸上，不能提问，也不能让对方知道自己画了什么。

根据差异比较，谈论如何用有效的语言来表达才能使对方理解。

模块五　宴请礼仪

◇开篇有"礼"◇

王伟是一个外贸公司的业务经理，有一次，他因为工作上的需要，设宴款待一个来自英国的客户。那一顿饭下来，令对方最为欣赏的，倒不是王伟专门为其准备的丰盛菜肴，而是王伟在陪其用餐时表现出来的细节。用这个英国客户的原话来讲就是："王先生，您在用餐时一点响声都没有，使我感到您的确具有良好的教养。"

宴请是人们团聚畅叙、增进友谊、联络感情的一种社交活动。宴请礼仪则是一门很重要的学问。宴请中，讲究礼仪、注重礼节，可以给对方留下深刻的印象。尤其在中国这样一个有着悠久的饮食文化传统的国度里，人们崇尚礼仪，殷勤好客，很多社交活动都离不开餐桌，懂不懂宴请礼仪更是成为人际交往能否取得成功的关键。

技能点一　宴会礼仪

一、宴请的种类

宴请根据不同的场合和方式，可以分为宴会、招待会、茶会、工作进餐四种。宴会根据规格的不同又可以分为国宴、正式宴会、便宴、家宴等。

（一）宴会

国宴和正式宴会规格较高，气氛隆重。国宴是为了欢迎来访的国家元首或政府首脑举行的宴会。宴会厅内通常要悬挂国旗，安排乐队演奏国歌及席间乐。宾主先后致辞并祝酒。正式宴会除不挂国旗、不奏国歌及出席规格不同外，其余安排大体与国宴相同。许多国家的正式宴会都十分讲究，对客人的服饰，对餐具、酒水、菜肴道数、陈设及服务员的装束、仪态都有严格要求。至于家宴和便宴，顾名思义，是亲朋好友之间的随意聚会，礼仪要求并不太强，较注重气氛的亲切和随意（图 3-5-1）。

（二）招待会

招待会分冷餐会和鸡尾酒会两种。招待会是一种比较自由轻松的酒会，赴会者在衣着上不用过于讲究。冷餐会和鸡尾酒会的差别就在于一个以冷盘为主，另一个以酒水为主。其形式大致相同，均不排座位。一般不设座椅，酒水和冷盘都放在桌上，来宾随意自取，边吃边交谈，以达到交际这个根本目的。冷餐会和鸡尾酒会也要准备些点心，不过食物简简单单即可。普通的食物包括各式三明治、热香肠、饼干等，也可摆些中式点心，来宾可以随意选取自己合意的食物（图3-5-2）。

图3-5-1　　　　　　　　　　　　　图3-5-2

（三）茶会

茶会就是我们通常说的茶话会。它是一种更简便的招待形式，茶话会常设在客厅或会议室举行。室内可安排桌子或茶几、座椅，如果茶话会专为某客人举行，主人入座时应与主宾坐在一起，其他人可随意入座。茶话会对茶叶、茶具的选择应讲究些，一般采用陶瓷器

图3-5-3

皿，也可用热水瓶代替茶壶。茶话会通常略备水果、点心或蜜饯等。也有不用茶而用咖啡的。茶话会举行的时间，一般在下午三点左右，也可在上午十点举行（图3-5-3）。

（四）工作进餐

工作进餐即工作餐，主要指午餐。工作餐是现代国际交往中采用的一种非正式宴请形式，严格讲，工作餐属于工作的范畴。参加者一边吃一边谈工作，时间很短，交际的意味并不太强。工作餐一般只请与工作有关的人员，不请配偶。工作餐往往用长桌排席位，主宾在长桌正中位置对面入座，便于谈话（图3-5-4）。

图 3-5-4

二、宴请礼仪

（一）确定宴请的规格

宴请的规格是指出席宴会的各方人员之身份、地位等方面。宴请的规格对礼仪效果的影响是十分明显的。宴请的规格的确定，首先应考虑宾主双方谁是这次宴会活动的主动者，主动者的身份、地位如何。假如是客户突然来访，主人举行宴会，那么就应以来访者身份、地位最高者作为这次宴请活动规格的基本参数。主方出席的人员的地位与身份应当和对方相等或略高于对方。假如是主方有准备的、主动发起的宴会，就应考虑是全组织集体的庆典活动，还是只是个别部门的业务交往需要，或者部门之间的友情宴请等。一般以主方活动的性质和准备出席的人的最高身份、地位或客方可能应邀出席者的身份地位来确定宴会的规格。规格过低，显得失礼；规格过高，没有必要。

（二）选择宴请的时间

要选择一个最佳宴请时间、争取最佳宴请效果，并不是一件十分容易的事，但又是公关人员所应努力做到的事。

选择时间的第一原则是公关活动的实际需要，太早或太晚都会减弱甚至丧失宴请的意义。同时，选择时间还应当尽量避开对方的禁忌日。例如，邀请外国人赴宴，应尽量避开每月的"13"日，因为外国人把"13"看成一个不吉祥的数字，特别是"13"日又逢星期五的话，更被一些人看成一个不吉祥的数字，因为《圣经》里说，这是耶稣遇难的日子。如果宴请日本人，宴请的时日应避开"4"和"9"，这是因为在日语中，"4"与死的发音相同，"9"与苦的发音一致，所以，日本人普遍忌讳这两个数字。如果宴请西方人，最好不要安排在圣诞夜，其中的道理正如中国人一般不要安排在除夕之夜一样。

（三）确定宴请的人员

宴请人员范围的确定是很重要的。在考虑这一人员范围时，应当以适当、少量、和谐、偶数为原则。首先，宴请的范围应尽量适合宴请的目的、内容、性质等方面。范围过大，会造成浪费；太小，会影响以后工作的交往。其次，在涉及赴宴的单位、组织确定以后，就要考虑各单位、组织前来赴宴的人数。这个人数应当尽可能少一点。在宴请各方出席同一宴会时，应考虑一下被邀各方关系，尽量避免互有"敌意"的双方出席同一宴会，特别是比较小型的宴会，以免造成各方的尴尬局面、影响和气。如果遇到这种情况，不妨分开宴请。最后，为了便于宴会期间交谈时都有谈话对象，作为主人，应有意识地考虑到出席宴会的人数应是偶数。

（四）宴请桌席次序礼仪

1. 中西餐桌次礼仪

（1）中餐的桌次排序

中餐的餐桌大多是圆桌，每桌8~12人。当正式宴请的餐桌在两张以上时，就应比较严格地按一定的礼仪次序进行排列。排列的总体方法有横、竖、花排等多种。餐桌排列的原则是，既要美观，又要遵守高低次序。

餐桌排列的高低次序是："居中为上"，即各桌围绕在一起时，居于正中央的那张餐桌为主桌；"以右为上"，即各桌横向并列时，以面对宴会厅正门为准，右侧的餐桌高于左侧的餐桌，即"面门定位"；"以远为上"，即各桌纵向排列时，以距离宴会厅正门的远近为准，距其越远，餐桌的桌次便越高；"临台为上"，即宴会厅内若有专用的讲台时，应以背靠讲台的餐桌为主桌。若宴会厅内没有专用的讲台，有时也可以背临主要画幅的那张餐桌为主桌。

当主桌排定以后，其余桌的高低以离主桌的远近而定，近者为高，远者为低；平行者以右桌为高，左桌为低。常见的排次方法参见图3-5-5至图3-5-10，图中圆圈里的序号就是桌次的高低序号。

①两桌横排。当两桌横排时，其桌次是以右为尊（图3-5-5）。

②两桌竖排。当两桌竖排时，桌次讲究以远为上（图3-5-6）。

图 3-5-5 　　　　　　　　　　　　　　　　 图 3-5-6

③多桌宴请。三桌或三桌以上的宴请，除了要注意"面门定位""以右为尊""以远为上"外，还应兼顾其他各桌距离主桌的远近。距离主桌越近，桌次越高；距离主桌越远，桌次越低。这条规则，也称"主桌定位"（图 3-5-7 至图 3-5-10）。

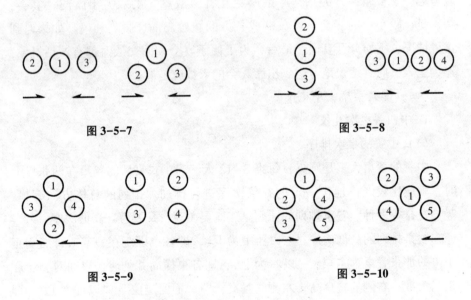

图 3-5-7 　　　　　　　　　　　　　　　　 图 3-5-8

图 3-5-9 　　　　　　　　　　　　　　　　 图 3-5-10

（2）西餐的桌次排序

西式餐桌采用长桌，桌子的设置方法可以根据参加用餐人数的多少和场地的大小而定。西餐桌排列的高低次序与中餐桌的原则一致（图 3-5-11）。

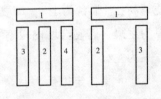

图 3-5-11

2. 中西餐席次礼仪

（1）中餐席次排序

在排列每张桌子上的具体位次时，主要有"面门为主""近高远低""各桌同向"三个基本的礼仪惯例。

"面门为主"，即在同一餐桌上，以面对宴会厅正门的正中那个座位为主位，通常应请主人在此就座。"近高远低"，即在同一餐桌上，席位的高低以离主人座位远近而定，近高远低，并且也遵循右高左低的原则。"各桌同向"，即在举行大型宴会时，其他各桌的主陪之位，均应与主桌主位保持同一方向（图 3-5-12）。

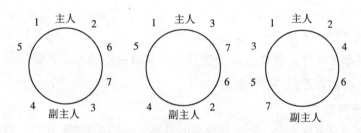

图 3-5-12

（2）西餐座次排序

排列西餐座次，除遵循"面门为上""以右为尊""恭敬主宾""距离定位"的原则外，还应考虑到"女士优先""交叉排列"。"女士优先"即主位请女主人就座，男主人坐第二主位。"交叉排列"即男女交叉排列，生人熟人交叉排列。男主宾坐在女主人右侧，女主宾坐在男主人右侧（图 3-5-13）。

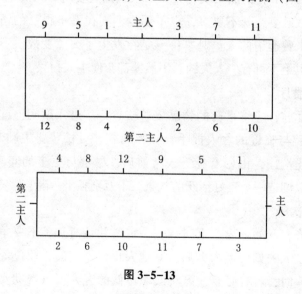

图 3-5-13

三、赴宴礼仪

（一）赴宴准备

1. 欣然应允

一般来说，宴会的组织者都会提前发出请柬。客人接到请柬或口头的通知后，一定要尽快确切地答复组织者是否参加。如果没有特殊情况，一定要欣然应允，万勿推辞。因为，在某一主题的宴会上，主人对于请谁、不请谁都是经过了深思熟虑、再三斟酌的。所以，当主人向你发出邀请的时候，请毫不犹豫地答应并表示谢意。如果因故不能参加，要尽早让组织者知道，并解释原因，表示歉意。

2. 准时赴宴

如果应允参加宴会，那么就要准时赴宴。俗话说，"席好制，客难齐"，就是这个道理。但宴会不是上班，不是越早越好。它也有一个不成文的规定：主人应该提前到场，监督宴会的组织工作并且迎候来宾；客人应当正点到场，因为，去早了，主人还没有准备好；去晚了，大家都等你一个人；主宾的到场时间应稍晚一点，但至多不能超过十分钟。

3. 如邀而至

当主人约你和你的朋友或者夫妇二人共同赴宴时，只要是答应下来了，就一定要如数赴宴，既不要多，也不要少，不在万不得已的情况下，绝不能带着主人未曾邀请的人员赴宴；不是在发生了突然变故、不得不改变计划的时候，也绝不可有一人失约。不然，都会使主人扫兴。

4. 进入餐厅

进入餐厅前，应将自己的物品妥善安置好。进入席间，首先要跟主人打招呼，然后与临近的客人握手、互相问好。对长辈要主动起立、让座，对女宾要举止端庄，彬彬有礼。入席前后，尽量与更多的宾客主动交谈，沟通感情，以创造一个良好活跃的气氛。千万别独坐一隅、寡言少语。

5. 遵守次序

宾主到齐，开始入席。这时候，一定要礼让有加，不要争先恐后。待主宾夫妇和主人夫妇先后入席后，其他人再依据年龄、职位等尊卑次序依次入座。入座时，若有必要，男宾或职位低的客人可以帮助女宾或长者入席，即先把椅子拉出来，方便其就座，待其在椅子前边站好后，再轻轻把椅子推进去一些，让其舒适方便地坐下。

6. 略备礼品

如果参加家庭宴会，应根据不同的宴会主题，带点得体的礼品。礼送多少，可衡量你和那人相交的感情怎样。感情好的，礼自然厚些。如果只是泛泛之交，礼便可以轻一些。但不论礼重礼轻，都应考虑礼品类型、格调与主人所请之事的联系。例如：别人结婚，就不能送食品；朋友的小孩满月，最好不要送大人才需要的东西。

7. 一个主题

既然所参加的是主题宴会，就应该使自己的一切言行符合宴会的主题。随着主人的宴会主题转，不能另选其他话题。当参加家庭主题宴会时，无疑话题应围绕宴会主题而论。比如，参加某人为孙子出生百日而举办的庆祝家宴，那话题显然不该离开孩子、孩子的父母及其责任等。

8. 仪表举止

参加宴会，一定要注意仪表。要根据不同的宴会考虑和选择适于自己身份的着装打扮。但不管参加什么样的宴会，都要使自己更漂亮些、干净利落些。这不仅是对主人也是对自己的尊重。席间，无论坐下或离开都要从椅子的左侧进出。坐下后，既不要靠在椅背上远离桌子，也不要将胳膊搭在桌上贴近桌子。进餐前，不要摆弄桌上的餐具，也不要对桌上的菜肴品头论足。

9. 见好就收

现代社会，视时间为效益和金钱。因此参加宴会，也应惜时如金，加快传递信息和社会交际的进程，做到适可而止，见好就收。既不要逼着喝酒取乐，也不要夸夸其谈，使宴会变得无尽无休、令人生厌。宴会上，只要交流感情、传递信息的目的达到了，就可以了。

（二）离席告退

在宴会中，退席和向主人致谢，是一个比较引人注目的举动。如果想要给人留下良好的印象，不能不掌握这方面的有关礼仪知识。

①退席的时机忌讳选择在席间别人说话时或说完一段话之后，这会使人误以为你对别人说的话不耐烦。比较适当的退席时间是在大家都吃完之后。如果自己确有要事，不得不中途退场，一定要向主人说明原因，表示诚恳的歉意，并向其他客人点头示意后方可告辞。

②退席之前，绝不要做出不耐烦的样子。要是宴会里你是走得最早的

人，也不要大声道别，只需悄悄地向主人告辞，并且道谢。如果走前被其他客人发现，可以礼貌地说声"再见"，但对不是同桌的客人，一般只需点头示意即可。

③无论参加的宴会多么乏味，也不应该流露出厌倦难耐的姿态，这样会伤害主人的自尊心。告辞的时候也不要说："我还要去参加另一个活动。"这样就似乎在对主人说："你这里没有趣味，我想到别的地方去换个口味。"总之，退席理由应当尽量不使主人感到难堪和内心不悦。

④已经提出退席后，就应该从座位上站起，不要口里说走，身子却不动。

⑤当告辞退席并致谢意后，不要拉住主人谈个没完，以免影响主人招待别的客人。

⑥如果退席人数较多，只需与主人微笑、握手就可以了。宴会结束后，客人不能立即离开，尤其是非主宾的客人，要在餐后盘桓一点时间，待主宾离开，方可退场；否则，有失礼仪。离开前不要忘了向主人表示谢意。

⑦一般情况下，退席时男宾应与男主人告别，女宾则先与女主人告别；然后交叉，再与主人家的其他成员告别。

技能点二 中餐礼仪

中餐礼仪，是中华饮食文化的重要组成部分。中国的宴饮礼仪据说始于周公，千百年的演进，形成今天人们普遍接受的一套饮食进餐礼仪。同食共餐，是增进友情的捷径，而吃中国菜就是这条捷径。

一、菜单的选择

（一）点菜准备

在宴请前，主人要做到心中有数，力求做到不超支、不铺张。被请者在点菜时，或者告诉做东者自己没有特殊要求，请随便点，这实际上正是对方欢迎的；或者点上一个不太贵、又没忌口的菜，再请别人点。别人点的菜，无论如何都不要挑三拣四。

（二）菜品选择

1. 优先考虑的菜肴

（1）有中国特色的菜肴

宴请外宾的时候，这一条尤为重要。春卷、饺子、宫保鸡丁、红烧狮子头等，因为具有鲜明的中国特色，所以很受外国人欢迎。

（2）有本地特色的菜肴

北京的烤鸭、上海的小笼包、杭州的西湖醋鱼、西安的羊肉泡馍、山东的九转大肠、四川的夫妻肺片等当地特色菜，都可以用来宴请外地客人。

（3）本餐馆的特色菜

餐馆一般都有自己的特色菜，与众不同，风味独特。点餐馆的特色菜，能够体现主人的细心和对被请者的重视。

（4）主人的拿手菜

在家宴请客人，主人可以多做几个自己的拿手菜。主人亲自动手，足以让对方感受到尊重和友好。

2. 需要注意的饮食禁忌

①宗教的饮食禁忌。例如，穆斯林不吃猪肉、不吃动物的血，国内佛教徒不吃荤腥食品，等等。

②出于健康考虑的饮食禁忌。例如，有动脉硬化、高血压的人，不适合吃过咸的食物；有高血脂的人，不宜吃太油腻的食物；血糖高的人，不宜吃甜食。

③不同地区饮食禁忌。"南甜北咸"、山西人爱酸、湖南人不怕辣、四川人怕不辣等，是对我国不同地区人们饮食喜好的概括。而欧美国家的人通常不吃动物的内脏、头部和脚爪。

④职业的特殊禁忌。例如，国家公务员在执行公务时不准吃请；参加公务宴请时不准大吃大喝，不准超过国家标准用餐，不准喝烈性酒。再如，驾驶员工作期间不得喝酒。

（三）上菜顺序

中餐的上菜顺序通常是先上冷盘，接下来是热炒，随后是主菜，然后上点心和汤，最后上果盘。冷盘通常是四种冷盘组成的大拼盘。冷盘之后，接着出四个热盘，紧接着是主菜。主菜的道数通常是四、六、八等的偶数。在豪华的宴会上，主菜有时多达十六或三十二道，但普通是六道至十二道。如果上咸点心的话，讲究上咸汤；如果上甜点心的话，那就要上甜汤。

二、中餐餐具的使用

和西餐相比，中餐的一大特色就是餐具有所不同。

（一）筷子

筷子是最主要的中餐餐具，必须成双使用。通常，筷子是纵向摆放的，如果横向摆放是表示进餐完毕。手握筷子前，要先将两根筷尖对齐；使用拇指、食指和中指轻轻将筷子拿住，筷子上端露出手背 3cm 左右比较合适（图 3-5-14）。使用筷子时，要注意下面几个问题。

一是不要握得太高或太低（图 3-5-15）；

图 3-5-14 　　　　　　　　　　　　　图 3-5-15

二是每次不要夹太多菜，注意不要在夹菜途中滴汤、滴水；

三是不要在菜盘里胡乱翻动选菜；

四是不要舔筷子或吸吮筷上的汤汁；

五是不要用筷子敲打盆盘；

六是不要说话时用筷子指指点点；

七是不要在持筷时同时持匙（二者合用时除外）；

八是绝对禁止把筷子搁在盘缘或碗缘上；

九是不要将筷子竖插在食物上；

十是筷子只用来夹取食物，不得用来剔牙、挠痒或夹取食物之外的东西。

（二）汤匙

中餐使用的汤匙，大都是陶瓷制品。其拿法和西餐相同，即以握笔方式横拿使用。汤匙有时以右手拿，有时以左手拿，看其使用方法的不同而定（图 3-5-16）。汤匙的使用方法有二：一是喝汤时使用，就用右手拿；二是作为托盘之用，以右手持筷，左手拿汤匙，将菜夹至自己的盘

图 3-5-16

中。如果菜肴会滴下汤汁，也可利用汤匙托住，再送至口里。

（三）食碟

食碟的主要作用，是用来暂放从公用的菜盘里取来享用的菜肴的（图3-5-17）。用食碟时，一次不要取放过多的菜肴。

图3-5-17

（四）水杯

水杯主要用来盛放清水、汽水、果汁等软饮料。不要用来装酒，也不要倒扣水杯。

（五）湿毛巾

餐前为用餐者准备的湿毛巾，只能用来擦手。擦手后，放回盘子里，由服务员拿走。正式宴会结束前，会再上一块湿毛巾。和前者不同的是，它只用来擦嘴，不能擦脸、抹汗（图3-5-18、图3-5-19）。

图3-5-18

图3-5-19

（六）牙签

餐后剔牙时，要用手或餐巾遮口（图3-5-20）。剔后，也不要叼着牙签说话。用过的牙签，应折断后放在盘内。

（七）旋转桌

一般宴席大都使用中央设有旋转板的餐桌。基本上，旋转板是由自己旋转，当新菜肴上桌，轮到自己取完菜，应稍旋转一下，

图3-5-20

好让菜肴转到邻座面前。至于旋转板由谁来旋转都无所谓。为使自己喜欢的菜肴转到面前，就要转动旋转板，千万不要嫌麻烦；否则，站起来，伸长两手至远处夹菜，这是很不礼貌的行为。转动旋转板时，需先环顾四周，确定没问题再动手，否则，如果有人正在取菜，就太不礼貌了。旋

图 3-5-21

转板的转动原则上是向右转（图 3-5-21）。

三、中餐用餐礼仪

（一）注重传统

中餐有自己的传统习惯和寓意，比如，过年时餐桌上少不了鱼，意味着"年年有余"；和渔家、船员吃鱼的时候，忌讳说把鱼"翻过来"，要说"划过来"。

（二）保持仪态

用餐时，不要伸脖接食、摇头摆脑、宽衣解带、满脸油汗、汤汁横流、响声大作。这样不但有失礼数，而且也容易破坏别人用餐的雅兴。应闭嘴咀嚼，不要让邻座听到自己的咀嚼声。

（三）礼貌取菜

主宾尚未动手，其他人都不该率先取菜。应礼让主人或长辈，取菜动作要快，要尽量夹桌中离自己近的食物。取菜切忌在菜盘里挑挑拣拣，也不可夹起来又放回去。多人共同用餐，要注意礼让，依次而行，取用适量。

（四）举止得体

嘴内有食物时，切勿说话；不要用筷子或汤匙敲打碗盘，不比比画画；不吸烟；不在餐桌上补妆；如果需要清嗓子、擤鼻涕、吐痰等，尽快去洗手间解决；不要来回挪动椅子，不要频频起立、离座或伸懒腰、揉眼睛、挠头发、打哈欠。

四、中餐用餐细节

①使用餐具不要发出响声，用餐后，应轻轻放下，不要一直拿在手里。

②替人布菜要用公用的餐具布菜，而不能用自己的餐具布菜。若自己是宾客，就不宜主动布菜。

③食物掉在桌面上、地面上，不要捡拾。餐具不小心摔落在地上，也不要弯腰去捡，可请服务员另送一副。

④不要乱吐废物。应该把所有的废物都集中到盘中，然后，让服务员换掉。而不要随便吐在桌上、地上。

⑤面类及水果吃法。面类的优雅吃法是：右手拿筷子，左手持汤匙，先将面放在汤匙上，再送进嘴里。吃面时应避免发出吸面的声音。吃苹果、梨等水果时，应先用水果刀切成四或六瓣，再用刀去皮和核后，用手拿着吃。削皮时，要刀口朝内，从外往里削，不要整个拿着咬。吃西瓜、菠萝等，应去皮切成小块后取食。

技能点三　西餐礼仪

一、西餐应酬礼节

①正式的西餐宴会都是用非常正规的请柬来邀请客人，无论参加与否，都必须以书面回复。

②西式宴会对赴会时间要求严格，必须按照预定时间赴会，不能迟到，也不能到得太早。

③正式的西餐宴会请柬上，一般都直接注明着装要求等。

④正规的宴会，桌子上都标明各位来宾的座位，自己可按规定的位置直接入座。

⑤女主人自始至终是宴会中的真正主人，当女主人从座位上站起来迎候迟到的客人时，已经坐定的男宾也必须陪同站起来。每一道菜上来后，经女主人打招呼，客人才能进食。

二、西餐上菜顺序

西餐菜单上有四或五大分类，分别是沙拉、汤、海鲜、肉类、点心等。

应先决定主菜。主菜是鱼，开胃菜就选肉、禽类，这样在口味上就比较富有变化，再加一份甜点就够了。可以不要汤。在意大利餐中，意面被视作汤，所以原则上这两样不一起点。

正式的全套餐点上菜顺序是：

①开胃菜（头盘）；

②面包；

③汤；

④主菜；

⑤点心；

⑥蔬菜类菜肴；

⑦甜品；

⑧水果；

⑨咖啡、茶。

三、餐巾用法

（一）餐巾的折叠

将餐巾对折后放置于膝上，并将开口朝外，方便拿起擦拭嘴巴（图3-5-22）。

（二）餐巾的作用

餐巾的用途是用来擦嘴、擦手或吐鱼骨、果核时遮嘴，不能用餐巾来擦杯盘刀叉或当抹布使用。

（三）餐巾的暗示语

临时离席，应将餐巾折好放在椅子上。如果将餐巾放在右前方桌子上，意味着这道菜吃完了或进餐完毕（图3-5-23）。

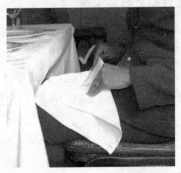

图3-5-22

图3-5-23

四、餐具用法

（一）刀叉的使用

刀、叉是对餐刀、餐叉两种餐具的统称。在正式的西餐宴会上，每一道菜都要使用专门的刀叉。进餐时，刀叉使用有一个原则，那就是先用摆在最外面的刀叉。

　　一般情况下，餐盘放在就餐者正前方，右侧放刀，左侧放叉。最大的餐刀、叉子是吃正菜（鱼、肉）用的；小餐刀是涂黄油用的，放在餐盘左前方；略小一点的叉子是吃沙拉用的，最小的叉子是吃海鲜用的；吃甜品的刀叉横放在餐盘的正前方（图3-5-24）。

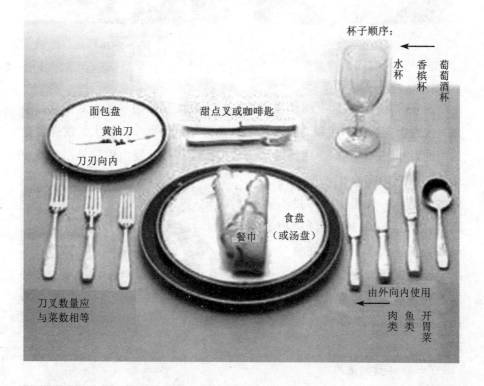

杯子顺序：

水杯　香槟杯　葡萄酒杯

面包盘
黄油刀
刀刃向内

甜点叉或咖啡匙

食盘（或汤盘）
餐巾

刀叉数量应与菜数相等

由外向内使用

肉类　鱼类　开胃菜

图3-5-24

　　使用刀叉，通常有两种方式。第一种是"英国式"，即在进餐过程中，始终左手拿叉，右手拿刀，一边用刀切割，一边叉取食用。第二种是"美国式"，右刀左叉，先将餐盘里的食物全部切割好，然后把右手的餐刀放下，将餐叉换到右手叉取食物。

　　刀叉使用后放在餐盘里。中途离席，如果还回来继续吃，就要把餐盘上的刀和叉摆成八字形，且刀口向内，叉齿向下（图3-5-25）；如果用餐完毕，刀叉并排放置应呈Ⅱ字形，且刀口向内，叉齿向上（图3-5-26）。

图 3-5-25

图 3-5-26

（二）餐匙的使用

西餐中常见的餐匙有汤匙和甜品匙。一般按照使用顺序先后摆放，不是一次性上齐匙勺。西餐的正餐一般从汤开始，汤匙个头较大，放在餐盘右边的最外侧。喝汤时，用汤匙从汤盘里舀汤，注意要由内往外舀，即要用汤匙从桌沿向桌中心的方向舀；中餐则是从外往里舀。尽量不要使汤滴在汤盘外面，喝完汤应把汤匙放在汤盘里面，不能放在餐盘和餐桌上。如果汤盘里汤很少时，可用左手将盘子边缘提起使其倾斜，再用汤匙由内向外舀汤（图 3-5-27）。

图 3-5-27

（三）杯盘的使用

在西餐桌上，刀叉和盘子的右上方是酒杯。在菜盘的右边放有茶杯。餐桌上的每个座位摆放一些盘子，大盘子用来盛正菜或一些配菜，它要放在餐桌的正中央，在菜盘的左边放有一个沙拉盘。在菜盘撤走之后，还要端来甜食盘。吃完甜食，应将甜食盘留在原来的地方。

图 3-5-28

（四）洗指碗的使用

宴席会上，有时候服务员送上一个小瓷碗或水晶玻璃缸，水上漂有花瓣，这是供洗手之用（图3-5-28）。洗时，可将右手拇指、食指放入洗指碗水中清洗，然后用餐巾或小毛巾擦干。

五、西餐用餐细节

①进餐时要以食就口，不要以口就食。食物进口后要细嚼慢咽。喝汤时不要以嘴就碗，不要啜，也不要发出咕噜的声响。如汤、菜太热，不要用嘴吹，可待稍凉后再用。

②进餐时同别人谈话，要放下刀叉，不能用刀叉边比画边同别人交谈。

③一般来说，不要把整盘食物一次都切成小块，而应切一块吃一块。

④从盘中取用菜肴，一定要使用公用的叉子或调羹，千万不能用自己用过的餐具去取。

⑤不能自己越过别人的面前或站起来伸手去取菜肴或调味品，要请别人传递。

⑥发现菜肴或杯子里有脏物时，不要大声叫嚷，而应悄悄告诉服务员，让其拿走重新换一份来。嘴里的鱼刺和骨头，不要直接吐出，要用餐巾掩着嘴用手或筷子取出，再放在盘边。

⑦对自己不能吃或不爱吃的菜肴不要拒绝，而应略尝一点。对不合自己口味的菜，不要做出难堪的表情。

⑧饮料上来时，切忌立即端起就喝，要先用餐巾纸或餐巾把嘴唇擦一下再喝。

⑨当主人或服务员来斟酒时，不要把酒杯拿起来，而应把它放在餐桌上。

⑩宴会上，不能把饼干泡在汤里，或者拿饼干蘸汤吃。也不能用面包来擦菜盘。

技能点四 饮酒礼仪

一、中餐饮酒礼仪

（一）宴会上祝酒的礼节

宴会开始，当主人举杯后，客人才能端杯饮酒。碰杯时，主人和主宾先碰杯，人多时可同时举杯示意，不一定一一碰杯。祝酒时还应注意不要交叉碰杯。在主人或主宾进行讲话和祝酒时，应暂停进餐，停止交谈，注意倾听，并且不要借此机会抽烟。祝酒时众人都要起立，注意起立动作幅度不宜过大。主桌首次祝酒，其他桌也应起立祝酒。主桌没有祝酒，其他桌不可首先起立或串桌敬酒（图3-5-29）。

图 3-5-29

（二）宴会上斟酒的礼节

向客人斟酒时，应走到客人右侧，除啤酒外，酒瓶瓶口不应接触杯沿，酒杯也不应提起。斟入的酒的多少应根据酒的种类酌定，一般斟入 3/4 杯即可，不要超过 4/5（图3-5-30）。

图 3-5-30

（三）饮酒要留有余地

饮酒要慢酌细饮，特别是饮烈性酒，千万不要一饮而尽。有些人为了逞强好胜，互不相让，你灌我，我灌你，来一个"吃酒不认输"，或者"不醉不够朋友"，结果喝得酩酊大醉，这不仅破坏了宴会友好和欢乐的气氛，也是种有失礼仪、缺乏修养的行为，是宴会中饮酒最忌讳的一个方面。

（四）饮酒不强人所难

如果你不善于饮酒，当主人向你敬酒时，可以婉言谢绝；女主人请求你喝一些酒，则不应一味推辞，可选淡酒或汽水（可口可乐、橘子水等）喝一点作为象征，以免扫兴。当然，作为敬酒者，也不应强人所难、非逼着对方一饮而尽不可。宴会时自己的饮酒量，一般应掌握在平时酒量的1/3左右为好。女子要小口慢慢地饮酒，以免让人误会为酒鬼。

（五）饮酒应注意的问题

在饮酒时，饮酒的速度尽可能不要超过主人。还有，一些酒是不适合干杯的，如鸡尾酒、加冰块的酒。否则一来显得粗俗无礼，二来也说明你不懂品酒的程序。

（六）饮酒的语言艺术

"祝酒的艺术，是门诱人的艺术"。如果在祝酒时，还能说些简单而凝练的、幽默而含有丰富内涵的十分精彩的祝酒辞，那就再好不过了。

二、西餐饮酒礼仪

（一）饮酒礼仪

西方人喝酒很随意，不会劝酒，更不会灌酒，所以很少干杯。但是祝酒还是有的。一般在宴会的最后，由主人或长者举杯祝酒。像婚宴等特殊的盛宴上，也可在进餐前祝酒。祝酒时，要全体起立，右手举杯于胸前，说或听别人祝福的话。然后将酒杯举起，与眼同高，目视被祝福者，致意，把酒杯画半个圆，送到嘴边，饮一口。既不必一饮而尽，也不必将酒杯碰得叮当响。不擅饮酒者也不必勉强，只要将酒杯沾沾嘴唇即可。

（二）饮用洋酒

说到中西饮酒的差异，就不能不谈到洋酒与国酒的差异。饮用洋酒和饮用传统国酒是两个完全不同的概念。那种视洋酒为国酒、讲究豪饮的人需要更多地了解一下洋酒的常识。

1. 威士忌（Whiskey）

威士忌以苏格兰出产的最为著名。它是用麦类发酵蒸馏而成，然后，储存在橡木桶中，时间越久，味道越醇香甘冽。

威士忌酒度数为43°，可以单独饮用，也可以加冰加苏打水饮用。

饮用威士忌的酒杯也不能马虎。一定要用那种杯壁和杯底都较厚的玻璃杯或水晶杯。倒酒的时候也不能满杯，以杯子的1/4为宜。

著名的威士忌品牌有：威雀、芝华士、占边、野火鸡等（图3-5-31）。

2. 白兰地（Brandy）

白兰地以法国干邑地区出产的最为著名。它是用葡萄发酵蒸馏而成，然后，和储存威士忌的方法一样，窖

图 3-5-31

藏多年，年头越久的越是名品。

白兰地酒度数为43°，只能单独饮用。

饮用时，使用长柄圆肚酒杯，斟入杯中大概1/5，然后手指夹住长柄，手掌捂在杯外，为其加温（图3-5-32）。这样饮用，口感才会达到最佳。饮白兰地酒讲究先看、再闻、后品。这样才是完整的享受。

著名的白兰地品牌有：人头马、轩尼诗、马爹利、拿破仑、百事吉等（图3-5-33）。

图3-5-32

图3-5-33

3. 香槟酒（Champion）

香槟酒以法国香槟地区出产的最为有名，此酒也因此得名。它是发酵发泡葡萄酒。它的储存年限不能太长，以4到10年为佳。

香槟酒的最佳饮用温度是零上4~6℃。饮用之前最好把酒瓶放在冰箱里降温。饮用时，使用长柄长颈的杯子，斟至2/3或1/2，然后，用手捏住杯柄，以免手的温度使酒升温、影响口感。

著名的香槟酒品牌有：香槟王、玛姆等（图3-5-34）。

4. 葡萄酒（Wine）

葡萄酒根据含糖量，分成干葡萄酒、半干葡萄酒、甜葡萄酒三种。干葡萄酒不含糖，没有甜味，目前比较流

图3-5-34

行。干葡萄酒因颜色不同，还可再分为干红、干白、桃红三种（图3-5-35、图3-5-36）。干葡萄酒可以单饮，也可以佐餐。

饮用葡萄酒要使用有柄的杯子。干白的最佳饮用温度为7℃，所以加冰饮用最佳；干红的最佳饮用温度为10℃，室温饮用即可。

图 3-5-35

图 3-5-36

法国、德国、西班牙、葡萄牙等欧洲国家都有很多著名的葡萄酒品牌。中国自产的长城、王朝、张裕等品牌口味也相当不错。

5. 伏特加（Vodka）

伏特加酒出产自俄罗斯。它由土豆、麦类等蒸馏而成。60°，属高度酒。虽然其度数甚高，一般人很少受得了，但是用伏特加酒勾兑的鸡尾酒却广受欢迎，如螺丝起子、曼哈顿等。

著名的伏特加品牌有：莫斯科、首都、白色麋鹿等（图3-5-37）。

6. 鸡尾酒（Cocktail）

鸡尾酒是一种以酒为基底，加上苏打水、冰块、蛋清、果汁及新鲜水果等辅料，经过过滤、搅拌等调制手段而制成的混合酒或混合饮品。

图 3-5-37

迄今，经名家调制而成，较为固定的鸡尾酒品种就有三千多种。如：血腥玛利（Bloody Mary）（图3-5-38）、红粉佳人（Pink lady）（图3-5-39）、螺丝起子（Screwdriver）、自由古巴（Free Cuba）等。

图 3-5-38

图 3-5-39

饮用鸡尾酒时，使用的杯子和最佳饮用温度因不同的调制方法而各不相同。杯子可长、可短、可大、可小、可方、可圆。饮用温度有的需要用点燃杯中酒的方法使其升温，如七色彩虹；有的则需加冰使酒水冷却，如螺丝起子。

（三）酒杯拿法

1. 红酒杯的拿法

用食指、中指捏住杯柄或拇指、食指拿着杯座（图3-5-40）。

2. 白葡萄酒和香槟酒杯拿法

拿住杯柄下面部分，手不要碰到杯身（图3-5-41、图3-5-42）。

图 3-5-40

图 3-5-41

图 3-5-42

3. 白兰地酒杯的拿法

用无名指+中指或中指+食指，夹住杯柄，使杯肚在掌心中。这样可将手的热量传递给酒液，让酒香随酒温缓慢升高而慢慢发散，并聚于杯中。用手掌由下往上包住杯身。这样手的温度将传导到白兰地而适度引出酒的香醇（图3-5-43）。

4. 红酒杯的错误拿法

见图3-5-44、图3-5-45。

图 3-5-43　　　　　　　图 3-5-44　　　　　　　图 3-5-45

技能点五　茶饮礼仪

一、中式茶饮

在我国，饮茶不仅是一种生活习惯，也是一种代代传承的文化传统。中国人以茶待客，并形成了饮茶礼仪，包括奉茶与饮茶。

（一）奉茶礼仪

奉茶礼仪是一门值得深究的学问。它既适用于客户来公司拜访，同样也适用于商务餐桌。举手投足之间不仅体现了自身的教养，同时也是礼貌待客的一种体现。

1. 茶具要清洁

客人进屋后，先让座，后备茶。冲茶之前，一定要把茶具洗干净。如果使用的是一次性杯子，在倒茶前要注意给一次性杯子套上杯托，以免水热烫手、让客人一时无法端杯喝茶。

2. 茶水要适量

放入的茶叶不宜过多，也不宜太少。茶叶过多，茶味过浓；茶叶太少，冲泡的茶没有味道。俗话说："酒满茶半"。倒茶时，无论是大杯小杯，都不宜倒得太满，以八分满为宜。如倒满茶杯，不但不方便端茶，还有逐客之意。当然，也不宜倒得太少。

3. 端茶要得法

按照我国传统习惯，都是用双手给客人端茶，从客人右侧上茶（图3-5-46）。双手端茶也要注意，对有杯耳的茶杯，通常是一只手拿住杯耳，另一只手托住杯底，杯耳朝着客人的右边。以红茶待客时，杯耳和茶匙的握柄都要朝着客人的右边，此外要替每位客人准备一包砂糖和奶精，将其放在杯子旁或小碟上，方便客人自行取用。

图 3-5-46

4. 添茶要及时

如果上司和客户的杯子里需要添茶了，应及时为他们添茶。当然，添茶的时候要先给上司和客户添茶，最后给自己添，这样也体现出自己对上司和客户的尊重。

图 3-5-47

（二）饮茶礼仪

受人奉茶时，不能视而不见、听而不闻，应该以礼还礼，双手接过，由衷地表示感谢（图3-5-47）。

1. 注视礼

注视奉茶者，并诚恳地说声"谢谢"。如无法说谢谢，要以友善的眼神予以奉茶者回应。

2. 叩指礼

①奉茶者是长辈、上级，可轻拢五指握拳，掌心向下，五个手指同时敲击桌面三下，相当于跪拜礼（图3-5-48）。

②奉茶者是平辈，可食指、中指并

图 3-5-48

拢，敲击桌面三下，相当于抱拳礼（图3-5-49）。

③奉茶者是晚辈，可食指或中指，敲击桌面一下，相当于点头礼（图3-5-50）。

图 3-5-49

图 3-5-50

饮茶时，以右手端起杯子，左手轻扶杯底。小口品饮，不可出声。可适当称赞茶好。喝功夫茶时，不要因怕将茶叶喝入口中而用嘴滤茶。女士喝茶前先用纸巾擦去口红，以免口红印留在杯子上。

二、英式下午茶

下午茶起源于17世纪英国的上流社会。随着茶文化的不断平民化，下午茶开始风行全世界。

（一）分类

一般分红茶（图3-5-51）和奶茶（图3-5-52）。红茶以中国祁门红茶、印度大吉岭红茶、斯里兰卡红茶为正宗。若是喝奶茶，则是先加牛奶再加茶。

图 3-5-51

图 3-5-52

（二）英国下午茶礼仪

①下午茶的时间是下午三点到五点半之间。

②英式下午茶的点心往往用三层点心瓷盘装盛，第一层放三明治、第二层放传统英式点心（Scone）、第三层则放蛋糕及水果塔（图3-5-53）。由下往上吃。司康饼（Scone）的吃法是先涂果酱、再涂奶油，吃完一口、再涂下一口。

图3-5-53

③点心食用由淡而重，由咸而甜。先尝尝带点咸味的三明治，让味蕾慢慢品出食物的真味，再啜饮几口芬芳四溢的红茶。接下来是涂抹上果酱或奶油的英式松饼，让些许的甜味在口腔中慢慢散发。最后才由甜腻厚实的水果塔，带领你亲自品尝下午茶点的最高潮。

④严谨的态度。这是一种绅士淑女风范的礼仪，最重要的是当时饮茶几乎仰赖中国的输入，英国人对茶品有着无与伦比的热爱与尊重，因此在喝下午茶的过程中难免流露出严谨的态度。

⑤品赏精致的茶器。

三、世界各地饮茶礼仪

（一）泰国人喝冰茶

他们常在一杯热茶中加入一些小冰块，这样茶很快就冰凉了。在气候炎热的泰国，饮用此茶使人倍感凉快、舒适。

（二）埃及人喝甜茶

他们招待客人时，常端上一杯热茶，里面放入白糖，同时送来一杯稀释茶水用的生冷水，以示对客人的尊重。

（三）印度人喝奶茶

他们喝茶时加入牛奶、姜和小豆蔻，沏出的茶味与众不同。喝茶方式也十分奇特，把茶斟在盘子里啜饮。

（四）南美洲人喝马黛茶

人们把茶叶和当地的马黛树叶混合在一起饮用。喝茶时，先把茶叶放入筒中，冲上开水，再用一根细长的吸管插入大茶杯里吸吮。

（五）北非人喝薄荷茶

他们喜欢在绿茶里加几片新鲜的薄荷叶和一些冰糖，此茶清香醇厚，又甜又凉。有客来访，主人连敬三杯，客人将茶喝完才算礼貌。

技能点六　咖啡礼仪

一、咖啡的种类

①按照制作划分为速溶咖啡和现煮咖啡。

②按照配料划分为黑咖啡、浓咖啡、白咖啡、白浓咖啡、爱尔兰咖啡、土耳其咖啡。

二、喝咖啡的礼节

（一）如何喝咖啡

①少量饮用。

②入口要少。

（二）如何端咖啡杯

小杯耳的咖啡杯，手指伸不进去，要用大拇指和食指来捏住杯耳（图3-5-54）。

大杯耳的咖啡杯，一只手的食指要穿过杯耳，再端起杯子（图3-5-55）。

图 3-5-54

图 3-5-55

（三）如何使用咖啡勺

咖啡勺是用来搅拌咖啡和加糖的，不可用它来舀咖啡喝（图3-5-56）。

饮用咖啡时，要把它取出放在碟子上。

图 3-5-56

（四）如何给咖啡加糖

用专用的方糖夹来夹取方糖（图 3-5-57），然后把方糖放在咖啡勺里，再放入杯子里，以防咖啡溅出来（图 3-5-58）。

图 3-5-57   图 3-5-58

【案例分析】

陈先生到一家西餐厅就餐，他拿起刀叉，用力切割，发出刺耳的响声；他狼吞虎咽，并将鱼刺随便吐在洁白的台布上；他随意将刀叉并排放在餐盘上，把餐巾放在餐桌上，起身去了一趟洗手间，回来之后发现饭菜已被端走，餐桌已收拾干净，服务员拿着账单请他结账。他非常生气，与服务员争吵起来。

思考：陈先生哪里做错了？

【礼仪训练】

训练一：西餐餐具的摆放

要点如下。

①餐盘居中，摆放在就餐者的正前方。

②左叉右刀。左侧从外向内分别是：沙拉叉、鱼叉、主菜叉；右侧从外向内分别是：汤匙、沙拉刀、鱼刀、肉刀。

③餐盘左前方是面包盘与黄油刀。餐盘正前方是甜点勺、叉。

④餐盘右前方从外向内分别是红酒杯、香槟杯、水杯。

训练二：吃西餐的礼仪

要点如下。

①右手拉开椅子，从左侧入座。男士帮助女士拉椅子，女士入座时拢裙。

②打开餐巾，按对角线对折成三角形，开口向外，铺在腿上。

③英国式刀叉拿法：全程左叉右刀，边切食物边叉取吃。美国式刀叉拿法：先左叉右刀，切完所有食物，放下刀，换右手拿叉。

④中途离开，刀叉摆放成八字形；用餐完毕，刀叉摆放成Ⅱ形。

训练三：红酒杯、香槟酒杯、白兰地酒杯的拿法

要点如下。

①红酒杯的拿法：用食指、中指捏住杯柄或拇指、食指拿着杯座。

②白葡萄酒和香槟酒杯的拿法：拿住杯柄下面部分，手不要碰到杯身。

③白兰地酒杯的拿法：用无名指+中指或中指+食指，夹住杯柄，使杯肚在掌心中。

训练四：中餐位次训练

要点如下。

①引导：将客人引导至就餐房间，引导人员走在客人左前方，左手五指并拢，掌心向上，左臂抬至与腰部平齐。确认门的方位，确认门正对位置为主位。

②入座：主人在主位入座，第一主宾在主人右侧入座，第二主宾在主人左侧入座。

【案例分析】

李云在一家著名跨国公司的北京总部做总经理秘书工作，晚上公司要正式宴请国内最大的客户张总裁等一行人，答谢他们一年来给予的支持，她已经提前安排好了酒店，也定好了菜单，并算了算宾主双方共有8位，己方有：总经理、市场总监、自己；对方有张总裁、副总、公关部经理、两位业务主管。

思考：如果你是李云，你如何来安排这次晚宴的座次？

训练五：奉茶礼仪

要点如下。

①清洁茶具。

②茶水适量：八分满。

③端茶得法：双手端，从客人右侧上茶，有杯耳要朝客人右边。

④添茶及时。

训练六：饮茶礼仪

要点如下。

①注视礼：并说"谢谢"。

②叩指礼：对长辈、上级五指敲三下；对平辈、平级两指敲三下；对晚辈、下级一指敲一下。

③饮茶时，以右手端起杯子，左手轻扶杯底；小口品饮，不可出声；可适当称赞茶好。

模块六　公共礼仪

◇开篇有"礼"◇

一个姑娘乘公共汽车时，不小心踩到了一个小伙子的脚，于是非常紧张地向小伙子道歉："对不起，我不小心踩了你的脚！"小伙子风趣地回答："不，是我的脚放错了地方。"看到小伙子如此宽容、豁达，姑娘如释重负地笑了。

（李荣建. 现代礼仪［M］. 北京：高等教育出版社，2012：90.）

公共礼仪是人们置身于公共场所时所应遵守的礼仪规范。它是社交礼仪的重要组成部分，也是人们在交际应酬中所应具备的基本素养。人是社会中的人，除了个人生活、家庭生活之外，人们还必不可少地要置身于公共场所，参与社会生活。在这种情况下，与他人共处，彼此礼让、包容、理解、互助，也是做人的根本。公共礼仪的基本内容，就是人们在公共场所与他人共处时和睦相处、礼让包容的有关行为规范。遵守公德、勿碍他人、以右为尊是公共礼仪的三条基本原则。

技能点一 乘机礼仪

现代社会生活中，飞机已经成为非常普遍的交通工具之一，人们需要经常乘飞机出差、探亲、旅行。因此，我们必须知道乘飞机时的礼仪。一般来说，乘飞机要注意的礼仪包括三个方面：一是登机前的礼仪；二是登上飞机后的机舱礼仪；三是到达目的地下飞机、出机场的礼仪。

一、登机前的礼仪

（一）提前一段时间去机场

这是乘坐飞机前的基本要求。一般来说，国内航班要求提前一小时到达，国际航班需要提前两小时到达，以便有足够时间取登机牌、办理托运行李、检查机票、确认身份、安全检查等。

遇到雨、雪、雾等特殊天气，应该提前与机场或航空公司取得联系，确认航班的起落时间。

（二）行李要尽可能轻便

手提行李一般不要超重、超大，其他行李要托运（图3-6-1）。国际航班上，对行李的重量有严格限制，一般为32~64千克（不同航线有不同的规定）。如果行李超重，要按一定的比例收费。应将金属的物品装在托运行李中。

在机场，旅客可以使用行李车来运送行李（图3-6-1）。在使用行李车时要注意爱护，不要损坏。在座位上休息时，行李车不要横在通道内、影响其他旅客通行。

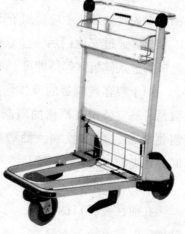

图 3-6-1

（三）乘坐飞机前要领取登机牌

大多数航班都是在登记行李时由工作人员为乘客选择座位卡（图3-6-2）。登机牌要在候机室和登机时出示。如果没有提前购买机票或未订到座位，需在大厅的机票柜台买票登记。

图3-6-2

现在的电子客票基本是用有效证件，到机场可以自助办理登机牌。但是，有些城市的机票还需要人工办理。在旅客换完登机牌后，一定要注意看登机牌的具体登机时间。

如果航班有所延误，需要听从工作人员的指挥，不能乱嚷乱叫、造成秩序的混乱。

（四）通过安全检查

乘飞机要切记安全第一，不要拒绝安全检查，更不能图方便而从安全检查门以外的其他途径登机。

乘客应配合安检人员的工作，将有效证件（身份证、护照等）、机票、登机牌交安检人员查验。放行后通过安检门时，需要将电话、钥匙、小刀等金属物品放入指定位置，手提行李放入传送带（图3-6-3）。

当遇到安检人员质疑乘客所携带的物品时，应积极配合。若有违禁物品，要妥善处理，不应妄加争辩、扰乱秩序。

乘客通过安检门后，注意将有效证件、机票收好，以免遗失，只需持登机牌进入候机室等待即可。

对于乘客所携带的液体物品的数量，航空公司有严格的限制。当需要携带过多的饮料、酒等物品时，请提前与相关部门确认。

（五）候机厅内礼仪

在前往登机口的途中，可乘坐扶梯，但要单排靠右站立，将左侧留给需要急行的人。

图3-6-3

在候机大厅内，一个人只能坐一个位子，不要用行李占位子。而且，注意异性之间不要过于亲密。

候机厅内设有专门的吸烟区，在此之外都是严禁吸烟的。

候机厅里面一般设有商店、书店等，如果等待的时间较长，可以在此挑选商品，但是要注意不能大声喧哗。

（六）向机组人员致意

上下飞机时，均有空姐和其他机组人员站立在机舱门口迎送乘客。他们会向每一个通过舱门的乘客热情问候（图3-6-4）。乘

图 3-6-4

客进出舱门时，应向热情迎送的机组人员表示感谢或点头致意。

二、乘机时的礼仪

登机后，旅客需要根据飞机上座位的标号按秩序对号入座。

飞机座位分为两个主要等级，也就是头等舱和经济舱。经济舱的座位设在中间到机尾的地方，占机身3/4空间或更多一些，座位安排较紧；头等舱的座位设在靠机头部分，服务较经济舱好，但票价较高。

登机后，先找到自己的座位，之后要将随身携带的物品放在座位头顶的行李箱内，较贵重的东西放在座位下面，自己管好，不要在过道上停留太久。

（一）飞机起飞前

乘务员通常给旅客示范表演如何使用氧气面具和救生器具，以防意外。当飞机起飞和降落时，要系好安全带。飞机上要遵守"禁止吸烟"的规定，同时禁止使用移动电话、AM/PM收音机等电子设备。在飞行的过程中，一定不要使用手机，以免干扰飞机的系统、发生严重后果（图3-6-5）。

在飞机起飞和降落及飞行期间会出现颠簸情况，为安全起见，乘客看见头顶上方"系好安全带"的信号灯亮时，应迅速系好安全带（图3-6-6）。

图 3-6-5

图 3-6-6

（二）飞机起飞后

乘客可以看书看报。邻座旅客之间可以进行交谈，但不要隔着座位说话，也不要前后座说话，声音不要过大，以免打扰到别人。不宜谈论有关飞机遇难一类的不幸事件。也不要对飞机的性能与飞行信口开河，以免增加他人的心理压力、制造恐慌。飞机上的座椅可以小幅度调整靠背的角度，但应考虑前后座的人，不要突然放下座椅靠背或突然推回原位。更不能跷起二郎腿摇摆颤动，这会引起他人的反感。调节座椅靠背时，注意观察后方乘客的状态。如：他是否在用餐？是否在使用电脑？后方是不是有小孩在玩耍？

用餐时要将座椅复原，吃东西要轻一点。由于机上餐食按乘客人数配备，如需加餐，可待乘务员发放餐食流程完毕，提出申请加餐要求。

飞机上的饮料是不限量免费供应的。但需要注意的是，在要饮料的时候，只能先要一种，喝完了再要，以免饮料洒落。而且，由于飞机上的卫生间有限，旅客应尽量避免狂饮饮料。在乘务员发饮料的时候，坐在外边的旅客应该主动询问里面的旅客需要什么，并帮助乘务员递进去。

在飞机上是可以喝酒的，但只是为了促进饮食，不能像在饭店里一样推杯换盏，尤其要注意的是，千万不要酗酒。配合乘务员收餐，归还的空餐盘不叠放，按乘务员发放的餐盘原样归还，此外，将塑料杯单独递给乘务员。

由于飞机所能承受的垃圾数量有限，所以旅客最好不自带零食，尤其是一些带壳的零食。此外，旅客不要把飞机上提供的非一次性用品带走，比如餐盘、耳机、毛毯等。

在飞机上，因为人们旅途比较劳累，为了更舒服地旅行，可以脱下鞋充分地休息。所以，脱鞋行为本身并不失礼，但是不能因为脱鞋而"污染"空气味道，给其他旅客带来不快。解决这个问题很容易，乘飞机前，换上干净的鞋子和袜子。如果还不能抑制味道，可以去盥洗室换上一双拖鞋，把双脚用消毒纸巾擦净，再把有味道的鞋子和袜子装在塑料袋里，然后回到座位或客舱里，并把放鞋的袋子放在不碍事的地方，就不会失礼于人了。

避免小孩在机上嬉戏喧闹、来回跑动。

从安全角度而言，飞机起飞后20分钟至落地前30分钟为客舱安全的黄金时间，乘务员在这段时间内肩负着安全使命，乘客应尽量减少或避免呼叫乘务员的次数。遇到飞机误点或改降、迫降时不要紧张，最好不要向空姐乱发火，实际上这样的行为无济于事。

（三）在飞机上使用盥洗室和卫生间

使用机上洗手间前，请先敲门，询问是否有人；使用完毕，请及时冲水，并将垃圾投入专用垃圾箱内；使用完护手霜、香水等卫生用品后，记得放回原位，以免出现安全隐患；千万不可在厕所内吸烟，这是违法行为。不能在供应饮食时到洗手间去，因为餐车放在通道中，其他人无法穿过。如果晕机，可想办法分散注意力，若呕吐，要吐在清洁袋内，如有问题，可打开头顶上方的呼唤信号，求得乘务员的帮助。

三、停机后的事项

停机后，要等飞机完全停稳后，再打开行李箱，带好随身物品，按次序下飞机。飞机未停妥前，不可起立走动或拿取行李，以免摔落伤人。下机时，出于礼貌，可以回应乘务员的热情告别。

国际航班上下飞机要办理入境手续，通过海关便可凭行李卡认领托运行李。许多国际机场都有传送带设备，也有手推车以方便搬运行李。还有机场行李搬运员可协助乘客。在机场除了机场行李搬运员要给小费外，其他人不必给小费。

下飞机后，如一时找不到自己的行李，可通过机场行李管理人员查找，并填写申报单交给航空公司。如果行李确实丢失，航空公司会照章赔偿的。

技能点二　乘车礼仪

一、主动礼让座位

①先上的乘客应该自觉靠向车尾，给后面的乘客留下空间。

②在公交车上抢占座位是很不礼貌的行为。主动为老、弱、病、残、孕让座，应把车上标注的特殊座位自觉空出来。

二、按次序上下车

①乘坐公交车应该前门上后门下；按次序上下车。

②在乘客多的时候，应自觉排队，并礼让行动不便的乘客或怀抱小孩的乘客（图3-6-7）。

③下车应提前做好准备，提前向车门移动，并使用文明语言"劳驾""对不起"等。

图 3-6-7

三、遵守乘车礼仪

①主动投币买票。

②站立车厢时要扶好站稳，以免刹车时挤撞、踩踏到别人，不小心碰到别人要真诚道歉。

③带孩子的乘客，不要让孩子踩脏座椅。

④下雨时乘车应该整理好雨伞或雨衣，避免弄湿座椅或他人衣物。

⑤车上不高声谈笑；特别不要和司机交谈，以免分散司机的注意力酿成意外事故；用手机通话时应低声细语。

⑥乘车时不要吸烟，不吃带皮、带核的东西，不随手向车窗外抛物，不要把头、手伸到车外。

技能点三　开车礼仪

一、上车前及启动车辆的礼仪

检查车辆号牌是否清晰，查看车辆周围有无儿童、老人和障碍物，确认安全后上车发动。

系好安全带，开启转向灯，避开其他行人和车辆，缓缓起步。

二、行车的礼仪

①转弯的礼仪。提前开启转向灯，确认安全后减缓车速，驶入导向车道平稳转弯。

②变道的礼仪。提前开启转向灯提示后车，待后车减速避让后，平稳驶入目标车道。如后车连闪灯光拒绝，不要强行并线。

③通过路口的礼仪。进路口前适当减慢车速，绿灯亮时，观察确认安全后稳速通过。黄灯及红灯亮时，依次在停止线后等待。

④避让行人的礼仪。遇斑马线主动减速，有行人通过时缓缓停车，让行人先行。遇路侧有行人通行，闪烁大灯提示安全。

⑤超车的礼仪。开启转向灯，进入超车道，闪烁大灯告知前车，确认安全后加速超过。在高速公路，超车后及时返回原车道，不长期占用超车道行驶。

⑥会车的礼仪。两车对向行驶，及时提示前方车辆注意避让。遇到障碍需借对向车道行驶时，如来车频闪大灯拒绝，应让前方车辆先过，不要强行插入。

⑦保持车距的礼仪。行车时与前车保持足够安全距离。遇后车紧跟时，间断亮起刹车灯，同时开启双闪灯提示后车注意，或开启转向灯，驶入其他车道行驶。

图 3-6-8

三、停车的礼仪

开启转向灯并逐步减速向停车地点停靠。停车遵守停车八字诀：入位、顺向、头齐、守时，避免妨碍他人正常通行（图3-6-8）。紧急停车要开启双闪灯提示他人注意。

技能点四　电梯礼仪

一、与客人共乘电梯

①陪同客人或长辈来到电梯门前，先按电梯呼梯按钮。电梯到达打开时，可先行进入电梯，一手按"开门"按钮，另一手按住电梯侧门，礼貌地说"请进"，请客人或长辈们进入电梯。

②进入电梯后，按下客人或长辈要去的楼层按钮。若电梯行进间有其他人员进入，可主动询问要去几楼，帮忙按下。电梯内可视状况是否寒暄；如没有其他人员时可略做寒暄；有其他人在时，可斟酌是否必要寒暄。电梯内尽量侧身面对客人。

③到达目的楼层，一手按住"开门"按钮，另一手做出请的动作，可说："到了，您先请!"客人走出电梯后，自己立刻步出电梯，并热情地引导行进的方向。

二、出入电梯的标准顺序

（一）出入有人控制的电梯

出入有人控制的电梯，陪同者应后进后出，让客人先进先出。把选择方向的权利让给地位高的人或客人，这是走路的一个基本规则。当然，如果客人初次光临，对地形不熟悉，还是应该为他们指引方向。

（二）出入无人控制的电梯

出入无人控制的电梯时，陪同人员应先进后出并控制好开关钮。公共场合电梯设定程序一般是 30 秒或 45 秒，时间一到，电梯就走。有时陪同的客人较多，导致后面的客人来不及进电梯，所以陪同人员应先进电梯，控制好开关钮，让电梯门保持较长的开启时间，避免给客人造成不便。此外，如果有个别客人动作缓慢，影响了其他客人，在公共场合不应该高声喧哗，可以利用电梯的唤铃功能提醒客户。

三、电梯内礼仪

①在电梯内不宜谈论重要事项，尤其是机密事项或公司财政、人事等。

②在电梯内要站到最里面，不要倚在门边不出入、阻碍其他人进出。

③有人挡着自己出入时，要礼貌地说"对不起，请让一下"才进出，不要无礼地冲出冲入。

④让电梯内的人先出来，在外面的人不要争着进入电梯内。

四、乘坐手扶电梯的礼仪

①要靠右边站立，留出左边让赶路的人通过（图3-6-9）。

②在上下扶梯时，要稳步快速进入和离开。不要长时间两人并排谈话、阻挡通道。

③乘梯时，应有一只手扶住电梯扶手，以免电梯发生意外突然停止时失足跌落。

④按顺序排列乘梯，如确需快速超前，应该有礼貌地告知前面的人，再从扶梯的左侧安全地通过。

图3-6-9

⑤一般上电梯时男士站在女士后面，下电梯时男士站在女士前面。

技能点五　剧院礼仪

一、准时

音乐场所提供的服务具有明显的时效性，迟到一分钟，演奏厅的大门就会关闭，必须在外面等候恰当的时机才能入内，有时甚至要等到中场休息，在两首乐曲的间隙才可以入场，这样场内的气氛才不会受到破坏，同时更是对演奏家和没有迟到的观众的尊重。因此应尽量提前或准时入场。

二、衣着

衣着必须整齐，不可穿着拖鞋、短裤等过于随便的衣服，男士可穿正装或长衣裤。有时需要穿西服、打领结，不戴帽子。女士可穿长裙，但不能穿运动装。这些都是对自己和演出者以及其他观众的尊敬，也是自己良好修养的体现。

三、入场

在入口处，主动出示票证，请工作人员检验，进场后对号入座。若到达较迟，其他观众已坐好，自己的座位在里面，这时应有礼貌地请别人给自己让道。从别人面前经过时，应面向让道者一边道谢，一边侧着身体朝前走，而不要背对着人家走过去。从礼仪的角度出发，去剧场观看演出，迟到者应自觉站在剧场后面，只能在幕间入场，或等到台上表演告一段落时赶紧悄然入座。或者请剧院工作人员带你进入。在通过陌生人时，不要将手提包等东西从前面观众的头上移过去。剧院一般在开场前十五分钟开始收票入场，最好能够在这期间进入剧院寻找座位（图3-6-10）。

图 3-6-10

四、安静

不携带易发生噪声的物品进场，演出中发出噪声是很不礼貌的，提防手机"吵"到他人，在演出过程中，如果手机突然发出尖锐的铃声，周围的观众肯定会很反感。为了避免这种不和谐的事情出现，在进场前最好将手机暂时关闭、设置成静音或震动状态。不应大声谈笑或交头接耳，否则会影响到其他观众的兴致。安静倾听是欣赏表演最起码的礼仪，不仅表示对演奏者和其他观众的尊重，也间接表达了自己的修养。此外，还须尽量减少走动及做一些"小动作"，例如：在座位上移动大

图 3-6-11

衣、将包打开或关上、捡掉到地上的东西、清喉咙、咳嗽和嚼口香糖等。这些行为都有可能分散其他观众的注意力，是一种自私、无礼的行为，应该尽量避免（图3-6-11）。

观众到剧场观看演出，入座后，戴帽者应摘下帽子。坐时不要将椅子两边的扶手都占据了，要照顾到"左邻右舍"。观看演出时，不要摇头晃脑、手舞足蹈或交头接耳，以免妨碍后面观众的视线。也不要高谈阔论，以免影响周围观众。观看演出时，切忌起哄、吹口哨、怪声尖叫。爱吃零食的观众要自我约束，不吃带壳的食物，不吃带响声的食物。

听音乐会时，喝倒彩是最为不雅的行为。如果对某个节目不满意，也

不要与身边的观众相互低语，对节目的评论，应在演出结束退场后再进行。

未经许可，不得携带录音机及摄影机入场。照相时不能使用闪光灯，因为闪光灯和按动快门的声音都会严重干扰台上艺术家的演奏和周围观众欣赏艺术的氛围。一旦有这种情况出现，演奏者有权利选择退场罢演。

五、鼓掌

鼓掌是听音乐会一个很大的学问，适当的掌声是观众对演奏者的回应，但是过于热情或是不合时宜的掌声则会扰乱演奏者的情绪。所以，在剧院观看演出时，要有礼貌地适时鼓掌，以表达对演员、指挥的尊敬、钦佩（图3-6-12）。例如：当受欢迎的演员首次出台亮相时应鼓掌；观看芭蕾舞，乐队指挥进场时鼓掌；演奏会上指挥登上指挥席时应鼓掌；一个高难的杂技动作完成时应鼓掌；一首动听的歌曲演唱完毕时应鼓掌；演出告一段落时应鼓掌；演出全部结束时应起立热烈鼓掌。观众在观看演出时，鼓掌若不得当，就会产生副作用。比如演员的台词还没说完、交响乐的一个乐章尚未结束时就贸然鼓掌，不仅影响演出，而且大煞风景。

一般来说，听交响乐时，在乐章之间不能鼓掌。一首交响乐曲通常分为四个乐章，但它们仍然是一个整体，因此应该把它作为连贯的整体来欣赏。在乐章之间，也就是说作品整体还没有结束的时候，应该继续欣赏。当指挥的手仍然举起在空中，表明音乐还没有结束，即使音乐结束，还应该有一段回味的时间。所以音乐结束三五秒钟之后，掌声如潮涌起，才是最高境界（图3-6-13）。当然，在乐曲进行中需要鼓掌的例子也有，如果指挥需要观众在乐曲中间鼓掌，营造气氛，他会转过身来，向着观众打拍子，

图 3-6-12

图 3-6-13

观众可以跟准节拍鼓掌。一般来说，鼓掌的时机掌握，是要看指挥者的双手是否已完全放下，音乐是否有完全停息的气氛。有时候无法确定乐曲是否已经演奏完毕，可以观察指挥或演奏者当时的姿势和神态加以判别。鼓掌时要随着大家的停止而停止，不要鼓个没完。观众如果希望表演者继续表演的话可以延长掌声，但是如果别人停止之后还大声地鼓掌就会显得有点失礼了。

图 3-6-14

正确的鼓掌姿势：左手五指并拢，抬起放于胸前，右手手指并拢，有节奏地拍打左手掌心（图 3-6-14）。

六、退场

演出结束时，演员会全体出现在舞台上集体谢幕，观众应起立鼓掌（图 3-6-15）。为表示对演职人员的尊敬和不影响他人正常观剧，如无特殊情况不要提前退场，如因特殊情况中途需要离开现场，应当在两首曲子之间的间隙轻轻退场。观众在离开现场时不要把椅子弄出过大响声，更不要把垃圾留在座位上。观众进场时可随身带一个小袋子，演出结

图 3-6-15

束后把空饮料瓶等垃圾装进袋子里带出场外，丢到垃圾箱里。

技能点六　旅居礼仪

一、旅馆

各国的城市都有许多大大小小的旅馆和汽车旅馆，接待来往过客留宿。其中有十分豪华的五星级大酒店，也有收费比较低廉的普通旅店，但是它们有许多规矩是共同的。

（一）入住旅馆办理

在旅馆住宿，要事先打电话预订房间，如果在几个城市之间旅行，可以委托一地的某个旅馆为你在下一个要去的地方的旅馆订好房间。

走进旅馆，要先到服务台办理住客登记手续，填写姓名、住址、职业等。如果是外国人，还要出示护照。不过现在许多旅馆都把它当作例行公事，并不那么严格。填好了登记表并签上名，就可以去住宿的房间了。

（二）表现优雅举止

大件行李应请服务员代送到房间，万不可为了省小费而自己在大厅内拖来拖去。

你如果是一个比较有身份的人，住在一个比较讲究的旅馆，那么可能受到旅馆的特殊招待，比如一篮新鲜水果或一瓶冰白酒，并附有一张旅馆经理的名片向你致意，遇到这种情况，记得在退房时，写一张致谢的便条向送礼的人表示感谢。

旅馆的服务一般都比较周到的。服务员每天会按时给你打扫房间，整理床铺，洗刷脸盆和浴缸，这些事情都用不着住客自己动手。尽管这样，作为住客也应当讲究清洁，不能把房间和床铺弄得乱七八糟、把浴室搞得肮脏不堪。

对从事打扫房间等各种服务的服务员，必须每天或隔天付给小费。如果住的时间不长，最后离去前一块儿付给也是可以的。其他像送早餐、送咖啡、熨衣服等特殊服务，是都要给小费的（图3-6-16）。

不同的旅社对住客的衣着有不同的要求。在一般的城市里的旅馆住宿，可以穿便服；但到餐厅，男人要穿外衣、打领带。在旅游胜地的有些高级旅馆，会要求或希望客人用晚餐时穿晚礼服，白天则一样可以随便穿便服，有时还可以穿旅行的服装，如短裤、运动鞋等。

图3-6-16

要注意旅馆可否吸烟，若不能吸，就应该到楼下找一个可以吸烟的地方，吸完烟再回房去。若房间内可以吸烟，则要注意烟灰不要到处乱扔。

除了属于消耗性的肥皂和洗发精之类的东西，或者有标示免费赠送者之外，其余的都属于旅馆的财产，不可擅自带走。

房间内一般无拖鞋，即使有，也是很薄的，这种拖鞋不能穿到房门外。

（三）保持公寓安静

在任何旅馆里居住，都不要在房间里大声喧哗，也不能放声高唱或举行吵闹的聚会，以免影响其他住客休息。因为这里是人们休息的场所，不是游乐园。穿着睡衣或内衣在走廊上高声讲话，都是不礼貌的行为。

（四）注意安全第一

离开旅馆外出，一定要把房门锁好，然后把钥匙交给服务台，回来时再去领取，否则不慎在外面丢失会造成很大的麻烦。在最后离去的时候，一定不要忘记把房间钥匙还给服务台或插在房间的钥匙孔里。有的旅馆将钥匙链连着一个大木球或一块大铜牌，就是为了防止客人不小心把钥匙带走。在室内不能乱扔烟头，也不能放置易燃易爆物品。安顿下来以后，应当观察一下房间内外四周，弄清安全出口在哪里，以便一旦遇到火警或其他意外事故，能够很快找到出路离开。

（五）离退住宿办理

要终止住宿离去的话，宜在中午以前，否则要多付一天的房租。最好在离去的前一天下午或晚上结账，等到离去时再最后结账也是可以的。走的时候可以让服务台派一名服务员帮忙拿行李。如果行李不多，不需要别人帮忙，也可以自己随身携带到柜台结账，然后离开。

二、民宿

现在有很多旅行者喜欢在当地居民的家中住宿，既有家的感觉，又可以领略当地独特的饮食风俗。但是，借住于当地居民家中，应注意礼仪礼节。

①要以礼待人，主动与人打招呼，见人时应流露自然友善的笑容，万不可虚伪做作。

②有些民宿会提供晚餐，但必须额外收费，并且需要在前一天提出要求。主人家的饭菜一般会是普通晚餐。吃饭时应注意餐桌礼仪，以免给人留下不好的印象。

③在民宿中的浴室都是共用的，所以，用后一定要恢复用品的清洁和整齐。在浴室中，一般都是禁烟的，所以，要想抽烟的话，最好出去解决。

④在客厅中，不要轻易翻动主人的东西，也不可把主人常坐的位置抢

去，更不可衣冠不整地在客厅中走来走去。客厅内和厨房内的物品不要随便使用，除非主人已告知可以随便使用。

⑤与其他人交谈时要注意不要高声喧哗，以免打扰到其他房间的客人或主人。交谈时还应注意睡眠时间，别人可能不好意思扫你的兴而陪聊，尽管他一大早有极其重要的事要处理。交谈中也应注意话题，以免伤及对方的心。切记：宗教、肤色、政治和个人收支等，都是交谈中应避免的话题。

⑥在离去时应主动结清所有的费用，并向主人表示感谢。

三、露营

喘息于喧嚣的城市，疲惫于紧张的城市生活，很多人都愿意选择郊区的一个地方，好好地舒展一下自己的情绪——参加野外露营。下面说一下露营应注意的问题。

①选择露营的地方，最好是接近水源而又不至于受蚊子袭扰的小山丘上。

②露营时，要注意周围的环境，不可影响周围别的露营者或周围的居民。

③露营时，所有的露营用具和必备品都应带好，以免跟别人借，而造成他人的不方便。

④吃完的食物和垃圾应放在营帐外，以免有野兽闻到味道而闯进营帐。

⑤要注意保护营地周围的卫生，不可将垃圾到处扔或将废水重新倒进水源中、污染水源。

⑥野营时最重要的是注意安全。

技能点七 参观游览礼仪

一、参观博物馆

各个城市都有一些展品丰富的博物馆和美术馆，前去参观可以增长知识和提高对艺术品的欣赏水平（图3-6-17）。参观时应注意一些参观礼仪。

图3-6-17

（一）注意文明礼貌

博物馆一般都设有衣帽间，参观者可以把大衣、帽子及雨伞等杂物存放在那里，男人不要戴着帽子进入展览厅。

一边参观一边吸烟或吃零食都是不文明的举止。要喝饮料、吃东西或吸烟，可以到小卖部或休息室去。

参观时要注意不可从别人的面前走过、妨碍别人观赏展品。如果必须那样做，一定要说一声"对不起"。

如果很欣赏某一件展品，当然可以在它的面前多停留一会儿，但是不能长时间"独占"，看了一段时间之后应当继续往前走，使别人也有观看的机会。如果别人正在观赏一件展品，应当礼貌地对待，不要往前挤，或是妄加评论，或是对别人表示很不耐烦的样子。

如果是带着孩子一起去博物馆或美术馆参观，应当照管好孩子，不让孩子乱跑或高声叫喊。

注意保持场地的整洁，不要随地乱扔纸屑。

（二）认真听讲解

任何博物馆的解说词，都是经过反复修改推敲、精心撰写而成的。它包括了展览的主要内容，是多少人艰辛劳动的结晶。参观者若认真听讲解，一定会受益匪浅的。

博物馆是高雅的场所，要求人们共同保持安静的环境和学术气氛。参观者应当相互照顾，说话声音要低。大声说笑或在展厅里打打闹闹，都会干扰别人，这样做，既不懂得尊重讲解员的劳动，也不懂得遵守博物馆的规则，自然，其参观没得到什么收获，还丧失了自己做人的品格。

讲解员在讲解时，要专心倾听，遇到有不明白的地方或问题，可以向其请教，但不宜不停地发问，以免影响其他参观者。听完，还应向讲解员致以谢意。

（三）不随便触摸文物或展品

中华民族有五千年的文明史，因此历史文物十分丰富，令世人瞩目。文物有揭示历史、反映社会发展水平等价值，属国宝，年代久远者，更是价值连城。

我国文物虽多，但是不能再生的。损坏任何一件，都会使国宝遭受损失。所以，在观光旅游参观博物馆时，要特别注意保护文物。不要随便用手抚摸，也不要在文物上随便涂抹，更不能私拿博物馆、纪念馆的文物。

参观博物馆，爱护展品，让展品更好地发挥它的作用，这不仅是布展者的心愿，也是社会公德对每个参观者的基本要求。

（四）拍照要征得同意

外出游览访问，遇到优美的景致、激动人心的场面、难得的奇珍佳品，都想拍照留念，大多数情况下拍照是不受任何限制的。但有些时候、有些地方拍照一定要征得有关方面、有关人士的同意才行。像博物馆这类地方，为了保护展品维护自身的权益，一般都禁止参观者拍照，这涉及保护展品或保守机密问题。有的博物馆，即使允许拍照，也禁止用闪光灯。对于这一点，要特别加以注意并遵守。

二、出国参观

现在越来越多的人有机会出国参观访问，没有出国经历的人，一旦有了这种机会，便非常希望能够在国外参观一些地方，而且大都关心国外能够参观一些什么地方，以及怎样去做才合乎礼节，在此就谈一谈这方面的有关问题。

（一）出国参观常识

1. 了解出访国家

出访之前，应当围绕参观的项目拟定计划，并阅读相应的资料，以便大致了解东道国的历史、现状和风土人情。要是去英国访问，起码要知道英国人对王室的尊敬和喜欢自己被称为英国人。要是去阿拉伯国家访问，则需要了解阿拉伯人的民族自尊心，以及对异性交往的诸多限制。而西方人崇尚个性独立、讲究卫生、爱护环境、保护动物这类意识也需要知道。必要的话，可向东道国驻我国的领事馆索取有关的背景材料，一般是不会遭到拒绝的。

2. 确定参观项目

除了东道主已安排的参观项目以外，出访的团体和个人均可在符合访问目的地的前提之下，主动提出参观其他项目的要求，不过不要强人所难。除此之外，对一般的观光游览项目还可以自行联系预约，或者前去购票参观。要加以注意的是，不要颠倒主次，不能违反东道国的有关规定。

3. 明确参观任务

如果前去参观的人较多，可根据专长和兴趣的不同，把任务分派给各人。这样做便于深入考察，在较短的时间内可以了解到更多的情况。参观之后，进行一番汇总和补充，需要了解的情况就大致清晰。

4. 注意仪表形象

前往参观时，不必人人西装革履，只要穿着便装即可。即使穿西装，也不必打领带。但是无论如何要保持服饰的整洁，不要穿中山装却敞开胸怀，也不要穿背心、短裤、拖鞋和凉鞋参观游览。

（二）参观礼仪礼节

①宾主见面，用哪一套见面礼才符合东道主待客的习惯，参观者事先要有了解，并加以准备。对于东道主的盛情款待，应当表示诚挚的谢意。不苟言笑，无动于衷，在此时此刻是绝对失礼的。不论是负责人还是普通参观者，都要遵守礼宾次序，并要使东道主感受到自己的友好之意。

②大多数东道主在正式参观开始前，会发表欢迎词，并作概括性的介绍。参观者应当珍惜这一机会，不要出于好奇而极目四顾或在东道主讲话时议论不止，也不要显得心不在焉。听取东道主的介绍，要客随主便。不要中途插嘴或重复别人已经提出的问题。有问题可在东道主讲话后再提，但不要提出令人为难的问题和要求。

③在参观中，可以在不妨碍对方的情况下，进行广泛的接触和交谈，以增进了解，加深友谊。参观时要按照指定的路线行进，不要在中途悄然离队，或者强行闯禁区。

④参观者不要随意触摸物品，甚至拿走展览的东西。不注意这一点，会留给东道主很坏的印象。参观时可携带一台备有闪光灯的照相机，在东道主允许的情况下，可以尽量多地拍一些参考资料。必要的话，应当带上摄像机和一台袖珍录音机，录下对方的介绍，这也是可取的。

⑤在不许录音、拍照和录像的情况下，记笔记最为有益。可以准备一些小卡片。它用起来方便，且不引人注意。东道主如果不允许做笔记，则遵守要求，不伤和气。

⑥参观过程中遇到其他的参观者，可以致意或问候，但不要凑过去跟着别人走。

⑦如果在参观结束安排宾主双方互赠礼品作为纪念，就应提前有所准备，并且按东道国的风俗习惯去办，不要主动向东道主索取纪念品。需要有关资料时，则可以直接提出来。

⑧离开参观地以前，要再次郑重地向东道主表示感谢，并与之热情话别。如果东道主送行至门外，则参观者乘坐的车子启动后，要向东道主挥手致意。

⑨回国后，参观者应立即专门致信或致电，向东道主表示谢意。

三、游览礼仪

随着我国人民物质和文化生活水平的不断提高，旅游观光爱好者的队伍也在日益扩大。旅游观光本身是一项文明而高雅的活动，参加这项活动应多讲究一些礼仪。

（一）公共文明礼仪

1. 爱护公共设施

大至公共建筑、设施和文物古迹，小至花草树木，都要珍惜和爱护，不要随意损坏。还要十分注意爱护亭廊水榭等建筑物的结构、装饰，在柱、墙、碑等建筑物上，不能乱写、乱画、乱刻。

2. 保持环境卫生和安静

进入旅游观光区后，不要大声喧哗、嬉笑打闹；不要随地大小便、弄污环境；不要任意把果皮纸屑等杂物弃置在地上或抛入水池中、影响观瞻和卫生。野餐野炊之后，一定要将瓜果壳连同包装饮料收拾处理干净，将所挖灶坑恢复原状后再离去。

3. 关心他人注意礼让

在景区拍照，要主动谦让，不要与之争抢占先。当近处有人行动妨碍拍照时，应有礼貌地向其打招呼，不可大声叫嚷、斥责和前去推拉。照相后，应向协助的人道谢。

4. 多为他人提供方便

当游人较多时，见到老、弱、病、残、孕及抱小孩者，应主动让座和请人让座，不可自顾自躺在长椅上睡觉。当自己见到空位时，应征得别人的同意后方可入座，并要表示谢意。行曲径小路或小桥山洞时，要主动为老、幼、妇、孺让道，不可争先抢行。带孩子到游览观光地区的游乐场去玩，不要让自己的孩子长时间独占游乐场里的设施。

5. 注意自己的举止行为

不要用棍棒去捅逗或用东西去投掷动物取乐。青年情侣在旅游观光时，还要注意自己举止行为的端庄大方，既要热情，又要持重，要合乎我国的风俗习惯，不可过分亲昵，以致有失礼节。

6. 要遵守社会公德

不论出入何种娱乐场所，都要讲究礼仪，语言文明，举止得体。对演员或服务员不能有丝毫挑逗和戏弄的行为。要自觉维护公共卫生。喝咖啡等饮料和吃点心时，要注意坐姿，不能勾肩搭背，也不要摇动椅子。

（二）问路礼仪

1. 问路方法

①直接式，即开门见山、直截了当地提出问题，请对方给予解答。如："同志，请问去友谊饭店怎么走？"（图3-6-18）

图 3-6-18

②反问式，即明知不是目的地甲，但问时偏偏说是甲，待对方否定回答之后，紧接着追问甲的具体位置。如："先生，这儿是广交会业务洽谈处吗？""不是。""请问广交会业务洽谈处的具体位置在哪儿？"

③疑问式，即用试探或疑问的方法提出问题，从对方的肯定回答来判定自己行动的准确性。如："同志，上景山公园是乘这路车吗？"对方回答"是"，说明行动是正确的；对方回答"不是"，证明行为有误，需及时调整。

④启发式，即当对方回答问题含混不清或模棱两可时，应及时加以提示引导，向被问者提供要寻找的对象的基本情况，如工作单位、家庭状况、面貌特征、身高，爱好及与之有影响的人和事等，启发引导对方的思维，通过对证、比较和分析判断，得出正确的结论。

2. 问路禁忌

一忌不了解被寻找对象的基本情况而盲目问路。

二忌不尊重各地区风俗习惯而乱用称呼，应该做到入乡随俗。

三忌不注意场合、不看时机而发问。例如，当对方正埋头工作、学习或与人谈话，不要突然发问，应在一旁稍候或做一些暗示性动作（轻轻咳嗽、慢慢来回走动等）引起对方注意后，再提问。

四忌不讲礼貌。问路时必须尊重对方，举止端庄，彬彬有礼，语言恳切，语调平缓，给人以亲切感。

【案例分析】

一天，几个客人走进某市一个大酒店。他们办理完入住手续后，到二楼餐厅去用餐。用餐时，他们喝酒喝得很高兴，在餐厅又唱又闹，其中一个客人"啪"一声把痰吐到地上，另一个客人因饮酒过量，没来得及去洗手间，就呕吐起来，脏物吐了一地。旁边用餐的几个客人见状，纷纷皱起眉头，快速用完餐离开了餐厅。两天后，几个客人离店办理结账手续时，客方服务员检查房间，发现房间里一片狼藉，到处都是污渍，床单拖在地上，有明显擦过鞋子的痕迹，地毯上到处是烟灰……

思考：请分析这几位客人行为有何不妥之处？在酒店住宿应注意哪些礼仪规范？

【礼仪训练】

训练一：乘机礼仪

（由学生分角色扮演机组人员与乘客）

1. 向机组人员致意

上下飞机时，机组人员站立在机舱门口迎送乘客，向通过舱门的乘客热情问候。乘客进出舱门时，向机组人员表示感谢或点头致意。

2. 配合乘务员收餐

用餐完毕，归还的空餐盘不叠放，按乘务员发放的餐盘原样归还，此外，将塑料杯单独递给乘务员。

训练二：乘车礼仪

（由学生分角色扮演乘客）

①有序上下车。

②礼让座位。

③情景模拟乘公交车，由学生指出常见的不文明乘车现象。

训练三：电梯礼仪

（由学生分角色扮演主方接待人员和客方人员）

①无专门电梯员时，接待人员先进后出，客人后进先出。

②有专门电梯员时，接待人员后进后出，客人先进先出。

③乘坐扶梯，靠右侧站立，留出左边紧急通道。

训练四：剧院礼仪

（由学生分角色扮演观众和乐队指挥）

1. 正确的鼓掌姿势

2. 听交响乐鼓掌的时机

①音乐结束三五秒钟之后。

②乐曲进行中，指挥转过身来，向着观众打拍子，观众可以跟准节拍鼓掌。

训练五：参观游览礼仪

（由学生分角色扮演游客和路人）

①你和同伴去济南游玩，分别用以下几种方式向路人打听趵突泉公园怎么走。

直接式。

反问式。

疑问式。

启发式。

②由几名学生模拟游览中的问路场景，其他学生指出所犯错误。

盲目问路。

乱用称呼。

不看时机而发问。

不讲礼貌。

模块七　家庭拜访与探视礼仪

技能点一　家庭拜访礼仪

有人把走亲访友视为浪费时间，其实不然。通过拜访老朋友，结交新朋友，不仅可以调节紧张的学习和工作，更重要的是可以扩大横向联系，开阔视野，沟通人情渠道，增加信息来源。走亲访友除了注意一般拜访的礼仪，具体还应注意以下几个方面。

一、提前约定

时间约定后，不要迟到，也不可提前太多。不能按时到达，一定要电话告知。

二、登门有礼

如果初次登门拜访，可带小礼物。在我国，大部分人习惯携带水果作为礼物，除此之外，还可送鲜花、巧克力、葡萄酒、畅销书等。如果受访者家中有小朋友，可以带玩具作为礼物。

三、学会通报

到了受访者家门口，应按门铃或者敲门，这是礼节，更是尊重。绝不可大声呼喊受访人的名字作为通报。按门铃时，应先按一下，如果几秒钟后没有反应，再按一次。不可按住不放、让铃声响个不停。敲门时，用食指和中指，一次持续三下，如果几秒钟后没有反应，再敲三下（图3-7-1）。不可使劲砸门、大声呼喊。

图3-7-1

四、进门换鞋

进门记得脱鞋、换鞋，以免带入尘土，女性的高跟鞋还可能破坏主人家的地板。脱鞋会露袜子，一定要保证袜子是干净、无破洞、无异味的。

五、问候寒暄

初次拜访，要主动自我介绍，问候主人及其家人。进屋后，要脱掉大衣、帽子、手套，如果戴墨镜，进屋要摘下来。

六、空间限制

在别人家做客，要限定自己的活动区域。最大的禁区就是主人卧室，未经允许，不可以入内，一般就在客厅活动即可。如果短时间拜访，尽量避免使用主人家卫生间。如果主人家有两个卫生间，在必须使用的情况下，避免使用主卫。

七、茶饮礼节

主人点烟、倒茶时，尽量站起来，表达谢意后，用双手接过来。如果茶水太烫，应等其自然晾凉了再喝。喝茶时应慢慢品饮，不要一饮而尽，也不要喝出声响。主人斟茶倒水，不能一滴不喝，多少也喝一点。而且"喝茶要赞茶"。

八、拜访时长

拜访他人，要控制好时间。目的性拜访，话题要明确；礼节性拜访，话题要轻松，不能聊起来没完没了。通常拜访不应超过一个小时。

九、告辞方式

切忌在主人说完一段话时就立即告辞，这会使人觉得很唐突。在自己说完一段带有告别之意的话时告辞比较适宜。告辞之前，不要显出急着想走的样子。同时，告辞前千万别打哈欠、伸懒腰。一旦提出告辞，只要不是主人真心诚意地挽留，就应该从座位上站起，不要口里说要走、身子却一动不动。主人送到门外，就不要再说个不停，这是很不礼貌的。主人送你出门时，应劝主人留步，并主动伸手握别。当走到门外一个拐弯处时，一定要再回头看看主人并挥手向主人示意，以示最后的谢意。如果被主人发现"一去不回头"，那就失礼了。

技能点二　探视礼仪

探视的目的是想给病人以精神上的支持和抚慰，帮助其早日康复。因此，讲究探视时的心理、掌握探视的交际要旨，是完全必要的。

一、探视前的准备

（一）了解患者情况

首先要了解病人得的是什么病，严重程度，治疗情况，病人目前的心理状态。如果病人刚做过手术，不要急于探视，因为这对病人休养是不利的。如果病人患上了传染病，医生规定不适宜探访，可以购一束花，托人送去向病人致意，并附上亲笔书写的简单慰问信或礼品。

（二）了解医院情况

要了解医院允许探视的时间、院规等，否则既破坏了医院正常的工作秩序，又影响了病人的治疗和休息。

（三）准备慰问物品

选择慰问物品要讲科学。探病前，应事先了解病人患病情况，有针对性地馈赠病人适宜的食品（物品），切不可千篇一律、只注意购置而忽视了选择。什么样的病人，应补充什么营养，其他书籍介绍颇多，这里就简略了。选择物品，还要注意精神效应。如一束含苞欲放的鲜花、一封充满情意的信、一本美丽的画册都能使病人享受到生活的乐趣，增强战胜疾病的信心。近年来，一些研究人员还提出了音乐治疗方法，因此音乐 CD 也许有特殊的功效。

二、探望病人礼仪

（一）选择恰当的时间

探望病人要选好时间，应在医院允许的探视时间里进行。注意不要在病人刚住进医院或刚做完手术便去探望，以免影响病人的治疗和休息，通常在下午 4 点左右去医院探望病人比较适宜，逗留时间不可太长，一般以10 分钟左右为宜。

（二）讲些安慰的话语

探望病人，表情应轻松、自然、乐观，神情不要过于沉重，更不要在病人面前落泪，以免给病人造成精神压力。与病人交谈时应轻声细语，还要讲究语言的艺术性。见到病人的第一句话很重要，可以说："今天我来看看您，同事们要我代他们向您问好！""您精神挺好"或说"您今天感觉好多了吧！"切忌说"您消瘦多了"或"您的脸色怎么这样难看"，这样的见面话对病人的心理无疑是一种不良刺激，给治疗和康复带来不利。谈话的内容要注意选择能引起病人轻松的话题，说些宽慰与鼓励的话，使病人增加战胜疾病的勇气。交谈时，不要口若悬河、高声谈笑，以免引起病人或同室病友的侧面而视。对动过腹部手术的病人，不能讲笑话，以防其忍俊不禁而引起刀口疼痛。

（三）回避病人的病情

对病人的病情应采取回避态度。可以和病人聊聊家常、谈谈社会趣闻。切忌在病人面前对病状和愈后说长道短、乱加评论。对病人周围的医疗器械、各种药物、药瓶不必过于关心，更不可大惊小怪，不然会使病人无形之中增加精神负担或盲目乐观。对患有重病的病人，既不能显出悲观的神

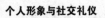
态，更不能笑脸常露、俏话连篇，这样会使病人感到你并没有把其放在心上而气恼失望。注意不要在病人面前与家属窃窃私语，这样会使病人疑心而感到不安。

（四）携带合适的礼品

探望病人时，可根据病人所患疾病及病情，携带合适的礼品，如一束香味淡雅的鲜花、一本优美的小说或一些适合病人食用的水果和营养品等。

模块八　馈赠礼仪

◇开篇有"礼"◇

奥黛丽·赫本十分爱狗。多年来一直豢养着一只叫杰西的长耳罗塞尔种的小猎犬。然而，有一天，杰西误吃了毒药，很快就死了，赫本爱犬心切，竟无法控制自己，一连数日，终因悲伤过度而一病不起。这时，她的朋友克里斯多夫·格里文森托人给她送来了又一只长耳罗塞尔狗，它叫彭妮，小巧玲珑，毛色白亮，十分可爱。彭妮给了赫本无限的慰藉，赫本说："彭妮不仅使我恢复了健康，也赐给我无限的幸福，它真是来自天堂的宝贝"。

17世纪西班牙著名的礼仪专家伊丽莎白说："礼品是人际交往的通行证。"《礼记·曲礼上》中记载："礼尚往来，往而不来，非礼也；来而不往，亦非礼也。"礼品是情感的载体，情感是礼品的内核。馈赠礼品是语言文字表达情感的一种辅助，是人与人之间传递情谊的物质体现，是社交活动中的一项重要内容。馈赠礼仪，就是在礼品的选择、赠送、接收的过程中必须遵循的惯例与规范。

技能点一　礼品的内涵

一、礼品：情与义的聚合物

（一）礼品是人际沟通的重要工具和媒介

送礼人往往通过礼品向接受礼品人表达某种感情。礼品的神奇之处在于，它的价格是不能用金钱来衡量的。礼品本身确有贵贱、厚薄之分，但这种差别与礼品的真正价值并不是相等的。在人际交往中，特别能显示礼品魅力的往往是那些价格并不昂贵却富有意义、耐人寻味的小礼品。献上一束鲜花，能使病榻上的羸弱之躯为之一振，大自然的芳香会驱散病人心中的郁闷之气；送上一张气势雄壮的交响乐 CD，会给徘徊于坎坷征途上的朋友以鼓舞，浑厚激昂的旋律会使朋友在领略人生的变奏中更添一份美好的憧憬；捧上一条漂亮的丝巾，会给热恋中的心上人捎去无限深情和爱意……

（二）礼品是情感的载体，情感是礼品的内核

在人际交往中，礼品的功能就是传情达意。因此，礼品不是施舍，不是资助，更不是谄媚。品位高雅、格调不俗的礼品有助于陶冶人心、匡正风气和移风易俗。中国有句俗语："礼多人不怪"。好客多礼是中华民族的传统，礼品自然成了老百姓善良朴素心愿的寄托物。节日喜庆、婚丧嫁娶、探亲访友、离别送行，互赠礼品在民间蔚然成风。而传统习俗中的元宵、粽子、月饼、饺子等，本身就是最好的礼品。

【礼仪小链接】

唐朝有个封疆大臣，为向皇帝表忠心，派遣了一个叫缅伯高的人去给皇帝送礼，礼物是一只天鹅。这位老兄途经沔阳时想让天鹅"干净干净"，便把天鹅放到沔阳湖中去洗个澡，哪知一时不慎，竟让天鹅跑了。送给天子的"贡品"弄丢了，岂不是杀头之罪，缅伯高拿着天鹅飞走掉下的几根羽毛号啕大哭，越哭越伤心，悲痛欲绝中竟想出一首打油诗："将要贡唐朝，山高路又遥，沔湖失天鹅，倒地哭号号，上复唐天子，可饶缅伯高，礼轻情意重，千里送鹅毛。"后来，他真的把鹅毛献给皇上，皇上被他的真情感动了，不仅没有杀他，还拿酒招待他。这个故事恐怕就是"千里送鹅毛，礼轻情意重"的最早出处了。

（三）礼品有价，情义无价

一份礼品所注入的情义是否真诚，世界上没有一种秤能够准确掂量，但人心灵的感应却比所有的秤都敏感。

【礼仪小链接】

一个老太太在她 80 岁生日到来之际，收到她唯一的女儿的生日"礼物"——一张面额不小的支票。她却用颤抖的手把这张支票撕成碎片。而这时她希望得到什么样的礼物呢？她内心渴望的仅仅是这样的礼物：一双精美的拖鞋；或者是一件舒适的开襟绒线衫；或者一盏台灯也不错，这样她打毛线时就不会漏掉许多针；或是一本书——一本带插图的旅游书；最好是一个玲珑剔透的台钟，带清楚的黑字码的……事实上，凭这张支票可以买全所有这一切，但一双精美的拖鞋和一张支票之间究竟是什么样的差别呢？不难领会，礼品的真正要旨与价值体现在真挚的情意上。

二、礼尚往来：礼品协调人际关系

中国传统的"礼乐之道"特别注重人来而我往，人有施于我、我当报以人的精神。"失惠勿念，受恩莫忘"，"礼乐之道"是鼓励人能因感念恩情而予以回报。而恰恰是有来有往，才能使人际关系纳入一个真情互融、相互协调、相互促进的动态发展过程中。有一句话说得好：人字结构就是相互支撑的。

礼尚往来的方式是多种多样的，礼品无疑是较为有效的一种工具和媒介。借助礼品，给朋友送一份温暖；借助礼品，送朋友一份关怀。特别是在朋友最需要的时刻，及时地伸出援助之手，或借礼品捎上一份真情。长此以往，人与人之间的感情便会不断由松散趋向凝固，直至牢不可破。要知道，凝聚在礼品中的慷慨，其本质乃是一种精神，因而博大而浩瀚。这种慷慨是友爱的喷泉，它不是因富有而赠送，而是因赠送而富有。如此的礼尚往来，就会发觉生活中处处有知音，正如先哲诗人泰戈尔老人所说的："有一次，我梦见大家都是不相识的。我们醒了，却知道我们原是相亲相爱的"。

技能点二　送礼的艺术

送礼从时间、地点到礼品的选择，都是一件很费人心思的事情，是一门技巧和艺术。很多大公司在电脑里有专门的储存，对一些主要客户的身份、地位及爱好、生日都有记录，逢年过节，或者恰缝合适的日子，总有例行或专门的送礼行为，巩固和发展自己的关系网，确立和提高自己的商业地位。

有人经过调查研究指出，日本产品之所以能成功地打入美国市场，其中最秘密的武器就是日本人的小礼物。换句话说，日本人是用小礼物打开美国市场的。当然，这句话也许有点言过其实。但是日本人做生意，确实是想得最周到的。特别是在商务交际中，小礼品是必备的，而且根据不同人的喜好，设计得非常精巧，可谓人见人爱，很容易让人爱礼及人。

日本人此举之所以成功，在于他们精明，摸透了对方的心理，又运用了自己的策略。一是他们了解外国人的喜好而投其所好，以博得别人的好感。二是他们采取了令人可以接受的礼品，因为他们深知欧美商业法规严格。送大礼物反而容易惹火烧身，而小礼物绝没有受贿之嫌。三是他们很执着于本国的文化和礼节。可见，礼品虽小，起到的作用都不小。

馈赠作为一种文化现象，自有其特定的规律，不能盲目去送、随心所欲。它反映出送礼者的文化修养、交际水平、艺术气质及对受礼人的了解程度和关系远近。在一定意义上讲，是一门特殊的交际艺术。

一、善解人意送礼去

（一）选择礼品的"大原则"

1. 要有意义

常言道，送礼要送到心坎儿上。礼物是感情的传递物，是传送友谊的媒介。所以，在选择礼品时，要千方百计将自己的情感心理通过特定的礼品表现出来，让对方在接受礼品时，能感受到送礼者的深情厚谊，即以物见情、以情感人。只有做到这点，才能使送礼行为高尚、文雅、亲切、友好。比如，为生病住院的朋友送去一束美丽的鲜花，定会使其心情愉快，增强战胜疾病的信心；为远方同学送去一张昔日同窗回忆相聚的照片，会唤起其学生时代的美好回忆；为爱好文学的朋友送去一套经典文学名著，会使其欣喜若狂、爱不释手；为心上人送去一条精致的丝巾或漂亮的领带，会使对方感受到一份深深的爱意。所以，就礼物的质量而言，它的价值不一定以值多少钱来衡量，而是由礼物本身的意义来体现的。如在选择礼品时，从思想性、艺术性、趣味性、纪念性等方面下点功夫，做到别出心裁、不落俗套，效果肯定会更好。

2. 因人施礼

送礼要看对象，要"投其所好，以人为尊"，这是送礼的最高境界。不同层次的人，其生活需要是有差别、有距离的。一般来说，对于文化层次较高的、追求精神享受的人，宜选择精美高雅的礼品，如名人字画、工艺美术精品及各种高档文化用品等；对于文化层次较低、偏重追求物质享受的人，宜选择一些比较新颖别致、精美时髦的日用消费品作为礼物，其中应以吃的、穿的、玩的为主；对于一些生活比较困难、除了生存以外很少有其他享受要求的人，就不必去买那些生活中根本用不到的东西。总之，选择礼品要看对象，因人施礼。

3. 轻重得当

送礼应该视双方的关系、身份、送礼的目的和场合，加以适当掌握，不可太菲薄，也不可太厚重。礼物太轻则意义不大，很容易让人误解为瞧不起他，尤其是关系不很亲密的人或亲友办重大喜庆的事，这样送礼，不如不送。但是，礼物过重，又会使接受礼物的人很难接受，对上级、对同事则有受贿的嫌疑；对其他的人，就会感到承受不起，将来还礼也还不起，很可能会婉言谢绝。若对方拒绝接受，你又留之无用，徒生许多烦恼。因此，礼品的轻重以对方能够愉快接受为尺度，如何轻重适度，则要根据自己的情况、对方的情况、你们之间关系的程度及为何事而送等来掂量。

（二）选择礼品小技巧

1. 雪中送炭胜于锦上添花

要寻找并瞅准别人"饥渴"的时机，雪中送炭，及时给予，像宋江一样，那就不愁无友了。

2. 肯动脑筋，善于给予

给予他人，要慷慨地给予。然而，给予并非仅指钱财实物。只要能善于给予，那么慷慨给予人的东西就太多了：为别人奉献自己，牺牲时间，是一种给予；为别人的幸运和成功而庆幸，是一种给予；能从别人的观点看事物，容许别人有自己的意见和特色，也是一种给予；圆通——避免鲁莽的言行，耐心——倾听别人的倾诉，同情——分担别人的悲痛等，都是一种给予。

3. 选择具有民族文化特色或地方特色的礼物

造型奇巧、做工精细、晶莹剔透的欧洲玻璃器皿，精美华贵的中国刺绣、丝绸、瓷器和景泰蓝，各国具有民族特色的手工工艺品，描绘各国风情的绘画作品等，都常常被人们选来作为珍贵的礼物互相赠送。工厂、企业在对外赠礼时，把自己精致的产品或产品模型用作礼品，不但可以促进友好，还可以起到广告宣传所起不到的作用。

礼物是感情的载体。任何礼物都表示送礼人的特有心意，或酬谢、或祝贺、或孝敬、或怜爱、或爱情等。所以，选择的礼品必须与心意相符，并使受礼者觉得礼物非同寻常，倍感珍贵。实际上，最好的礼品是那些根据对方兴趣爱好选择的、富有意义或耐人寻味的小礼品。

就礼物的质量而言，它的价值不是以金钱的多少来衡量的，而是以礼物本身的意义来体现其价值的。因此，选择礼物时要考虑到它的思想性、艺术性、趣味性、纪念性等多方面因素，力求别出心裁，不落俗套。

（三）送礼的小技巧

送礼要遵守"5W+1H"原则：

①Who？（送礼给谁？）

②What？（要求人办什么事？）

③Why？（为什么要选这个礼物？）

④When？（什么时候送去最合适？）

⑤Where？（送到什么地方去，家里还是办公室最好？）

⑥How？（怎么送）

合乎这六个条件的礼物，就是送给对方的最佳礼品。因此，心中熟记这"5W+1H"，是选择礼物的第一步，同时也是让别人能接受你和你的礼物的最佳捷径。

记住这"5W+1H"之后，接着就要考虑到送礼的关键。

第一个要点，先了解对方最想要的是什么。依据对象的不同，或者依据送礼者的特殊，不见得一定要从一般的东西里来挑选。不过，不管自己有多么中意，但对对方来说没有用处的东西就不在考虑之列了。如果对方已拥有很多这一类的东西，再重复收到类似的礼物就会显得漫不经心、不甚在意。

第二个要点，就是要好好考虑送礼对象的生活习惯和环境，然后加以挑选合适的礼物。

第三个要点，送与对方身份不相称的礼物，反而会惹恼对方。他会认

为是轻蔑侮辱他，而将你赶出门去。

二、好礼还需巧相送

送礼物，要把握住时机。人们一般总不会无缘无故地接受别人的礼物。所以，找不准送礼的时机，往往会是"自作多情"，令人误解，引起双方的不快。

（一）在对方最需要的时候送礼

当你在生活和工作中遇到困难，得到了亲朋好友的大力帮助时，要送礼以表示真诚感谢；当你接到别人的馈赠时，应选择价值超过赠品的礼物作为回赠，使对方感到你懂礼节、通人情；当亲朋好友结婚、乔迁、寿诞、生小孩或老人庆寿、举行金银婚纪念等可喜可贺的大事时，应当送礼以表示祝贺；当亲朋好友或其亲属去世，也应备礼相送以示哀悼；当亲朋好友患病或突遇飞来之祸，应该及时地备礼相送，以表示慰问和关切；当重要的传统节日（如春节、元宵节、端午节、中秋节、重阳节）及国家法定假日（如元旦、五一、国庆等）到来时，亲朋好友、同学同事互相探望、可备薄礼，以示共贺；年幼者看望年长者，送一些老人喜欢的食物和水果，以表孝心。同学数载，毕业后将各奔东西；战友几年，有的转业、复员；亲朋好友，要远渡重洋、留学异国他乡；或者在某地进修、短期学习，结束后将要与学员天各一方，这时，双方都免不了要赠送一些有意义的礼物作为纪念。

（二）送礼要送在前头

遇有亲朋故旧喜庆的日子，人家结婚、寿诞给你发了请柬，逢年过节人情来往，都应当在事前送礼，最迟也应在当时送去，除了远方亲友外，送礼忌迟。若是没有赶上时间，不如不送。事后送去，受也不是，不受也不是。若收了，佳期已过；若是不收，又怕面子上过不去。事后送礼，礼品再多，再贵重也无用，失去了应有的意义。

技能点三 礼品的禁忌

一、有"礼"不闯红灯

（一）不宜送人的礼物

①劣质或者山寨品牌的产品。

②污染环境、有损健康的物品。

③外观粗劣的产品。

（二）避免重复

重复的礼物令人索然无味，也会让人觉得是在应付而缺乏诚意。即使对方喜欢这类礼品，也应在类似的范围内更换，常换常新，会给人愉悦感。

（三）馈赠禁忌

禁忌，就是因某种原因（尤其是文化因素）而对某些事物所产生的顾虑。禁忌的产生大致有两个方面的原因。

1. 个人禁忌

向一个从来忌恨烟酒的长辈赠送烟酒，向一个刚刚中年丧妻的男士赠送情侣表、情侣帽、情侣眼镜，都会令对方不快。也有些是由于受赠对象在某些方面的自尊和不足造成的禁忌。

【礼仪小链接】

1989 年，英国首相撒切尔夫人送给法国总统密特朗一本英国作家狄更斯 1859 年撰写的小说《双城记》，这部小说把法国大革命时期的暴力和恐怖同当时英国生活的平静作了比较。法新社评论道："这份礼物不能平息法英两国在本周末巴黎 7 国首脑会议上的争执，甚至可能适得其反。"可见，民族自豪感使密特朗对此难以领情。

2. 公共禁忌

这是由于风俗习惯、宗教信仰、文化背景及职业道德等原因形成的。比如，在我国，一般不能把与"终"发音相同的钟送给上了年纪的人；友人之间忌讳送"伞"，因为"伞"与"散"谐音。台湾地区同胞在送礼方面也有许多禁忌。不送剪刀，剪刀既可伤人，又有一刀两断之意。不送手帕，手帕是送给死者家属的，表节哀之意。不送雨伞，台湾方言中"雨"与"给"同音，"伞"与"散"同音。茉莉花和梅花不要送给香港商人，因为"茉莉"与"没利"谐音，"梅花"与倒霉的"霉"同音。中国内地的人送礼不会送"小棺材"，但香港人青睐红木制作的小型棺材摆件，寓意"升官发财"。

美国人以绿毛龟为宠物；而在中国人看来，这样的礼物是对他们的侮辱。意大利人忌讳送手帕，因为手帕是亲人离别时擦眼泪的不祥之物。在法国，男士向女士赠送香水，有过分亲热和"不轨企图"之嫌。而送刀、剑、叉、餐具之类的物品，则意味着双方会割断关系。法国人不送、也不接受有明显广告标记的产品，而喜欢有文学价值和美学内蕴的礼品。向妇女赠送内衣，这在欧美国家的风俗中是很失礼的，一般也不送香皂。而且，13 这个数目在欧美国家更是送礼时应当避开的。日本人忌讳绿色，以绿为不祥，忌荷花图案，忌 4 和 9。在给日本人送礼时，都要避开这些。

二、礼品没有包装

礼品包装十分重要（图 3-8-1）。有些人送礼往往看重礼品本身，而忽略了礼品的包装，即"一流礼品，二流包装，三流效果"，这是不对的。精致的包装不仅美观，提高了礼物的档次，也显示出对对方的重视。

图 3-8-1

技能点四　礼物的接受

一、接受礼物的方式

①接受礼物时应落落大方。双手捧接对方递过来的礼物，同时面带微笑（图 3-8-2）。

②向送礼人表示感谢。接过对方礼物的同时，注视对方，真诚地表示感谢。

图 3-8-2

③收到礼物不到处宣扬。

④当面拆开欣赏并赞美。中国人收到礼物时，一般是不习惯当场拆开礼物包装的。而面对西方朋友送的礼物，一定要当场拆开礼物包装并适当地赞美。

⑤慎重放置、妥善保存。切忌随手把礼物丢在一边，这是表示对礼物不喜欢或是对送礼人不屑，会使送礼人产生不被尊重的感觉，引起误会。

⑥依礼还礼。商务交往中，别人送你礼物，一定要懂得礼尚往来。特别要注意的是，回礼的价值要同对方送给你的礼物价值差不多。第一次见面，别人送一件高档礼物，你却回送一件极其便宜的礼物；对方送一件小小礼物，你却回送一份贵好几倍的礼物，都不可取。

二、拒收礼物的方式

①如果因为违反了规定，不能收受礼物，应该向送礼人说明理由。

②对于邮寄来的礼物，若不想接受，一定要尽快退回。

【课后小练习】

①选择礼品的"三原则"是什么？

②选择礼品有哪些小技巧？

③"5W1H"原则和送礼的关键是什么？

④什么时候是送礼物的最佳时机？

【技能训练】礼品馈赠训练

要点：

1. 口头语言

礼品赠送与接受双方都要语言表达清晰，能恰到好处地表现出赠送礼品的情意与接受礼品的谢意；不吞吐，不啰唆。

2. 体态语言

①赠送一方大方得体，双手赠送，目光亲切，不发生推拉牵扯现象。

②接受一方双手接受，将礼品轻轻放到合适位置，并轻点头表示谢意；如送礼者是西方人，要当面将礼品打开，同时表示对礼品的赞赏。

3. 礼品介绍

介绍礼品时能用简短语言将礼品的特点或长处表示出来，接受礼品者同时要表现出自己对礼品特点的兴趣。

模块九　舞会礼仪

舞会是现代文明社会人际交往、沟通的一种手段，也是公关部门经常举办的联谊活动。有计划地举办舞会，既可以锻炼身体、活跃身心，又可以起到促进友谊和联络感情的积极作用。通常所说的交谊舞都是由国外传入的，因此，舞会中涉及的礼仪不同程度地要遵循西方礼节的要求。作为公关人员和各界人士，要经常借舞会搞社交，熟悉和掌握舞会中的礼仪就显得尤为重要。

技能点一　舞会前的准备

在西方，参加舞会是一次重大的社交活动，必须从各方面做好准备，只有认真准备，才不会失礼。

一、整洁

不管参加哪种舞会，都应该注意自己容貌的干净和整洁，头发要梳理得整整齐齐。在夏天参加舞会，要讲究皮肤的清洁，应该在洗好澡，换上干净的衣服，甚至洒点香水后，再到舞会上去。

二、仪表

女士在参加舞会前，应有一番梳洗打扮。如做发型和化妆，化妆要比日常妆稍浓些，还可以佩戴与服饰协调的首饰。

男士在参加舞会前，应修面、刮脸、吹头发、剪鼻毛、修指甲。出席高级的舞会，应着西装、打领带、穿皮鞋，皮鞋的鞋面应擦亮，衣裤应熨烫笔挺。

无论男士或女士参加舞会，衣冠都要端正入时，整洁大方。男士不要搞得油头粉面、装扮过分；女士切忌浓妆艳抹、花枝招展。从礼貌的角度讲，舞会上不能戴口罩、手套和帽子。

三、服饰

参加舞会的服饰要做重点准备，因为服饰能为形象点上鲜亮的一笔。首先，服饰颜色要尽可能和环境融成一体。其次，应讲究服饰的款式。女士服装既要美观醒目，又要结合自身条件，要显得和谐自然、落落大方。男士可穿深色的中式时装或西装。如果西装是格子、条纹或花点面料，领带就要用单色的；反之，如果西装外衣为单色，则领带应选用条纹、格子、花点图案的。舞会的服装还应注意其是否合体，过肥和过瘦的服装都会影响轻盈的舞步和旋转。

四、其他

参加舞会前，不应该吃带刺激性气味的食物，如葱、蒜、韭菜等，也不宜喝酒。如果已经吃了此类食物，应进行必要的处理，如嚼点茶叶或口香糖等。舞会前应漱口刷牙，清洁口腔。有习惯性打喷嚏者应服用抗过敏药。病后体虚或有其他严重身体不适者，应自觉谢绝舞会邀请，以免发生意外或影响他人情绪。

技能点二 参加舞会礼仪

一、邀舞礼仪

跳舞是舞会中的一项主要活动，它是由邀舞开始的，在向别人邀舞时，必须注意的礼仪主要有以下几点。

①舞场上，通常由男士主动去邀请女士跳舞。邀舞时，男士应步履庄重地走到女士面前，弯腰鞠躬，同时轻声微笑说："想请您跳个舞，可以吗?"（图3-9-1）弯腰以15°左右为宜，不能过分。过分了，反而会有不雅之嫌。音乐结束后，男士应将女士送到其原来的座位。待其落座后，说声"谢谢"，然后方可离去。切忌在跳舞后不予理睬。如果女士想和舞场上某位男士跳舞，可在音乐响起后用目光给予暗示，然后等待邀请。

②男士可以邀请任何一个女性跳舞，但不能整个晚上只同一个女性跳舞。带女伴的男士要记得在舞会开始第一支曲子和最后一支曲子时，邀请自己的女伴跳舞。而在邀请有男伴或长辈陪同的女士跳舞时，应先征得男伴或长辈的同意。

③在正常的情况下，两个女性可以同舞，但两个男性却不能同舞。在欧美，两

图3-9-1

个女性同舞，是宣告她们在现场没有男伴；而两个男性同舞，则意味着他们不愿向在场的女伴邀舞，这是对女性的不尊重，也是很不礼貌的。

④在舞会中，男宾要注意至少应邀请女主人跳一次舞。如果女主人还有女伴、女儿在场，出于礼貌，也该一一邀舞。

⑤邀请者的表情应谦恭自然，不要紧张和做作，以致使人反感。更不

能流于粗俗，如叼着香烟去请人跳舞，这将会影响舞会的良好气氛。

二、应邀礼仪

参加舞会，邀请者固然应该彬彬有礼，但受邀者也应当落落大方，彼此都应表现出良好的思想修养和高雅的文化素质。一般情况下，女士应愉快地接受对方的邀请。

①在接受男士的邀请时，女士可以先说"谢谢"，也可以微笑起身跟男士款款步入舞池，在男士的带动下翩翩起舞。

②一般来说，女士尽可能不要谢绝人家的邀请。如果决定谢绝，应当说："对不起，我累了，想休息一下"，或者说："我不大会跳，真对不起"，以此来求得对方的谅解。如果女士已经答应和别人跳这场舞，应当向男士歉意，说："对不起，已经有人邀请我了，等下一次吧。"

③已经婉言谢绝别人的邀请后，在一曲未终时，女士应不再同别的男子共舞。否则，会被认为是对前一位邀请者的蔑视，这是很不礼貌的表现。

④如果同时有两个男士去邀请一个女士共舞，通常女士最好都礼貌地谢绝。如果已同意其中一个的邀请，对另一个则应表示歉意，礼貌地说："对不起，只能等下一次了。"

⑤当女士拒绝一个男士的邀请后，如果这个男士再次前来邀请，在确无特殊情况的条件下，女士应答应与之共舞。

⑥有些成熟女性对于在舞会中被人冷落、不受注意并不在意，但很多女士做不到这点。在这种情况下，可以中途退出舞会。

三、共舞礼仪

一次愉快的共舞需要男女双方共同努力来完成，一个漫不经心的失误，可能会把美妙的心境破坏掉，这是值得注意的。

（一）舞姿要端正

跳舞时，整个身体始终保持平、正、直、稳，无论是进、退，还是向前、后、左、右方向移动，都要掌握好身体的重心（图3-9-2）。跳舞时，男士用右手扶着女士腰肢时，正确的手势是手掌心向下向外。用右手大拇指的背面轻轻将女士挽住，而不应用右手手掌心紧贴女士腰部。位置在女士腰部左侧正中，不能超过中部。男士的左手让左臂以弧形向上与肩部成水平线举起，掌心向上，拇指平展，只将女士的右掌轻轻托住，而不是随意地捏紧或握住。女士的左手应轻轻地搭在男士的右肩上，右手轻轻地放在男士的左手掌上。两个朝上举起的手臂，不要前一拍往里屈进、后一拍向外摊出，也不要同时拎上放下、上下拎个不停，这样易疲劳，姿势也不优美。跳舞时，双方身体应保持一定距离，跳舞过程中，双方握得或搂得过紧，都是有失风度的。即使是热恋中，也不宜过分亲昵，因为这对周围的人来说是不礼貌的。

图 3-9-2

（二）神情要自然

在跳舞时，男女双方的神情姿态要轻盈自若，给人以欢乐感；表情应谦和悦目，给人以优美感；动作要协调舒展，给人以和谐默契感。跳舞时肌肉应放松，姿势应自然，不要耸肩驼背、挺腹屈身。脸部朝向正前方，用眼睛的余光留心周围，避免碰撞，不要转头去看四方，也不要低头看脚的动作，要凭身体的感觉来转换方向。跳舞中面部应保持微笑，说话要和气，声音要轻细。无论男士或女士，一般不要在共舞时中途告退。如有身体突然不适等原因，应礼貌地向对方致歉。

（三）步幅要适当

跳四步舞（布鲁斯）时，舞步可稍大些，表现出庄重、典雅和明快的姿态。跳三步舞（华尔兹）时，双方应保持一臂的距离，让身躯略微昂起向后，使旋转时重心适当，表现出热情、舒展、轻快和流畅的情绪与节奏。跳探戈舞时，因双方的步法与舞姿变化较多，舞步可稍大些。回旋时，也不要把女士拉来拖去。跳伦巴舞时，男女双方可随着音乐节奏轻轻扭动腿部及脚踝，但臀部不应大幅度地摆动。在跳弧步和华尔兹的时候，不要一上场就转个不停，体质弱的女士会吃不消。这些情形都是应该极力避免的。男女共舞时，要按逆时针方向行进，不宜旁若无人、横冲直撞。

（四）道别讲礼貌

舞会结束后，临走时，出于礼貌，应该去向主人辞行，并表示这次舞会很成功，自己玩得很愉快，谢谢主人的邀请，等等。还有，在舞会结束后，女士如果有男伴同来，按照规矩和习惯，应由男伴送女士回家。假如没有男伴同行，在舞会中有男士要求送你回去而你又不愿意时，如果彼此相识，可用半开玩笑的方式拒绝对方；如果是新交的朋友，可以礼貌地说声"对不起"，并告诉他已经有人送你了。

总之，不论男女，在舞会中都应该充分表现出自己的教养、风度和礼貌，都应尽量保持健康、正派、高尚和美观的姿态。

四、舞会其他注意事项

交谊舞是一种形式活泼、内容健康、节奏欢快、群众性强的集体活动。但为了使一次舞会开得气氛欢乐和情绪愉快，参加舞会的每一个人都应该遵循一些必要的文明规范。

①在舞会中，作为主人，有责任替那些单身前来参加晚会的男女相互介绍，让他们一起跳舞，安排他们坐在一起交谈。介绍时可在音乐间或舞会开始之前对单身的男性朋友说："让我介绍一个朋友给你。"等对方站起来后，可引他绕过舞池，把他带到朋友面前，作了介绍后，音乐开始了，就应鼓励他们出去跳舞。

②较正式的舞会，第一场舞，由主人夫妇、主宾夫妇共舞；第二场舞，男主人与主宾夫人、女主人与男主宾共舞。

③作为主人，每一首音乐，都应该轮流去跟所有的朋友跳舞，主动地邀请或者答应朋友的邀请。别人的舞伴同来，就只能邀请别人一次。也可以和自己的女朋友一起跳，但不要跳得太多。

④舞会进行中，假如宾客都一一起舞，为了使舞池不太拥挤，并空出时间来做安排舞会的工作，男女主人应该退在一旁。

⑤舞场里，语言要讲究文明，不要大声说笑和怪叫，不要随意喧哗、嬉笑打闹。

⑥走路时脚步要轻，在舞池中不能任意穿行，确需找人，应缓步从场边用目光寻找或等一曲完结之后再找。

⑦跳舞时，应注意动作要优美、大方。舞步要尽量遵守规范动作，不能随心所欲、随意乱跳，这样既显得丑陋不堪，又会扫周围人的雅兴，是跳舞者最忌讳的事。

⑧对于自己不熟悉的舞伴，不宜问长问短、闲聊不止，如果对方已同

别人谈话，应主动让开。

⑨参加舞会还要注意公共卫生，在舞场，不应乱扔果皮纸屑、乱倒茶水、破坏公共卫生。吸烟应到室外，以免污染舞场空气。

⑩舞会结束退场时，应遵循女士优先原则。

技能点三　舞会的筹办

舞会的格局是多种多样的。常见的是联谊舞会，另外像新年舞会、公司周年纪念会、生日舞会、家庭舞会、婚礼舞会等，名目繁多，不一而足。公关界朋友需要经常接触的，大抵是联谊舞会这一形式。下面，仅以联谊舞会为例，介绍在筹办的过程中，应该掌握的基本原则和技巧。

一、舞会的邀请

（一）邀请客人的安排

举办舞会的一个重要问题是邀请哪些客人参加。通常我们会邀请一两位客人作为舞会的主宾，然后围绕这一两位主宾，合理安排其他客人。由于跳舞这一活动形式是由一男一女共同完成，举办者对于男女人数的比例，确实需要精心考虑。一个合适的比例应该是男女各半，根据具体情况，可使男宾数量更多些，以保证每个女士都有机会起舞，不致受到冷落。

在选择来宾时，还应充分考虑到来宾的个人情况。如客人之间是否熟悉，客人是否喜欢跳舞，客人是否具备幽默的谈吐，客人是否会自带舞伴，等等，要把这些情况加以充分考虑，以便准备适当的对策，使每位客人都玩得尽兴。

（二）发出邀请

在拟定了邀请客人的名单后，下一步便是向客人发出邀请。在西方，很重视请柬发出的时间，通常应提前一周至两周发出，有的甚至会提前一个月发出。举办者应根据舞会的隆重程度决定请柬发出的日子，客人有充分时间考虑是否参加，并做出自己的日程安排。另外，提前发请柬还有一个好处是举办者可以在舞会开始前得到客人的回复，万一出现客人无法参加的情况，能够及时做出调整，不致打乱预先的部署。

（三）请柬的式样

请柬的式样有很多，可以选择印刷好的，也可以自己制作。自己制作的请柬显得更富有人情味儿。在自己制作请柬时，可采用西式样本（图3-9

-3), 也可采用中式样本（图3-9-4）。下面是两种样本的示例。

图 3-9-3　　　　　　　　　　　　　　图 3-9-4

使用西式请柬时，为了方便主人了解客人是否前来参加，可在请柬的左下方加上"R. S. V. P"（盼赐回复），"To remind"（备忘），或"Regret only"（不参加才答复）。注有"R. S. V. P"的请柬，表明客人收到请柬后，应按请柬上注明的地址或电话答复主人。如对上述请柬可答复如下："王×女士及赵×先生荣幸地接受邀请，敬谢！"注意应明确回答舞伴的称谓。注有"To remind"的请柬，客人不需作回答。注有"Regret only"的请柬，客人只有在不能参加时才答复主人。据此，主人可以确切地了解客人出席的情况。

二、音乐的选择

音乐的安排往往会起到调节客人情绪的作用。因此，它关系到舞会能否成功。举办者可以采用乐队伴奏，也可以播放唱片。播放唱片的舞会，需要有专门的音响师进行音响管理才能保证舞会的顺利进行。在具体的音乐选择上，要考虑到以下几个方面。

（一）客人的喜好

客人对音乐的喜好是趋向于古典的、还是现代的，是舒缓的、还是热烈的，尽量做到投其所好。

（二）音乐的调节

举办者要根据舞会进行的情况适当调节音乐的播放。如发现冷场时，可播放一些激烈欢快的乐曲鼓动情绪；当舞会进入高潮后，可适当播放一些平缓优雅的乐曲，让客人兴奋的神经能够松弛一下。有时，也可在舞会进行过程中安排一些即兴节目，让客人们自娱自乐。

三、舞会的尾声

再尽兴的舞会也有结束的时候，举办者最好在请柬上写明舞会的时间是几点至几点，让客人有个心理准备。同时，在舞会前一刻钟，主人可向来宾宣布还剩几支舞，让来宾尽兴，使舞会在热烈的气氛中结束。

【案例分析】

张先生收到一张舞会请柬，于是他邀请了小文和小丽两个女孩去参加舞会，为了表示隆重，张先生穿上了国外买来的牛仔裤，小丽穿上了性感的吊带裙，而小文穿上了一套高级的套裙。在舞会中，当张先生准备下一支舞曲与小丽共舞时，一个男士走过来邀请小丽，小丽见这男士身材矮小，便扭过头去一声不吭，拉着张先生就往舞池中间走去。该男士非常尴尬而去邀请小文，小文则彬彬有礼地回答："对不起，先生，我不太舒服。"

思考：他们3人的做法是否符合礼仪？

【技能训练】

制作一份舞会请柬。

第四部分　商务沟通礼仪

◇开篇有"礼"◇

某公司为了一个大型项目公开向全国各地招标，经过重重筛选后，剩下了三家公司，于是他们决定通过实地考察来决定把项目给哪家公司。

当他们公司的代表团乘坐火车来到宏利公司所在的城市时，等了足足半个小时，也没有见到宏利公司的接待人员，虽然他们对这座城市不熟悉，但还是自行找了一家宾馆。随后接到了宏利公司经理的道歉电话，说是公司在忙乱中忘记了核对火车到站时间，并表示非常不好意思。最后，公司代表团同意第二天上午11点在约定地点与他们面谈。

但是到了第二天下午2点，代表团仍旧没有等来宏利公司的接待人员，于是他们拨通宏利公司经理的电话说："我们一直在宾馆等待，但始终没有人来接我们，我们订了4点去另一家公司的车票，我们没时间再等候贵公司了，再见！"

宏利公司的经理挂掉电话后，大发雷霆。是啊！眼看到手的鸭子飞了，能不生气吗？

（孙丽. 人人都要懂的职场礼仪［M］. 北京：人民邮电出版社，2015：98.）

模块一　接待与拜访礼仪

接待与拜访，是商务活动中最基本的形式，也是最重要的环节。商务接待和登门拜访时是否彬彬有礼，直接决定着能否给对方留下良好的第一印象，继而左右着商务工作能否顺利开展。所以，掌握接待和拜访礼仪，以无可挑剔的修养和涵养来赢得他人的好感，是商务礼仪的第一要义。

技能点一　迎送礼仪

迎来送往是商务接待活动中最常见的礼仪，根据接待对象可分为内宾和外宾两种，根据接待人数可分为团体和个人两种。从内容上看，主要接待上级主管部门、公司客户、合作伙伴、新闻媒体、其他公众等。因此，商务迎送接待过程中一定得分清迎送接待对象才能做好这项工作，才能真正符合礼仪。

一、商务迎送的规格

商务迎送，主要是指因商务活动而安排的迎接与送别。它有利于协调关系，通过尽好地主之谊，为客人提供方便，从而有效地推进工作。商务迎送的规格，要根据具体情况而定。比较通用的规格，主要有下列几种。

（一）人员迎送规格

由级别相当的人员或组织出面迎送。一般例行性来宾，只须安排好接见会面时间、地点及交换的资料等；首次来访的宾客或召集应邀前来的宾客，还得安排专人或专门的交通工具前去机场、车站、码头迎接；如果是级别较高的来宾，则要本单位高层领导前往迎接来宾。与宾客见面时，应由接待方中级别地位最高者率先与来宾握手致意。若级别相当的领导因故不能前往，应委托相应的有关人员进行迎送，并向对方说明原因，表示歉意。

（二）住宿安排规格

住宿安排要合乎规格。目前，因公务出差的住宿费开支，政府财务部门都有专门的规定，因此，应尽可能地按照规定安排住宿。如果住宿标准过高，对方回去报销有困难的，要主动为之调整住宿，不要使对方难堪。

如果住宿费由迎接方支付，同样应对对方的身份有所了解，安排住宿的标准既不宜过高，也不要过低。

（三）车辆的使用

对首次来访的宾客或召集应邀前来的宾客，要安排专门的交通工具前去机场、车站、码头迎接。对级别较高的来宾，则要本单位高层领导或委托上级主管领导前往迎接来宾，这也涉及车辆的使用问题。对人员较多的客人和代表团，在迎送时，如果条件允许，最好用客车进行接送。若本单位无车辆接送的条件，则要恳切地向对方打个招呼，并告知其来回的路线。

二、迎接宾客的礼仪

（一）迎接准备工作

作为一名合格的工作人员，首要的一点是热爱本职工作，尤其在公务活动中经常担负迎送工作的文秘人员，更应熟悉职责、精通业务。在愉快接受上级指派任务时，要详细问明有关情况，如来访对象、来访人数、男女比例、职务级别、接待规格、到达日期、离开日期等，并准备好必要的车辆和食宿接待。

（二）候客与介绍

①凡到车站、机场接客，只能提前到达等候客人，绝不能让客人等待。客人经过长途跋涉到达目的地，如果一下飞机或下车时就看见有人等候着，一定会感到万分高兴。如果是第一次来到这个城市，更能因此而获得安全感。如果迎宾人员迟到了，客人会立即陷于失望和焦虑不安之中。不论事后怎样解释，都很难改变客人对其失职的印象。所以，一定要在班机（车）到达前15分钟赶到。

②如果是事先有约的远方来客，应主动到车站、码头或机场迎接。如果与客人素未谋面，一定要事先了解一下其外貌特征，同时应持一块上面写有欢迎该来宾字样的牌子。这样既便于在拥挤的人群中接到客人，又能给客人以良好的最初印象。客人一到，迎宾者要立即上前握手，并致辞欢迎，如"您好！欢迎光临""您路上辛苦了"等。

③如果来宾是首次来访，互不相识，这时要互作介绍。迎宾者应主动"自报家门"。一般是由迎宾一方的接待人员将迎宾人员的姓名、职务介绍给来宾。也可由迎宾人员中身份最高者作介绍。如果还有主迎人员在来宾下榻处等候，要事先向来宾说明，以使来宾有所准备。介绍完毕，接待人

员应随手把客人提的行李接过来。但客人喜欢自提的东西不必代取，因为里面可能有证件等。

（三）交代日程安排

①要将客人下榻处的情况及生活环境向客人作简要说明，询问客人有无特别要求，使客人产生安定感。

②来宾抵达下榻处后，应把客人引进安排好的客房。如果客人多，应先请到客厅休息，再与客人中负责生活的人联系，由其协助分配房间和办理必要的登记手续。客人住下后，应把就餐地点、时间告诉客人。重要客人应有专人送（陪）客人到餐厅就餐。

③客人一到当地最关心的就是日程的安排，所以，应该事先把活动计划安排好，如请来讲学的首先把讲学时间落实，出席会议的应将会议进程安排好。客人一来，就应将日程表送到其手上，让其可以据此安排自己的私人活动。根据活动安排，客人还将与哪些人会面或合作也应简略介绍。

④客人对住宿的宾馆都应事先了解，对于宾馆的服务情况应了如指掌。诸如，餐厅何时开饭、供应办法如何、有何娱乐设施、有无洗衣服务等。向客人作些口头介绍会比他查看资料更有亲切感。为了帮助客人尽快熟悉这个城市，还可以准备一些有关这方面的出版物给客人阅读，如本地报纸、杂志、旅游指南等。

⑤考虑到客人旅途劳顿，到达住宿地后，迎接的人不必久留，应让客人及时休息，消除疲劳，不要忘了询问客人的健康情况。分手前一定要说好下一次见面的时间与地点，并告知客人与你联系的方式。

（四）与客人交谈的话题

陪同客人乘车从车站或机场到下榻处的途中，不要一言不发，应主动与客人交谈，以下话题容易引起客人兴趣：

①客人来参与的活动的有关背景资料、筹备情况、有关的建议等；

②当地风土人情、气候、物产等；

③富有特色的旅游景点；

④近来发生于本市的大事；

⑤本市知名人士情况；

⑥当地物价等。

三、送行宾客的礼仪

送行礼仪是商务礼仪的重要组成部分。让客人高兴地来，愉快地走，保证迎送活动"善始善终"，"送客"这个最后环节绝不可忽视。送客礼仪，主要有以下细节需要注意。

（一）送别流程

1. 确定送别规格

送别和接待礼仪要一致，根据宾客的身份、地位、来访性质、目的等决定送别的规格。

2. 安排送别车辆

了解宾客的返程时间和票种，安排好送别的人员和车辆。

3. 送别礼物

准备有纪念意义的礼物送给客人，有利于情感沟通，也能体现东道主的热情好客。赠送礼物要价廉物美，过于昂贵的礼品，一有行贿的嫌疑，二会使受礼者心中不安，俗话说"无功不受禄"。一般选择当地特产作礼品为佳，但要慎重选择、区分对象，以免引起对方误解。

4. 为宾客送行

应使对方感到自己的热情、诚恳、有礼貌和有修养。根据返程时间，安排人员将宾客送至车站、机场，帮助宾客取票或者办理登机手续等，安置好行李。临别之前，可关照一下客人不要遗漏了自己携带的物品，目送客人离开。

（二）送别方式

1. 话别

话别的时间一般选择在宾客离开的前一天，主方专程去宾客下榻处表示惜别之情，以及欢迎再次光临。应注意话别时间不宜过长，否则影响宾客休息。

2. 道别

道别由宾客提出。当宾客提出告辞时，主方应稍作挽留，不要立即送客。如果对方执意要走，就不宜再挽留了。

3. 饯行

饯行是对于宾客的一种送别礼仪。往往在宾客离别之前，作为东道主为其举办送别宴。这种送别方式会让对方觉得自己受到重视，有利于增进彼此间的感情，便于日后合作。

4. 送行

这是规格最高、最隆重的送别礼仪，主要是针对来自外地的重要宾客、重要的合作伙伴、关系密切的协作单位负责人等。

（三）送别礼仪禁忌

1. 饯行不可铺张浪费

饯行目的是加深感情，不必规模太大，铺张浪费违背社会良好的风气，反而让宾客不自在。

2. 把握好送行的时间

送行一定要注意时间，千万别耽误了宾客返程，最好提前半小时将宾客送至车站或机场。

技能点二　接待礼仪

在商务接待中，工作人员要照顾好每一位客人，给他们留下良好的印象。无论接待的是新客户还是老客户，都要热情友善。在接待过程中，接待人员的一举一动不仅反映个人素养，同时代表组织的形象，直接影响商务交往能否顺利进行。因此，要掌握好商务接待礼仪，做好接待的准备工作。

一、商务接待准备

①策划好接待方案，以便接待工作能够顺利展开。

②按照接待方案展开接待工作，以实现客户目的和公司目的为原则，做好各项接待活动，使活动的各个环节紧密相连，有序不乱。

③注意细节，模拟一些可能发生的情况，然后做出可行性的调整方案，以备在接待工作中遇到突发情况能快速应对。

二、商务接待原则

（一）身份对等

在商务接待中，身份对等是一项基本原则，也是必须遵守的原则，因为它体现了对宾客最基本的尊重。所谓"身份对等"，即接待方要根据来访客户的身份、来访目的和双方关系，安排接待人员及接待规模。例如，对方来的是地区经理，就应由主方与其身份相当的领导来当主要接待人员，而不能是普通职员。

（二）礼宾顺序

在多边的商务活动中还需要注意礼宾顺序，主要是位次与顺序的排列。

1. 根据身份和职务进行排序

比如，公司新品展销会上，前来参会的代理商代表的职位分别是部门经理、区域经理、普通员工，那么在礼宾顺序的安排上，就可以按照区域经理、部门经理、普通员工的顺序进行安排。

2. 根据姓氏笔画排序

比如接待的多位宾客职位、身份是平级的，就可以按照姓氏笔画的多少来排序。

3. 根据到场先后排序

除上述两种礼宾顺序外，也可按宾客到场的先后次序进行安排。

三、日常接待礼仪

公司里的接待工作看似简单，但接待人员的言谈举止直接体现着该企业的管理水平、服务水平，千万不能忽视接待礼仪。

（一）"来者皆是客"

对每一位到来的拜访者，接待人员都应微笑相迎。尤其是前台接待人员，一定要起立欢迎，并礼貌地问明来者的身份和来意（图4-1-1）。在获得对方的身份之后，不妨口头加以重复一次，一方面使对方有自豪感和满足感，另一方面可以帮助自己记住对方的身份信息。

图 4-1-1

（二）引领到位

对有预约的客人，引领到接待室等待；或者经受访者同意，直接引领至受访者办公室，并为客人倒好茶水再离开，临走时应向客人致意。

（三）引导礼仪

1. 引领手势

在引领客人的过程中，引领手势是经常会用到的，在礼仪规范中，对引领手势的要求是：手指并拢，手心向上，指尖指向所要前行的方向，待客人明白前行的路线后，再前行。行走时应走在客人左前方二三步，微微面向客人（图4-1-2）。

经常用的引领手势有以下几种。

①横摆式（小请）：一只手五指伸直并拢，与地面呈45度角，另一只手自然下垂；双脚呈丁字步。这种手势通常用于"请进"时（图4-1-3）。

图4-1-2

动作：手从体前向右横摆到与腰同高，眼睛看向手指方向。

②斜摆式（中请）：主要用于"请坐"时，手指指向落座的方位（图4-1-4）。

图4-1-3

图4-1-4

动作：一只手向前抬起，再以肘关节为轴，前臂向右下，到与大腿中部齐高，上身前倾，目光兼顾客人和椅子。

③直臂式（大请）：主要用于为对方指引方向，如"请往前走""请您这边走"（图4-1-5）。

动作：手臂伸直与肩同高，掌心向上，与地面呈45度角，朝指示的方向伸出前臂。

④双臂式（多请）：主要用于为多人做"请"的手势（图4-1-6）。

图 4-1-5

图 4-1-6

动作：双手从身体前，向两侧抬起，再以肘关节为轴，与胸同高，上身略微前倾。

2. 常用的引领礼仪

①楼梯引领礼仪。上楼梯时，要回头以手示意，说"请这边走"。上楼时，让客人走在前，自己走在后；下楼时，自己走在前，客人走在后（图4-1-7）。

②电梯引领礼仪。乘坐电梯，如电梯内有电梯员，请客人先进（图4-1-8）；如无电梯员，接待人员先进，

图 4-1-7

再请客人进（图4-1-9）。无论哪种情况，出电梯时，都应客人先出（图4-1-10）。

图4-1-8　　　　　　图4-1-9　　　　　　图4-1-10

③走廊引领礼仪。走在客人左侧两三步之前，让客人走在内侧。

④开门礼仪。到达接待室或领导办公室，对客人说"这里就是"。首先要先敲门。门如果是向外开的，要主动拉开门，请客人先进；向里开的，则自己先进去，按住门，再请客人进入（图4-1-11）。

（四）为双方介绍

客人与本公司人员见面时，接待人员要为双方进行介绍。本着"尊重优先了解情况"的原则，先将本公司人员介绍给客人，再将客人介绍给本公司人员（图4-1-12）。

图4-1-11　　　　　　　　　　图4-1-12

（五）特殊情况要说明

对没有预约的客人，应该与相关人员取得联系，如果对方不便接待，接待人员应该有礼貌地向客人说明缘由，不可对客人态度冷漠，也不可将客人"晾晒"在一边。

（六）待茶礼仪

接待客人时，绿茶、红茶、咖啡、热水或矿泉水，都要准备好。按照中国传统的习俗，一般以茶待客。茶礼是一项重要的礼节。茶具应该是瓷杯，不仅不会烫手，而且显得正规。有的公司接待客人时使用一次性纸杯，虽说用后不用清洗，感觉很是方便，但是从礼仪的角度来讲，并不符合规范，而且不环保。

泡茶应注意浓淡相宜。冲泡茶时首先要清洁茶具，多杯茶时应一字排开来回冲。敬茶时应双手捧上，放在客人的右手上方，尊长者先敬（图4-1-13）。上茶时应站在客人右边掺茶，掺茶第一遍可以只冲约三分之一杯水，第二遍再掺成约五分之四杯水，即八成满。

图 4-1-13

（七）礼貌送客

送客时，主动为客人开门。把客人送到电梯口或公司门口即可（图4-1-14）。

技能点三　公司拜访礼仪

公司拜访是指前往他人的工作单位会晤、探望对方，是一种双向性的活动。

一、拜访前的准备

（一）拜访客户要预约

要与对方"有约在先"，不做"不速

图 4-1-14

之客"。明确拜访的时间、地点，最好具体到哪座楼、哪一层。

（二）准备好拜访所需物品

如果是商务拜访，一定要准备好拜访时用到的材料。名片是"第二张脸"，一定要带上。另外，笔、合同、材料、产品等也要有所准备。

（三）着装非常重要

为了表示尊重对方，也更好地展现自我形象，拜访时要注重仪表端庄，服饰得体。

（四）拜访不迟到

一旦与对方预约好拜访时间，不要轻易改变时间或失约。关于"守时"，在不同的国家有不同的"标准"。在我国，原则上是提前几分钟到达。

二、进入公司前

（一）再次检查自己的仪容仪表

进入对方公司前，一定要再次检查一下自己的仪容仪表。尤其是在夏季，更要注意头发的整齐、妆容的整洁及身体的气味。

（二）手机须调到震动或静音

很多人容易忽略这一点。假设双方正在商讨一项重要的合作事宜，电话却突然响个不停，很容易打断与对方交流的思路。

（三）再次查看资料是否齐全

特别是名片，要放在容易拿取的地方，以免需要时找不到。

三、进入公司后

进入对方公司后，拜访者应做到如下四方面。

①对方公司的接待人员接待时，拜访者要表示感谢。

②被引领到接待室时，不能像在自己办公室一样随意。坐姿要规范，公文包放在自己的身边或脚边，外套放在合适的位置，接待人员递送茶水时，表示谢意。

③如果没有接待人员带领，进入受访人办公室时，一定要轻叩房门，得到应允，方可进入。

④见到受访人，主动问候，递上自己的名片，说明来意。一定要等对方伸出手，有握手之意，才可与其握手。

四、拜访结束

（一）主动结束交谈

拜访人应主动结束交谈，可以用一些动作示意即将结束此次拜访。比如，可以把文件轻轻合上，慢慢起身，伸手与受访者相握（图4-1-15）。

图 4-1-15

（二）请对方留步

一般受访者都会送客至办公室门口或办公区门口、电梯口，拜访者应请对方留步。

【礼仪训练】

训练一：迎接宾客

要点：

1. 迎接准备工作

2. 候客与介绍

①接客至少提前 15 分钟到达。

②若不熟悉来宾，可持写有"欢迎来宾"字样的牌子。

③首次来访，要互作介绍。

3. 交代日程安排

①要将客人下榻处的情况及生活环境向客人作简要说明。

②来宾抵达下榻处后，应把客人引进安排好的客房。

③事先把活动计划安排好，将日程表送到客人手上。

④客人对住宿的旅馆都应事先了解。

⑤客人旅途劳顿，到达住宿地后，迎接人员不必久留。

4. 与客人交谈的话题

①客人来参与的活动的有关背景资料、筹备情况、有关的建议等；

②当地风土人情、气候、物产等；

③富有特色的旅游景点；

④近来发生于本市的大事；

⑤本市知名人士情况；

⑥当地物价等。

训练二：接待礼仪训练

要点：

1. 热情接待

2. 善于倾听

3. 尽可能不接电话

4. 有效化解尴尬

训练三：送客礼仪训练

要点：

1. 送别流程

①确定送别规格。

②安排送别车辆。

③准备送别礼物。

④为宾客送行。

2. 送别方式

①话别。

②道别。

③饯行。

④送行。

3. 送别礼仪禁忌

①饯行不可铺张浪费。

②把握好送行的时间。

训练四：拜访礼仪训练

要点：

1. 如期而至

2. 衣冠整洁

3. 适时告辞

模块二　电话礼仪

◇开篇有"礼"◇

几年前，重庆一家私营文具公司要求员工注意通过电话塑造公司的形象，效果就很好。一次，一个记者因拨错号码，将电话打到该公司，记者竟不知不觉地被接电话人的礼貌和热情所感动，与对方交谈了十多分钟，因而该公司给这位记者留下了很深的印象。后来，这个记者无意中路过该公司，忍不住进去拜访了一下，发现其员工素质果然不俗。这使记者深受感动和启发，回去后马上写了篇报道。报道发表后，这家私营文具公司的知名度和美誉度大大提高，生意越做越红火。

（人际关系与沟通：电话沟通［EB/OL］.［2018-01-21］.http//：www.doc88.com/p-1893932557954.html.）

我们很难从一个打电话时啰里啰唆、满嘴粗话的听觉形象中去相信其所在的公司是一个有良好风范和实力强大的公司；与此相反，如果我们听到的是一个说话严谨、谈吐不俗、讲究礼貌和充满热情的电话形象，我们恐怕也很难怀疑对方所在组织的素质和实力。

随着我国通讯业的不断发展，电话已成为现代交往的一个重要工具和手段。作为职场人士，要想在职场中得到更好的发展，建立更好的人际关系，掌握电话礼仪、塑造良好的电话形象非常有必要。

技能点一　电话形象

日本的松下电器商学院非常注重训练学员打电话、接电话。例如，学院规定打电话时必须正襟危坐、聚精会神，不许吃东西，不许吸烟。听到电话铃响，立即去接，要求声音清晰、态度和蔼地说出自己公司的名称和所属部、科，并准确地记下电话内容，交由主管人处理；打电话时，内容力求简明扼要，拨通电话后，马上报出公司名称和所属部、科及自己的姓名，在作简单的问候后，把要求和希望简要告诉对方，说话时语言要委婉诚恳等。

一、什么是电话形象

在现代社会，一个人往往有多种形象。除自然形象之外，还有照片形象、电话形象等。"电话形象"是指人们在使用电话时，留给通话对象以及其他在场者的总体印象。一般来说，它是由使用电话时的态度、表情、语言、内容及时间等各个方面组合而成的。随着电话这一传媒的广泛发展，许多人因为工作需要，经常通过电话沟通，成为电话上的"老朋友"，却"见面不相识"。正因为如此，我们在打电话时，必须格外重视自己的"电话形象"（图4-2-1）。

图 4-2-1

二、电话形象的特点

电话交谈与面对面交谈相比，其最大的特点是互相不能见面，人们通过声音去了解谈话的内容、谈话人的意图等，同时去推测、猜想说话人的情绪、表情和心境。对于打电话的两个陌生人来说，还要凭声音去猜测对方的身高、长相等外貌特征。因此，一个人说话声音的大小、语速的快慢、语气语调及其所使用的语言都反映着一个人是否有着良好的素养和气质。

三、塑造电话形象的意义

注意电话形象，不仅是表现自己风度、自我修养的需要，也是塑造所代表的社会组织的良好形象的需要。电话是现代社会组织对外展现自己形象的窗口，在社会组织赢得公众美誉方面发挥着独到的作用。打电话看似简单，实际上是一门艺术，需要不断地反复练习和学习。同时还要懂得必要的礼仪，这样才能给对方一个良好的印象，才能维护所在公司的形象。

技能点二　通话礼仪

一、一般通话常识

（一）时间选择

电话时间选择主要包括选择打电话的时间和电话交谈所持续的时间。除紧急要事外，一般不宜在早上七点钟以前、三餐饭时及晚上十点钟以后打电话。同时，还应注意各个国家和地区的时差，以便选择最佳时间进行电话联系。电话交谈所持续的时间，以 3~5 分钟为宜。如果时间需 5 分钟以上的，那么，就应首先说出自己要办的事或大意，并征询对方是否方便。如果对方此时工作太忙或开会，就请对方另约时间联系。当然，如果因有事需立即打电话，自然顾不了时间的问题，接电话的人了解情况后也不会责怪。但是，在一般情况下，打电话之前，应该先为对方考虑。

（二）文明用语

由于语言是电话交谈的唯一信息载体，而电话通讯礼仪主要是指语言交往礼仪，因此应特别注意语言的文明。

电话语言一般以"您好"开头，以"再见"结尾。打电话时，电话接通即报上自己的姓名或单位，切忌用"你是谁？叫某某接电话！"等不礼貌的语言。

接电话者根据不同情况使用下列文明用语，如"您好，请讲""请稍等""对不起，他刚走开，请问有什么事可转达？""对不起，某某不在，您需要留言吗？"等。切忌用"喂，你找谁？你是哪里的？""不知道！""等一会儿！"等不规范用语。

如果打电话拨错了号码，则应道歉后再放下电话筒。受扰者应体谅地说"没关系"或"不要紧"。

一般来说，结束谈话，致告别语是由打电话一方提出来的。如果对方是长辈、上级、外宾或女性，应听到对方放下话筒后才挂电话。这只需花费极短的时间，却能给人留下极好的印象。

【礼仪链接】

下面是一个秘书的接听电话用语。

秘书："下午好，这里是总裁办公室，很高兴为您服务，请讲。"

客户:"您好,麻烦您转一下王家荣王总。"

秘书:"先生您好,很高兴为您服务,我姓李,请问该怎么称呼您?"

客户:"我姓张。"

秘书:"张先生您好,请您稍等,我马上为您转王总。"

客户:"好的,谢谢。"

秘书:"张先生,非常抱歉,王总的电话现在没有应答,张先生,需要我帮您向王总留言吗?"

客户:"好的,你告诉他就说张力来过电话了。"

秘书:"好的张先生,需要我记录一下您的电话号码吗?"

客户:"他知道的,你说张力就可以了。"

秘书:"好的张先生,我已经记录下来了,我一定会尽快转告王总,张力张先生给他来过电话了。张先生,您还有其他的吩咐吗?"

客户:"没有了,谢谢你。"

秘书:"不客气,张先生,祝您下午愉快!张先生,再见。"

客户:"谢谢。再见。"

(三) 声音控制

这里指音量、语气语调及情绪控制。当接电话时,对方看不见你的相貌,因此声音决定了你的一切。有些人养成了打电话大喊大叫的习惯,一拿起话筒就像是在和谁吵架,这样既不文雅,又不礼貌。一般话机离嘴唇约 2.5cm,所以说话音量适中即可。语气语调也能体现细致微妙的情感。如语调过高、语气过重,往往会使对方感到尖刻、生硬;语气太轻、语调太低,会使对方感到无精打采、有气无力;语调过长又显得懒散拖拉;语调过短又显得不负责任。应当用最自然的声音、最自然的情绪与音调来打电话,让自己的情绪表现在声音上,再加上"谢谢您""请""对不起"等文明用语,那别人一定非常喜欢听到你的声音。切忌让急躁、烦恼的情绪影响语言以使对方感到不舒服。

二、接听电话礼仪

(一) 接听要及时

电话铃一响,如无特别要紧的事情,都应及时接听(图4-2-2)。这样做,一是可以节省对方的时间,表达对对方的尊敬;二是让对方明白是否拨错了电话。一般来讲,电话在响三声之前就应该接起,如果响了五声才接，应该在第一时间向对方道歉，比如说"对不起，让你久等了"。在国外一些公司里，老板对员工十分严格，如果发现有人在铃响三声还不接电话，就"炒他们的鱿鱼"。假如当事人有十分要紧的事情脱不开身，或一时没在电话机旁，代接人一定要客气地向对方说明理由，请对方谅解。

图 4-2-2

（二）保持正确的接听姿势

①电话响起时，应该用左手拿起话筒，右手做好记录的准备（图4-2-3）。

②话筒和嘴巴之间保持 4cm 左右的距离，耳朵贴近听筒。

③保持微笑，因为对方可以感受到。

④如果正在吃东西、吸烟、嚼口香糖等，马上停止。如果万不得已，应当向对方说明："对不起，请等一会儿，我要处理一件急事，"并以最快速度处理好。

图 4-2-3

⑤结束通话后，要轻轻把话筒放好（图4-2-4）。

（三）注意说话的方式

一个人电话形象的好与坏，很大程度上取决于说话方式的正确与否。

①语调、语速、音量适中。

②要有停顿。

③保持热情。

图 4-2-4

（四）养成随手记录的习惯

由于公务电话内容常是一些重要通知、情报、信息等，需要及时处理、决策、采取措施，一旦因接电话人没有记录而遗忘，就可能造成难以估量的损失。因此，接电话人要准备好专用的电话记录簿，养成记录电话的良好习惯。记录完毕后，应将主要内容向对方复述一遍，使之准确无误。通常，办公室电话记录还应包括来话人姓名、单位、电话号码、来话时间等内容。

（五）注意接听电话的场合

有些场合是不应该接听电话的，如在会议期间、谈判桌上、领导办公室，以及加油站、医院、飞机舱、电影院等公共场所，接听电话是一种欠缺修养的行为，不仅影响他人，还存在安全隐患。

三、拨打电话的礼仪

（一）择时通话

把握好通话时机和时长，既尊重了对方，也可提高沟通的成功率。

①不要在通常休息的时间打电话，如早七点之前、晚十点之后、午休时间等。

②与身处国外的人通话，要注意时差。

③长话短说，挑主要的说，不说废话，切忌啰唆。打电话时间过长，浪费彼此时间，也影响他人拨打电话。这一点，在使用办公室固定电话时尤其要注意。

（二）精练通话

①主题明确，不偏离主题。简短的问候语之后，尽可能直奔主题，不必花太多时间去说客套话。

②思路清晰，可事先准备。

（三）有礼通话

1. 语言有礼

使用礼貌用语，不说脏话。如接通电话第一时间说"您好"，并自报家门。如有的人，不等对方问话就问"某某吗？我是某某，麻烦你请某某某听电话。"一开口就支使他人，这是不礼貌的。如果接电话的就是你要找的人，听到你自报姓名，就可以尽快地进入正常的对话。结束通话时说"再见"。需要转接，表示感谢；拨错电话，表示歉意。

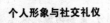

2. 态度有礼

不卑不亢，有礼有节。不摆架子，也不低声下气。打电话时，若要找的人不在，对方问你是否留言，千万不要说一声"算了"就挂断。最好的办法是留下姓名和电话号码给对方。

3. 举止有礼

不边吃东西边打电话，不躺着或斜歪着身子打电话。虽然对方看不到电话另一端的你，但是你的声音、语气可以将这些信息传递给对方。爱护电话机，轻取轻放。

【小测试】电话形象评估

以下 10 道题，你认为做法正确的在括号中打"√"，你认为做法不正确的，在括号中打"×"。

①电话响过四五声再从容地接起来。（　　）

②如果不是本部门的电话，就没必要理，免得耽误正常的工作。（　　）

③如果是其他同事的业务电话，要立即大声喊他来接。（　　）

④手头工作实在太忙的时候，可以不接电话或是直接把电话线拔掉。（　　）

⑤如果两部电话同时响起，只能接一部，另一部不用管。（　　）

⑥快下班的时候，为了能更好地解答客户咨询，让客户改天再打电话来。（　　）

⑦接客户电话的时候，要注意严格控制时间长度，牢记"三分钟"原则。（　　）

⑧如果电话意外中断了，即使知道对方是谁也不应该主动打过去，而是等对方打过来。（　　）

⑨接到打错的电话，不用理会，马上挂掉，不能耽误工作时间。（　　）

⑩在和客户谈事的时候，如果手机响了，应该避开客户到其他地方接听。（　　）

说明：以上十道题的答案，全是"×"。如果有两道以上的题答错了，说明到了要注意自己电话形象的时候了。如果错了 4 个以上，你的电话形象已经到了影响企业形象、公司业务的程度，改变已经刻不容缓了。

【案例分析】

经过洽谈，甲公司与乙公司初步达成协议。客人告别时，看见主人把自己的名片随意压在茶杯底下，而且主人没有把客人送到楼下，而是说了句："慢走，不送!"客人刚出门，主人就"嘭"地把门关上。第二天，甲公司接到对方电话，他们已经与另一家公司签约。

思考：为什么乙公司没有与甲公司签约？

【礼仪训练】

训练一：接听电话礼仪训练

要点：

1. 接听要及时

电话在响三声之前就应该接起，如果响了五声才接，应该在第一时间向对方道歉。

2. 保持正确的接听姿势

①电话响起时，应该用左手拿起话筒，右手做好记录的准备。

②话筒和嘴巴之间保持 4cm 左右的距离，耳朵贴近听筒。

③保持微笑，因为对方可以感受到。

④如果正在吃东西、吸烟、嚼口香糖等，马上停止。

⑤通话结束，要轻轻把话筒放好。

3. 注意说话的方式

①语调、语速、音量适中。

②要有停顿。

③保持热情。

4. 养成随手记录的习惯

要随手记录通话中获知的重要信息。

5. 注意接听电话的场合

在有些场合应避免接听电话。

训练二：拨打电话礼仪训练

要点：

1. 通话前的准备

①打电话前的准备要求：备好电话号码、想好通话内容、慎选通话时间、挑准通话地点。

②接听电话的准备要求：确保畅通、专人值守、预备记录本。

2. 通话初始

①问候。

②自我介绍。

③双方确认。

3. 通话中

①内容紧凑。

②主次分明。

③重复重点。

④积极呼应。

4. 通话结束

①再次重复重点。

②暗示通话结束。

③感谢对方帮助。

④代向他人问好。

⑤互相道别。

⑥话筒轻放。

5. 代接电话

①当对方要找的人就在附近时，要告知对方"请稍候"，立即去找。不要大声喊人，不要让对方久等。

②当对方要找的人外出时，应告知对方，并询问"请问您是哪位？是否有事需要转达？您愿不愿意留下姓名和电话？"如对方有事需要转达，应认真记录下来，并尽快予以转达。

③当对方要找的人不便接听时，可请对方稍后再打，如"某某正在接电话或某某正在开会，请您稍后再打过来，或者我帮您转达一下好吗？"

6. 做好电话记录

①大致内容：来电时间、通话地点、来电人情况、电话主要内容及处理方式。

②精心保管电话记录。

③涉及行业秘密的电话记录要保密。

④电话记录后，有关人员应及时对其处理。

模块三　演讲礼仪

◇开篇有"礼"◇

一次失败的演讲经历

那次演讲比赛失败的窘迫与羞辱，小王一辈子也忘不了。

虽然他把演讲稿背得滚瓜烂熟，但比赛那天他心里仍十分忐忑，心想：要是万一忘了词或出了其他洋相可怎么办呀，那岂不是颜面尽失？

但箭在弦上，不得不发。主持人报出他的名字后，他离座上台。瞬时感觉两条腿走起路来软绵绵的；无数眼睛望着他，如芒刺在背。这是他第一次在这么多人的场合上台，感觉心跳骤然加快，呼吸也快了起来。

"亲爱的同学们——"他开口的第一句话在寂静的场合响开。他的声音很小，通过麦克风传出去，再进入他的耳朵，连他也感觉陌生，怎么不像自己的声音了呢？此时，他的心跳得厉害，手心出汗，无论如何也平静不下来，心虚得很。身子轻起来，他不敢面对听众的眼睛。本想深呼吸一下平定自己的紧张情绪，可却半天说不出话来。又想讲一个笑话来缓和气氛，但是听众却没有笑，只是看着他。他感到自己就像个小丑，硬着头皮背讲稿，干巴巴的自己都觉得没劲，只想尽早背完下台了事。更让人难堪的是，背到中间时，原来那么熟悉的讲稿竟然一下子记不起来了，头脑里一片空白，重复了好几遍上句话，就是接不下去，台下开始出现窃笑声，开始议论……他终于中途退场，红着脸走下了演讲台……

（张秋筠．商务沟通技巧［M］．北京：对外经济贸易大学出版社，2010：144．）

现代社会的文明和进步，人际交往的频繁和扩大，给口才与演讲艺术提供了越来越广阔的天地和舞台；并使之成为衡量现代人基本素质的重要依据和标准。每一行业、每一领域，小到个人对话交流，大到商务谈判，乃至国家、民族形象的塑造，无不体现着口才和演讲的作用及其意义。这一艺术已渗透进我们日常生活和工作的各个环节。无怪有人断言：口才，现代人成功的必备条件之一。

技能点一　演讲与口才

一、演讲的传达手段

任何一种蕴含艺术性的活动，都有其独特的物质传达手段，形成自己特殊的规律，揭示着自身活动的本质特点。演讲活动自然也不例外。演讲者要想发表自己的意见，陈述自己的观点和主张，从而达到影响、说服、感染他人的目的，就必须通过与其内容相一致的传达手段。作为演讲的传达手段主要有：有声语言、态势语言和主体形象。

（一）有声语言

有声语言是演讲活动最主要的物质表达手段，是信息传达的主要载体。它是由语言和声音两种要素构成的。它以流动的声音运载思想和情感，直接诉诸听众的听觉器官，产生效应。

有声语言的要求是吐字清楚、准确，声音清亮、圆润、甜美，语气、语调、节奏富于变化，要注意形式美和声音美。它具有时间艺术的某些特点，是听众听觉的接受对象和欣赏对象。

（二）态势语言

态势语言就是演讲者的姿态、动作、手势、表情等，它是流动着的形体动作、辅助有声语言运载思想和感情，诉诸听众的视觉器官，产生效应。由于它是流动的，只存在于一瞬间，稍纵即逝，这就要求它准确、鲜明、自然、和谐和轻灵，要有表现力和说服力。这样，才能让它具备"能感受形式美的眼睛"的听众在心理上唤起美感，并使之得到启示。它具有空间艺术的某些特点，是听众视觉的接受对象和欣赏对象。然而，态势语言虽然能加强有声语言的感染力和表现力，弥补有声语言的不足，但如果离开了有声语言，它就难以直接地、独立地表达思想感情。

（三）主体形象

演讲者是以其自身出现在听众面前进行演讲的。这样，就必然以整体形象（包括体型、容貌、衣冠、发型、举止神态等）直接诉诸听众的视觉器官。而整个主体形象的美与丑、好与差，在一般情况下，不仅直接影响着演讲者思想感情的传达，而且也直接影响着听众的心理情绪和感官感受。这要求演讲者在自然美的基础上，还要有一定的装饰美，这装饰美是以演讲者本人为依托的现实装饰美，它绝不同于舞台艺术的性格化和艺术化的装饰美。如人们熟悉的表演艺术家李默然同志，他一登上艺术舞台，总要根据他所扮演的角色进行性格化和艺术化的装饰。然而当他作为演讲家登台演讲的时候，他只要将自身的穿着略加装饰一下就可以了。这就要求演讲者在符合演讲思想感情的前提下，注意装饰的朴素、自然、轻便、得体，注意举止、神态、风度的潇洒、大方、优雅，只有这样，才有利于思想感情的传达，有利于取得演讲的良好效果。

二、演讲的定义

演讲有五个构成要素，即演讲者、听众、内容、载体（有声语言，态势语言）、时境。对这五个要素进行分别考察，对于演讲定义的界定，或许有帮助。

第一，演讲者是演讲活动的主体，是以一个社会活动成员的身份出现在听众面前（区别与演员），他所表现的是自我，即演讲者的立场、主张、态度、情感（喜、怒、哀、乐）。演讲一般不可超越演讲者自身的经历、学识、品格、体验。其不同于演员进行的角色表演。

第二，听众是演讲活动的客体，演讲听众是特定的对象。演讲者的每一次演讲都有特定的听众群体，即特定的职业、年龄范围、文化层次、社会经历等。特定的群众有着特定的需求，或解惑释疑，或求新信息，或感受审美愉悦。这些需求，往往是相互交融的，因此，演讲的听众不同于平日听话者；也不同于报告、讲话的听众；更不同于观赏艺术表演的观众。

第三，演讲的话题直接来自现实社会生活，它的内容是与听众直接关联的，是听众关心的或者是亟待解决的问题。

第四，演讲作为一种交流活动，它必然要有传达手段，要有载体，这种载体作为纽带把主客连接起来，这就是有声语言和态势语言，它有着很强的技巧性与艺术性。在某种程度上来讲，它直接决定着演讲的成败，这一点，后面有专门章节阐述。

第五，演讲的时境是指演讲的时间与环境。演讲是在特定的时间与环境下完成的，而且演讲者与听众是同处一个时境中。演讲的内容要切合这一时空要求，这样才能使演讲顺利完成。

综上所述，演讲是演讲者在特定的时境中，运用有声语言，借助态势语言，针对某一问题或围绕一个中心，对听众发表意见、抒发情感，从而影响和感召听众的一种现实信息交流活动。

三、演讲的特征

（一）时代性

演讲活动属于现实活动的范畴，不属于艺术活动范畴，它是演讲家通过对社会现实的判断和评价直接向广大听众公开陈述自己主张和看法的一种现实活动。

（二）艺术性

当代的艺术观认为，现代艺术应有两大艺术系统，一是欣赏艺术系统，二是实用艺术系统。

演讲固然是实用性或应用性很强的现实活动，同时演讲也是一门艺术，也就是平日所说的演讲艺术。说演讲是现实活动而不是艺术活动，是就其社会性质而言的；说演讲也是一种艺术，是指它现实活动的艺术。演讲是艺术，是通过有声语言和态势语言的手段所显示出来的艺术，或者叫言态表达艺术。

（三）鼓动性

鼓动性，应该说是演讲的又一特征。作为一次成功的演讲，是离不开鼓动性的。或者说，没有了鼓动性，也就不成其为演讲了。

（四）工具性

演讲是人们交流思想的工具。任何思想、学识、发明与创造，都可以借助演讲这个工具来传播。可以说，演讲是最经济、最实用、最方便的传播工具，任何人都可以利用它。

四、演讲的作用

（一）现实作用

作为参与演讲的个体来说，通过演讲，能够广泛地与他人交谈、沟通，充分地表现人与人之间的爱护、关怀、温暖、信任、友谊、爱情，充分地展现自己的感情、思想、愿望、志趣、意志、能力等人格特点，使自身的才华价值得到他人及社会的承认、赞赏，从而在社会和团体中确立自己的地位，获得荣誉，实现自我目标。从这个意义上讲，演讲者满足了社交的需要、自尊的需要、自我实现的需要，这对于人的全面发展无疑具有重要意义。

（二）认识作用

演讲促使个体认识的目标有四个。

1. 认识自我

把握自己的智力、个性特征、志趣等。

2. 认识他人

通过演讲认识他人的心理状态、行为动机及意向，并依此作出推测和判断。

3. 认识社会

了解社会现状及存在的问题，明确社会发展的方向，承担起社会改造的重任。

4. 认识真理

演讲不仅要阐发个人的思想观点，更重要的是宣传真理。在演讲实践中，经常遇到真理与谬误的比较。辨别是非的过程也是真理深化认识的过程。

（三）交往作用

社会生活中的人们，彼此间需要传达思想、交换意见、联络感情，演讲就是通过语言表达满足人们交往的一种形式。通过这种交往，能够增进人与人之间的了解和团结，增进人的心理健康，提高工作效率。一个出色的演讲者，往往能运用演讲手段，恰如其分地与他人建立起亲密联系。

（四）激励作用

激励作用是指在个体心理活动中，可以通过演讲这种活动去调动和保持人的积极性。演讲通过对人的动机的心理激发，唤起人对工作、学习、事业的高度责任感，激起人的主动性和创造性。

（五）教育作用

一个好的演讲，本身携带着大量知识文化信息，通过演讲，演讲者可以得到自我教育，听众可以从中受到熏染，接受信息并内化为自己的行动。

（六）审美作用

演讲活动是演讲者与听众对事物美丑属性直接感知、情感体验，激起美感的活动，是感知、感情、理解、想象等心理功能互相渗透、共同协作的活动。演讲中体现的美感，主要有以下几个方面。

1. 形式美

演讲形式不拘一格，不落俗套，种类众多，雅俗共赏，富于表现力。

2. 语言美

演讲语言善于应用修辞方法，既有对大自然的讴歌，也有对人的赞美；既有对社会时弊的揭露，也有对美好未来的憧憬，生动形象，富于感染力。

3. 朴实美

演讲无论从内容到形式，都要求真切挚诚，不装腔作势，演讲者的感情流露完全发自内心，能为众人所共鸣。

4. 哲理美

演讲注重思辨，蕴含丰富的哲理，为人们展示无限思索的景观。

5. 艺术美

演讲运用多种艺术手法和表现技巧，在时间上产生永恒的艺术魅力。

6. 意境美

演讲宣传真理，主持正义，把这种强烈的思想倾向、爱憎情感，通过寓理于事、寓理于乐的方式，深入浅出地表达出来，产生余味无穷的效果。

五、演讲与口才的关系

口才，就是运用有声语言进行表达，但这种表达都是高层次的表达。口才，顾名思义，就是说话过程中所体现出来的个人才能。才，是指构建个人人格与智慧的各种储备，包括文化知识、社会知识、思想品德、理论修养、性格气质、兴趣爱好，等等，这是内在的。能，是指运用和发挥各种内在储备的能力，包括思维能力、记忆能力、观察能力、联想能力、想象能力、表达能力，等等，这是内在储备的外化。说出来的是话语，内含的却是各种素质，即所谓"一言而知其贤愚"，这是很有道理的。人人都能说话，但称得上具有良好口才的却不多。要称得上有口才，说话必须规范，要有真知灼见，格调高雅，有创造性，甚至还要具有技巧性和艺术性。

演讲是一种信息交流活动，以讲为主体，自然是需要口才的，没有口才，还能演讲吗？古今中外的演讲家，无不是演讲者把他们卓越的口才发挥到极致，同时也在演讲中把他们的聪明才智展示得淋漓尽致。所以，口才是一种高素质的综合体现，就二者关系来讲，口才概念大一些，凡是从口语交流中体现出的才能都叫口才，演讲概念小一些，它包含在口才范畴之内，它的形成必须具备上面所说的五个要素。

技能点二　演讲的类型

现在，人们常说的演讲分类，主要从演讲的表现形式来分，指的就是发表演讲时所采用的方式、方法。以表现形式为划分标准，可以把演讲划分为三种类型，即命题演讲、即兴演讲、论辩演讲。学习演讲，训练演讲能力，必须涉及这三类演讲的实践活动。

一、命题演讲

（一）命题演讲的含义及特点

命题演讲是根据指定的题目或限定的主题范畴，事先做了充分准备的演讲。命题演讲一般是写好讲稿并经过精心设计和反复演练的，其表现的是自我的立场、态度、观点、主张、意见、情感等。

命题演讲有两种类型，即专题演讲和赛场演讲。专题演讲是就某一件事情或某一问题发表演讲，如林肯著名的《在葛底斯堡国家烈士公墓落成典礼上的演说》、温家宝在日本国会发表的《为了友谊与合作》、我国著名演讲家李燕杰的《国家、民族和正气》、曲啸的《人生、理想、追求》等演讲。赛场演讲就是演讲比赛中参赛选手的各种演讲。

命题演讲是做了充分准备的演讲活动，因而很严谨、很稳定，水平较高，而且针对性很强。

（二）命题演讲的程序

苏联著名演讲理论家阿普列相在《演讲艺术》一书中指出："真正的演讲家总是一身而三任：既是作者（剧作家），又是排练者（导演），还是完成自己的演讲、谈话的表演者。"他是从演讲者在演讲过程中所肩负的责任说的。其实也道出了命题演讲的全部程序。命题演讲一般由酝酿与构思、演练、演讲三个阶段构成。

1. 酝酿与构思阶段

演讲者不管是自愿还是受命，一旦准备登台演讲，就必须有一个酝酿到构思的过程，而这一过程的结果就是演讲稿。这一过程包括审定题目、提炼主题、搜集和选择材料、进入整体构思及最后完成演讲稿几个环节。

这是一个十分艰难的创作过程，任何一次成功的命题演讲都必须经过这样一个过程。

（1）审定题目

命题演讲就是按照规定的题目进行演讲。譬如题目《党在我心中》，必须歌颂中国共产党，而这种歌颂还必须与"我"联系起来，必须讲"我"的经历，"我"的见闻，"我"的感受，这是题目限定了的。又如，《祖国在我心中》也是一样的。另外一种情况是，只给定一个大范围的总标题（或者说是话题），如《传承文明，构建和谐社会》，要求演讲者只做关于文明与和谐社会关系方面的演讲，题目自拟，每个演讲者可以自由发挥，但大的主题不能变。不管哪种情况，都需要认真审题。审题，不仅是审定题目本身的内涵，或者单纯地给自己的演讲确定一个恰当的标题，还要不偏题，不离题，更重要的是如下两个方面。

一是选择角度，角度要新，要适度。新，是对同台演讲的其他人而言，尽可能避免与别人的演讲相同或相近，尽可能给人耳目一新的感觉。林肯在这方面很有经验，他在构思《在葛底斯堡国家烈士公墓落成仪式上的演讲》这篇演讲稿之前，就反复琢磨了与他同台演讲的爱德华的演讲稿。另外角度要适度，如果题目太大，驾驭不了，讲不透；如果题目太小，包容量不够，发挥不了。

二是选择自身的优势。有的演讲内容很适合，角度也新，但是演讲的效果却不尽如人意。在审题过程中忽略了自身的优势是其中一个重要原因，自身的优势是一个得天独厚的条件，最能发挥真情实感。例如，1994 年在新加坡举行的第二届全国华语演讲大赛中，印度姑娘鲁巴·沙尔玛一举夺魁。她在复赛和决赛中的演讲分别是：《汉学在印度》《我与汉学》。因为她出生在印度家庭，父母都是高级知识分子，从小就接受了印度文化的熏陶，后来又跟随父母到了中国，是在中国上的中学和大学。因此，作这方面的演讲，她就特别得心应"口"；也特别能迎合新加坡听众的需求。

（2）确立主题

主题是命题的核心。确立主题应特别注意把握两方面。一是主题要适时。所谓适时，就是要适合社会的需要，具有时代感。还要适合听众当时当地的需求，考虑听众年龄、职业、文化程度的共享性。著名语言学家阿普列相主张要研究"生成问题的情势"。这就是说，演讲者要用探索的、创造性的态度去思考和处理演讲主题。他认为这样做，才会扩展演讲的内涵，深化演讲的内容，才会使演讲具有迫切感，才会在演讲过程中形成台上台下的真正交流。二是主题要单一。演讲稍纵即逝，讲得太多、太杂，会适得其反。正如德国著名演讲家海茵兹·雷曼所说的："在一次演讲中，宁可牢牢地敲进一个钉子，也不要松松地按上十几个一拔即出的图钉"。

（3）选择材料

主题确定之后，接下来就是如何选择材料去表现主题。材料是演讲的血肉，有了好的材料，演讲才能生动、充实，富有感染力和说服力。选择材料的要求是：一是围绕主题进行，二是能满足听众的预期需要，三是真实典型，有代表性，四是具体新颖。

（4）构思

命题演讲的构思，包括两个方面：一是构思演讲稿，二是精心设计演讲的现场实施。演讲稿的构思，包括开场白、主体、高潮、结尾，这实际上就是材料的安排与处理（演讲稿的写作过程）。同时也包括思维框架与基本语言形态的选定。精心设计现场实施，实际上与演讲稿构思同步进行。但两者比较，后者更具体、更细化、更具有操作性。这种设计是在演讲稿构思的基础上，进一步琢磨实施过程中的处理与表现，其中包括各种演讲技巧（主要是态势语言）的运用，譬如手势、眼神、声音等。构思在命题演讲中是较为重要的一个环节。

（5）写稿

经过一系列准备之后，动笔写稿，这是上述各个环节的归宿。命题演讲的成败，关键取决于演讲稿的优劣。演讲稿必须精心写作，最好是自己动手写稿，保持个人风格。

2. 演练阶段

演练是命题演讲必经的一个阶段，主要是背诵处理演讲稿。有的演讲者以为只要把讲稿记牢背熟就可以了。其实不然，演讲稿只是把酝酿构思用文字记录下来了，其中隐含了全部精心设计，如语调、轻重、节奏、停顿，甚至身姿、表情、手势都有某种设计，但在文稿中却无法体现，其实把书面语言转化成有声语言就是一个再创作过程，这些都需要在演练中细心揣摩，精心处理。这些处理大体上包括以下几个方面：一是根据讲稿内容把握好感情基调。或平实、或激昂、或欢快、或悲壮，在演练中要做出相应的处理。如果想演练起来得心应手，自己写的讲稿相对好处理些，别人代写，或者别人加工的稿子，就更要仔细琢磨。如果对情感基调把握不准，感情不到位，甚至错位，再好的稿子也表达不出来，这是至关重要的。二是语音处理。由文字转化为语音，一定要经过处理。演讲是通过声音媒介传达到听众的耳朵，这种声音是艺术化并有磁性的，如果没有经过严格的语音处理，便会在演讲中出现念稿或背稿的现象。但也不能处理过头，过火了，便会出现朗诵或拿腔拿调的现象。演讲既要自然，又要恰当地进行艺术处理，这种处理还特别需要整体把握，不能只着眼于某个词语，某句话或某一个语段的处理，否则，便会造成整篇演讲的不协调。三是主体形象与态势语言的处理。服饰、化妆，这是事先可以设计好的。表情、眼神、手势、身姿，这是随着演讲的过程，随着内容与情感的变化而不断变化的，原则上很难做出精确的设计。但在稿件的几个关键处，在演练中也可以适当设计。

3. 演讲

登台演讲，是对演讲稿的全面实施。对于如何演讲，后面要谈谈策略与技巧，在此只提几个关键之处。

登台亮相。亮相，就是上台之后让听众第一眼就看清楚演讲者的面目神情。先站定，后抬头，向全场投去亲切的目光，并轻轻点头或鞠躬，端庄大方，不卑不亢，亲切自然，给听众留下良好的第一印象。

开场白。开场要开得好，开得妙。俗话说，好的开头，等于成功了一半。开场既要扣题，又要营造气氛。精妙的开场白，瞬间就能使全场屏声静气，同时又情趣盎然，甚至几句话就使场内气氛变得火爆，掌声、笑声一片。

演讲开场白一般都做了精心的设计，只需要演讲者临场恰当表现即可。但是事先的设计又常常与现场氛围不完全吻合，甚至相反。比方说，想说"风和日丽"，却偏偏是"阴雨连绵"。在这种情况下必须及时调整。例如，我国台湾国学名师沈谦教授去台中静宜大学演讲，题目是"中国古典式的爱情"。到达休息室，接待他的同学告诉他，两周前余光中教授已在这里做过同题演讲。情况突变，不能按原来的思路讲了，必须改变开场白，改变讲法。沈教授毕竟饱学多才，他稍作思忖之后，有了下面的开场白：

听说两个礼拜前，余光中教授也在这里讲跟我一样的题目，不过，他讲的正题，我今天讲的副题。

余光中教授是研究西洋文学的，他来讲中国古典式的爱情，绝对是个外行。不过，他的学问很好，一定讲得很内行。而我是学中国古典文学的，我来讲中国古典式的爱情，绝对是内行，不过我的学问差一点，也许讲出来会有点外行……而且，余光中是诗人，他往台上一站，大家都"醉"了，陶醉在诗人的风采里；我是教书匠，往台上一站，大家都"睡"了……（哄堂大笑）

还好，我没有跟余光中先生一起登台演讲，否则在座各位，一个个都要"醉生梦死"去了！（全场哈哈大笑）

沈教授在诙谐中，机巧地把两场同题演讲做了衔接，尤其是营造了极为轻松热烈的现场气氛。如果不是这样改变开场白，绝对不会有这种效果，甚至还可能出现听众因重复而厌倦的情绪，因为二人同样是讲"中国古典式的爱情"。

演讲还需要高潮与造势。演讲现场需要出现高潮，没有高潮的演讲是平淡的，甚至是乏味的。高潮的标志是场内爆发的热烈的掌声。精彩的演讲，总能闪现思想的火花，掀起情感的波涛。思想火花的闪现之处，情感波涛的掀起之处，就是演讲高潮的所在之处。演讲者与听众常常在这样精辟之处，动情之处形成心灵交汇，情感共鸣，理智共振，因此而由衷地爆发掌声。这种高潮，虽然演讲稿中一般都做了设计，但是如果现场处理不当，也不一定有高潮出现，即便出现了，效果也不一定很理想。这里的要紧处是两个步骤，一是高潮前造势，二是高潮处要做强化处理。造势，就是在高潮前造成一种气势，一种情势，一种态势。高潮不是突然出现的，更不是想出现就能出现的，而是有一个生发过程，即顺着听众由感性到理性，由感动到感悟，由期待到满足这样一个思维的、情绪的、心理的过程来实现的。譬如高潮之前的叙述或描述，要说得真真切切，把情景再现出来。欢快的事，说得听众个个眉飞色舞；伤心的事，说得听众潸然泪下；气愤的事，说得听众咬牙切齿，等等，这就是造势。在这种情势下，再晓以精辟的语段，岂能不出现高潮，岂能得不到掌声？例如，印度姑娘拉米雅·沙尔玛在《宜将寸草报春晖》的演讲中有下面一段话：

面对苍天，面对高山，面对大海，我们都要记住：孝敬父母，天经地义！

这是这篇讲孝敬父母演讲稿中最具震撼力的几句话。讲到这里，按理全场应爆发掌声的，然而我们从录像中看到，全场听众无动于衷。原因何在呢？从讲稿看，作者是做了精心设计的。在这几句话之前，讲述了两位母亲的感人事迹：一个是为了治疗女儿的白血病，常年把自己的血液输给孩子；另一个是为了救起自己两个落水孩子，扎进水中奋力把孩子顶出水面，自己却永远沉在了水底。演讲者用略带颤音的语气讲述这两件事，听众的确被感动了。接着进入抒情说理，进入高潮部分，如果再把这几句话处理好，无疑会出现高潮。可演讲者在讲这几句话时，却用了很平淡的语调，毫无变化地一句连一句说出来，既没有提高声量，也没有特别地加以停顿，神情平淡，连个强调手势都没有，再加上忘词，其结果自然是使台下寂然。就这样，一篇极为感人的演讲稿，却没有获得充分地表现，没有达到预期的效果。那么此处应怎样处理呢？应该紧承前面悲壮的叙述，渐次转入凝重，一句比一句重地说出前面三个排比句，造成一种磅礴的气势。说完"我们都要记住"之后，应该有个较大的停顿，让听众产生期待感。说"孝敬父母"这句话时，音量稍低，但低而不弱，以便突出最后一句。说"天经地义"时，应一字一顿，声量加大，音调铿锵，再与一个强有力的手势配合，形成斩钉截铁之势，这样处理，高潮就自然出现了。

演讲过程就如一条大河，有的地方波澜不惊，有的地方浪涛汹涌，这就是高潮。关于演讲高潮的特点、时机及表现手法，在后面的演讲策略中探讨。

（三）命题演讲的类型

命题演讲主要包括赛场演讲和专题演讲两大类型。前者是由众多选手参赛并按照统一标准要求评出胜负的演讲，这类演讲虽然也具有一定的现实意义，但多少带有一定的表演成分。后者，整场演讲是专人专场专题的演讲，话题重要，规格较高，是一种真枪实弹的演讲，具有极强的实用价值。专题演讲最常见的是下列三种。

1. 集会演讲

逢重大节日、纪念活动、重大事件，一般都会举行一定规模的集会，而且还会有拥有一定地位、一定声望的人士发表阐述集会主旨的专题演讲。譬如林肯的《在葛底斯堡国家烈士公墓落成典礼上的演说》、闻一多先生的《最后一次演讲》。这些演讲大都成了演讲经典。

这类演讲，因为演讲者特殊的身份地位，显得特别严谨，特别与众不同。他们的演讲，除了应时应景之外，特别注重立场，注重原则，同时又特别能体现个性，体现风格。例如 2007 年 4 月 12 日，温家宝在日本国会发表的《为了友谊与合作》的演讲，堪称这类演讲的典范。

这是以个人身份阐述我国政府在中日邦交关系上的立场、态度与远景的演讲。演讲一开始，温家宝就开宗明义地说：

如果说安倍晋三首相去年十月对中国的访问是一次破冰之旅，那么我希望我的这次访问能成为一次融冰之旅。为友谊与合作而来，是我此次访日的目的，也是今天演讲的主题。

接着他回顾了 2000 多年来中日友好邦交，对于近五十年来这段悲惨不幸的历史，虽然只是点到为止，温家宝却有一番发人深省的见地，他说：

在一个国家、一个民族的历史发展过程中，无论是正面经验或是反面教训，都是宝贵的财富。从自己的历史经验和教训中学习，会来得更直接、更深刻、更有效，这是一个民族具有深厚文化底蕴和对自己光明前途充满自信的表现。

宽容中包含了警示，警示中又浸透了哲理开导。在此基础上，再紧扣演讲主题：

强调以史为鉴，不是要延续仇恨，而是为了更好地开辟未来。最后提出"增进互信，履行承诺；顾全大局，求同存异；平等互利，共同发展；着眼未来，加强交流；密切磋商，应对挑战"的五点原则。整场演讲亲切友好，真挚深沉，充分展示了温家宝务实、自信、健康、和善的品格与形象，其个人的才华与风格也获得了鲜明的体现。演讲结束后，安倍晋三首相不得不承认，温家宝的这次演讲"将名留历史"。

2. 学术演讲

学术演讲一般都是由知名学者、专家主讲，同时也包括引领社会潮流的企业家的演讲。演讲的内容不仅是表述自己的研究成果，常常是就所从事的研究领域内的学术观点、个人见解、经验体会、人生体味、社会感悟作专题演讲。这类演讲不同于公众演讲，不只讲公众关心的热门话题；也不同于课堂教学，不只注重知识的讲解与传授；这类演讲还与纯学术报告或讲座不同，陈述的不只是研究成果或学术动态。这类演讲的特别之处在于，具有很强的学术性，但又不局限于学术，而是在阐述学术成果或学术观点的同时，融入演讲者的人生体会与社会感悟，是学术功底与社会见地的高度融合，既具有科学性，又具有启迪性。正如《中国学府世纪大讲堂》一书的前言所言：这些演讲"都是学者、企业家们毕生的研究心得，精华所在。五彩纷呈，令人目不暇接，真为思想的火花，精神的佳酿，世纪的交响乐，莘莘学子的至爱！"

学术演讲是仁者见仁，智者见智的，博大精深，但又讲法各异。试以其中较为常见的三种讲法为例。

其一，着眼现实，引领未来。这类演讲是从现实社会生活中提出问题，提示社会生活发展的趋向，找出对策，具有很强的前瞻性。如《加入WTO后中国经济面临的挑战与对策》，这是著名经济学家厉以宁于2002年1月1日，应国家图书馆之邀所作的一次学术演讲。整场演讲针对我国入世后，各行各业所面临的困惑与迷茫，分别讲了体制、金融、农业、加工业、人才、富民六方面的问题。每个问题，先从现状入题，再谈入世后所面临的挑战，最后讲对策。因为篇幅太长，本书只就其中的"人才问题"作些简要的介绍与分析。

我国人才方面的现状如何呢？他一针见血地指出：

高素质人才的低廉价格。工程师、教授、专家、科学家……这些人的劳动生产率是高的，有发明创造，可他们的收入少。

面临的挑战是什么呢？他说：

入世以后就不一样了。外资进来了，外资企业不会从本国带来那么多人来，只是头头来，头头来了之后，雇员本地化。……不管原来在工厂，在高等学校，还是在国家机关工作，只要工资出的比较高，就跳槽了。

面临如此严峻的挑战，怎么办？有什么对策呢？第一是要大力培养，"在收入上想办法"；第二，创造便于人才发挥能力的环境。着重第二点。

所谓"环境",一是公平,二是效率。传统的经济学对公平有三种解释,即平均分配、机会均等、合理差距。厉以宁先生却对此作了第四种解释,他说:

公平来自认同。

比如家里有三个男孩或三个女孩,过去的习惯是老大穿新衣,老二穿旧衣,老三穿带补丁的衣服。若干年后,三个孩子聚在一起,顶多在开玩笑时说:"哎,你小时候老穿新衣,我穿旧衣服。"谁都不会因此就认为我在家里受歧视,让我穿旧衣服是不公平待遇,因为对家庭是认同的。在一个单位,也是一样的。……当职工认同本单位的时候,活力就起来了。

接下来谈效率。效率有两个基础,一是物资技术基础,二是道德基础,他强调说:

仅仅有效率的物质基础,只能产生常规效率。超常规效率从哪儿来的?超常规效率来自效率的道德基础。……比如1998年发洪水的时候,大家回想一下,那年夏天,家家傍晚都看新闻联播,看长江水位又到多高了,担心下一步怎么办?大家发扬互助友爱精神,解放军战士在水里堵漏洞几十个小时。这种力量从哪儿来的?来自效率的道德基础。

最后得出结论:

公平和效率是不矛盾的。公平促进效率,效率促进公平。一个单位要留住人,留人要留心。

整场演讲,侃侃而谈,把经济学和管理学中的几个基本原理讲透了、讲活了,通俗易懂,没有丝毫的"学究气"。讲问题,洞察精微,切中时弊;说对策,高瞻远瞩,引领未来。

其二,溯本求源,解答疑义。这种讲法是对社会生活特定的现象,做出纵向的剖析,从源头上解释事物发展的必然性,常常给人厚重感。譬如,被誉为"电视湘军"的湖南广播影视集团,这些年来,以"快乐"著称,异军突起,十四年间取得了各项骄人的成就,是我国广播电视事业"高速发展的奇迹",以至引起了国内外观众及业界人士极大的关注。这其中的秘密究竟何在呢?为此,应哈佛大学的邀请,湖南广播电视局局长、党组书

记、博士生导师魏文彬于 2007 年 4 月 9 日在哈佛大学作了题为《湖湘文化
与湖南电视的文化根源》的专题演讲。

演讲是从千年学府岳麓书院的楹联"惟楚有材，于斯为盛世"开始的，
他说：

> 岳麓书院对于湖南人的意义，非比寻常。这所学府是湖南人的精神家
> 园。岳麓书院门口所提的八个字，是湖南人的骄傲，也是湖南人的动力。
> 两百年来，湖南人的精神与思想，或多或少都受着这八个字的暗示与影响。

由此便历数影响中国近当代历史的几个重要的湖南人。魏源编撰了百
卷巨著《海国图志》，是"近代中国睁眼看世界的第一人"，曾国藩组建湘
军，"扛起了清朝岌岌可危的江山"；杨度"说过一句极为豪迈的话：若道
中华国果亡，除非湖南人尽死"；还有"不吃辣椒不革命"，缔造了新中国
的毛泽东。"这些人、这些事，和岳麓书院门口八个字之间，存在一种互为
因果的关系。"

曾国藩和他的湘军已经消失在历史深处，但是 150 年后，"电视湘军"
再度崛起。这种崛起，无论从他个人求学经历，还是从湖南广播集团的发
展来说，"岳麓书院门口的那八个大字，都一直是一种动力，一种文化基
因"，于是才取得了十四年来诸多非凡的成就。在列举这些成就之后，再上
溯至屈原、贾谊、李白、杜甫、辛弃疾、范仲淹等精英，从本土文化与异
乡文化的结合中，进一步探索湖湘文化的内核。他说：

> 成功的秘密，就藏在湖湘文化的精髓之中：心忧天下，敢为天下先。
> ……
> 敢为天下先就是敢于自我否定，善于创新，充满勇气与激情。

最后，讲到湖南广播电视为什么定位"快乐"时，他说："敢为人先，
还要善于抓先机"。也就是说，这同样是湖湘文化精髓另一方面的体现。
他说：

> 我们之所以做出"快乐"的决策，是基于对中国社会发展状况的分析
> 与判断。

他满怀激情地说：

近三十年来是中国近三百年来最好的发展时期，我们没有理由不快乐；近三十年改革开放取得了巨大成就，政通人和，国富民强，我们没有理由不快乐；新一代中国领导人提出建设和谐社会，并真诚地祈求世界和平，我们没有理由不快乐。并且，和谐与快乐是天然相连的两个概念，和谐生快乐，快乐生和谐。

整场演讲，纵横驰骋，挥洒自如，学识与见解相融，豪气与睿智互见，庄重平实，诙谐有度，既解答了中外观众和业界的种种疑惑，又弘扬了湖湘文化的精神，其演讲十分精彩。

其三，借题发挥，针砭时弊。这种讲法的话题，或许与现实生活毫无关系，或关系不大，仅仅是演讲的一个由头。然而，一经点拨发挥，就能使听众有所体悟，甚至振聋发聩。这种讲法，鲁迅先生堪称高手。譬如，他当年在北京女子师范学校所作的《娜拉走后怎样》就是一个范例。演讲是从易卜生的剧本《娜拉》开讲的。娜拉因为觉得自己是丈夫的傀儡，孩子又是自己的傀儡，她十分不满意这种生活，为解放、为自由，她最后出走了。针对剧情，针对娜拉出走的行为，鲁迅先生提出，娜拉走后会怎样呢？一是堕落，二是回来，三是饿死。那么出路在哪里呢？鲁迅先生一针见血地指出，妇女解放"经济权就见得最要紧了"。怎样才会有经济权呢？他明确指出，"这权柄的取得，将是剧烈的战斗"，是"经济制度"的变革。然而，现实又是怎样呢？是"中国太难改变了"，"不是很大的鞭子打在背上，中国自己是不肯动弹的"。他最后预言："我想这鞭子总要来的"。整篇演讲，是从易卜生的剧本生发开来的，娜拉虽然是在别国，但她的命运却是与中国妇女的命运何其相似，由此而将话题落在中国妇女解放的问题上，为中国妇女解放运动指出途径，指明方向。

以上三种讲法仅仅只是例示，有的喜欢旁征博引，有的擅长多方求证，有的习惯纵横比较，如此等等。不管谈论什么话题，采用何种讲法，在他们的真知灼见中，都一定是将学术与人生体会、社会感悟融为一体，从而"为天地立心，为民生立命，为往圣继绝学，为万世开太平"。譬如孙中山先生的《以固有道德"济弱扶贫"》、李大钊的《"少年中国"的少年运动》、蔡元培的《救国方法》、林语堂的《希特勒与魏忠贤》、徐志摩的《艺术与人生》、陶行知的《学做一个人》、朱自清的《论气节》等，都堪

称学术演讲的典范。近些年来，董辅祁、余光中、金庸、黄永玉、杜维明、余秋雨、江平等在国家图书馆、岳麓书院所做的系列演讲，易中天、于丹等在中央电视台"百家讲坛"的演说，等等，都是极为精彩的学术演讲。这些演讲虽然都有很强的学术性，但都绝对不是纯学术的陈述，都具有很鲜明的时代性与社会性，都是学术性与社会性的完美统一。

学术演讲，不仅需要演讲者自身具有一定的学术造诣，而且听众也同样要具有一定的文化层次，对象一般都是青年学生或知识分子阶层。演讲者和听众必须具有一定文化的共享性，否则将很难交流。

3. 竞聘演讲

竞聘演讲是指为了竞聘某种职务而做的演讲。在西方，这类演讲早已有之。在我国，随着改革开放的深入，随着民主与法制进程的加快，近些年来，我国实行了竞聘上岗机制，竞聘演讲因此应运而生，特别令人青睐。

这种演讲，实际上是一种自我推销，向在场的听众全面展示自己的才华、能力、见解和优势。譬如，布什在美国总统的竞选演讲中，是这样说的：

一位总统可以造就一个时代，一位成功的总统则可以赋予时代的新意……如果我当上总统，我就向美国人宣布：新的微风吹出来了，新的篇章从今天开始了！

近些年来，我们各种竞聘演说，不可能像布什这样夸下海口，我们的竞聘者是面向台下的评委，竞聘单位的主管，只能谨慎陈词。例如下面这位竞聘镇长的竞聘者，他的竞聘演讲，除开头、结尾，全篇共分三个层次。

第一层，"我是一个农民的儿子，是从田埂上一步步走到乡镇工作岗位上来的"，他介绍自己的经历，给人感觉是实实在在的，具有丰富的农村基层工作经验。

第二层，在简要概括这个镇"得天独厚"的地理优势之后，便以"如何把这块宝地建设好"设问，谈三点设想。给人感觉是全面大胆、思路清晰、切实可行。

第三层，谈个人的四点承诺，其中谈"勤奋务实""公正廉洁"，分别是这样说的：

一心扑在事业上，尽职尽力做自己的事。不要搞面子伤里子的"形象工程"，不做劳民伤财的"花架子工程"，不吹升官发财的"领导工程"。

做到手不长，不该拿的钱物坚决不拿；嘴不馋，不能吃的饭坚决不吃；腿不快，不该去的地方坚决不去，更不干跑官买官的勾当。

这些话都是直接来自于老百姓，是老百姓对这些现象特别痛恨总结出来的语言，再由竞聘者讲出来，痛快淋漓，生动活泼，获得了极好的现场效果。全篇演讲不超过5分钟。

竞聘演讲的结构大致由三点组成，首先是自我介绍情况，主要是个人自然情况；其次是对所聘职位的理解和自己的优势；最后是自己对未来工作的设想或承诺。

竞聘演讲最终目的就是要获取更多的选票，为此，竞聘者一般应注意以下几个方面。

一是讲短话。胡适说，讲话要像小姑娘穿裙子，越短越好。虽然这样比喻不免有粗俗之嫌，但也确实说出了听众一个共同的心理。竞聘要争取选票，必须投其所好。要短，就该突出要点，突出优势，干净利落，千万不可拖泥带水，半天还是听不出个所以然。

二是讲实话。有什么讲什么，不吹不捧，不讲假话，不装腔作势。因为竞聘者与听众，彼此都是知根知底的。竞聘者在台上讲的每句话、每个观点、每个主张、每个态度，听众都会把竞聘者平时的行为举止、道德情操，实际状态紧密地联系起来，并以此衡量演讲的可信度。稍有不慎，稍有不实，都会造成不良的后果。

三是把握好分寸。有的竞聘者一上台，就左一个"应该"，右一个"必须"，俨然就成了一个发号施令者，即使是美国布什，他在竞选中也只能说"如果"，照样不能用总统的口吻演讲。更何况，即便竞聘成功，竞聘者也只能在党和政府的领导下开展工作。竞聘演讲，要有分寸感，更要有服从领导的意识。否则，极容易令人反感。

四是表态诚恳。不讲空话、套话、大话。言必信，行必果。做不到的事，不要夸海口。在竞聘演讲中，有的引用孟子的话"天将降大任于斯人"，有的引用阿基米德的话"只要给我一个支点，我就能撬动地球"，固然豪气冲天，但却给人感觉过于轻狂。狂言过多，难免失信于人。

二、即席演讲

(一) 即席演讲的含义及特征

即席演讲，就是事先没有准备，没有现成讲稿，因事而发，触景生情，乘兴而起的演讲。这种演讲虽然与命题演讲没有本质的差别，但使用的范围更广，频率更高，难度更大。

即席演讲的关键（特征）在于快速思维，即快速组织内部语言（即思维），快速将内部语言转化成外部语言（即有声语言）。当处在兴奋状态时，人的思维最活跃。兴奋，是刺激的结果。因此，要在演讲现场，激发说话的欲望，找到话题，并立即组织成一场精彩的演讲，首先必须找到刺激源，激活思维。或是情景激发，如听众的情绪、会场的气氛、场地布置、场外情景等；或是理智激发，如会议的主题、他人的讲话、旁人的议论、一句格言或一句诗等；或是自我引发，即自己的亲身经历、一段见闻等，这些都能成为刺激源，从而激活思维。思维激活的最初表现，便是有了说话意向（包括说话的欲望与话题）。仅仅有意向，而没有具体内容，还是无话可说。这就需要在一瞬间调动自身的各种积累，包括知识、经验、理论、事实等，将意向扩展，并具体化。至此，内部语言转化成有声语言，这种表达不是随意地、零散地、纯自然地说一说而已，而是精心的、有步骤的、具有一定审美价值的演讲。如，CBA 中国篮球职业联赛 2012—2013 赛季，美国篮球巨星麦迪加入青岛双星俱乐部，俱乐部为他举办了一个欢迎酒会，"双星"总裁汪海专门会见麦迪，他说：

欢迎加入双星俱乐部，现在开始你就是双星人，我们能在一起合作是一种缘分。我们双星有很多员工，都是农民工，你是"洋工"，你是双星第一个双星"洋工"。

一席话，现场气氛非常放松，汪海妙语如珠：

你是球场上的明星，我是企业界的明星，我们在一起就是"双星"一个老星，一个新星，两个在一起，会让双星更强大。

要在即席之间获得这种演讲的成功，还须采用恰当的方法和技巧。

（二）即席演讲的方法与技巧

1. 魔术公式

这是戴维·卡耐基竭力提倡的一种演讲方法。他是美国著名的演讲家、教育家。他曾在芝加哥、洛杉矶、纽约邀请了一批资深的教授和传播学家，大家通过讨论，博采众长，总结了这种演讲方法。他认为，这是"讲究速度的现代最佳演说法"。其要点有三：

第一，尚未涉及演讲内容之前，先举一个具体的实例，通过实例，把你想让听众知道的事透露出来。

第二，用明确的语言，叙述主旨、要点，将你要让听众去做的事，明白地说出来。

第三，说明理由，进行分析，采取集中攻破的方式来处理。

例如，在一次全国性的演讲大赛中，先是命题演讲，接着就是三分钟即席演讲。一位选手抽到的题目是：《正气歌的联想》。他从文天祥《正气歌》中的"人生自古谁无死，留取丹心照汗青"诗句入题，紧接着就讲了一个故事：

在一家外资企业，一位老工人熬不住长时间的加班加点，打了瞌睡，女老板竟然罚他下跪。其他工人一起抗议，这位女老板公然强迫所有工人下跪。没有下跪的只有一个年轻人，他说："我是中国人，我绝不能在你们面前跪下！"（掌声）"我可以失业，但是我的膝盖从1949年就站起来了！"（掌声）

正气歌，我最爱唱的就是："起来，不愿做奴隶的人们！"（掌声）

不用听他下面怎么围绕《国歌》展开说理，单看这个开头，既切题，又能充分激发全场听众的情绪。才讲短短的一小段话，全场就爆发了三次掌声（在讲这件事之前，还有一次掌声），足见这种演讲方式产生的效果十分显著。

上面这种方法之所以为人称道，原因之一，能尽快地入题；之二，能迅速集中听众的注意力，激发听众兴趣；之三，可以利用讲实例的过程，进行构思，争取时间组织全篇的演讲。

2. 结构精选模式

这是美国公选演讲专家理查德总结提倡的一种快速演讲方式。他把这种方式归结为四个层次提示信号：

①喂！请注意！（开头就激起听众的兴趣）

②为什么要费口舌？（强调指出演讲的重要性）

③举例子。（用具体事例形象地将一个个论点印入听众的脑海里）

④怎么办？（具体讲清大家应该做些什么）

第一是提出问题，第二、三是分析问题，第四是能解决问题。

例如，一位演讲者抽到了即席演讲的题目是《人、家、国》，这个题目的难度相当大。我们听听他是怎么讲的：

主宰和支持我们这个光怪陆离的世界是什么？说出来实在简单，就是一撇一捺，就是"人"！然而，构成人的这一撇一捺却是相互依存，相互联系，相互支撑的啊！否则，就不可能有完美的人生，温馨的家庭，强大的国家。

接着紧扣人与人，个人与家庭，个人与国家的关系，分别展开举例。为了说明人与人之间的这种互相依存的关系，他举出了湖南抗洪抢险的事例。常德有一处河堤决口，当地的党支部书记率先跳进汹涌的洪水中，接着，一个、两个、十个、二十个……纷纷奋不顾身地跳进水里，他们手挽手，霎时就筑起了一道人墙，堵住了洪水，经过奋力抢修，终于保住了数万人的生命财产安全。说到个人与家庭的关系，他举出了一位私营企业家，经过十几年的艰苦创业，他有了别墅，有了小车，儿子还准备出国留学，本是事业有成，家庭幸福，可他渐渐染上了毒瘾，不仅吸毒，还参与了贩毒，没几年，钱就花光了，妻子离婚，儿子辍学，自己锒铛入狱。在讲到个人与国家的关系时，他举例说，在日本奴役东南亚时期，印尼雅加达一到晚上就戒严。一位中国富翁，为了避开警察的盘查和拘捕，他每天晚上都雇一个日本妓女陪她。难道一个富翁还不如一个妓女吗？因为她的国家却很强大。

最后，他归结说："人是社会关系的总和，做人就应该做一个有益于家庭，有益于社会，有益于国家的人。"

即席之间，就把人、家、国三者很难说清楚的关系说清楚了，而且具体、生动，又富于启迪性。

比较一下魔术公式与结构精选模式，前者，实例在前，说理在后，便于立即调动场内气氛，但说理如果不精当，容易出现虎头蛇尾的弊端；后者，是边举例边说理，有血有肉，但把握不当，也容易出现松散。两者各有利弊，全在恰当把握。

3. 逆向思维模式

演讲的结构一般都是呈现出"响开头、曲主体、蓄结尾"的态势。然而，即席演讲，或者在毫无心理准备的情况下，突然站起来就讲话，一般都很难在开头就把话讲得很精彩，而能把接下来的话讲得很精彩，直至结尾，这就更难了。遇到这种情形，有经验的演讲者不但不去追求精彩的开头，反而淡化开头，把构思的重点放在结尾，采取逆向思维，使整篇演讲呈现出"淡开头、趣主体、响结尾"的格局。

例如，安徽某市的市长访问德国著名诗人席勒的故乡马尔巴赫市，在签署两市结为友好城市协议的晚宴上，这位市长发表了即席演讲。他从中国人与欧洲人在宴会上吃饭与致辞的不同习惯说起，他说："中国人宴会上的习惯是先致辞后吃饭，把该办完的事办完，不慌不忙地吃"；"欧洲人是吃起来以后再讲话，不会饿肚子"。这样开头，虽然诙谐幽默，却似乎与宴会的主题不搭边。接下去，是讲话的主体部分。他从室外下雨说起，借用马尔巴赫市长在餐桌上说到德国人的一个风俗，"结婚遇到下雨是个好兆头"，又说佐尔格市长访问某市时适逢下雨，今天"雨婆婆再度光临，这雨将是我们的好兆头"。至此，整篇演讲庄谐相济，坦诚友好，主旨鲜明。接下来如何结尾呢？既要强化宴会主旨，又要把现场的氛围推向高潮，还要与前面诙谐的语调相吻合，这个难度很大，这位市长是这样结尾的：

最后，让我们端起这金色的葡萄酒，在席勒的故乡，用他的著名诗歌《欢乐颂》里的一段话，为我们已经签好的协议开杯！

"巩固这个神圣的团体，凭着这金色的美酒起誓：对于盟约要矢志不移，凭星空的宣判者起誓。"

不难看出，演讲者在构思这场演讲时，首先想到的是席勒的《欢乐颂》中的这几句话，而且是记熟了的，至于开头与主体部分，全都是现场取材，临场应变，随方就圆。正因为有强烈的现场感，诙谐轻松的演讲话语也就自然生成了。

这种情势的演讲，气氛一般都比较热烈，听众的期望值都很高，场内的情绪正处在"热点"中，如果开头很亮丽，很响亮，又能迎合场内这个"热点"，固然能够满足听众的需要，但因为是瞬间构思，一般都很难把"热点"持续下去，这样反而可能使演讲出现虎头蛇尾的状态。而这种逆向思维模式的演讲，对开头做冷处理，把场内的"热点"先降下来。随着演讲的展开，场内的气氛逐渐"升温"，进入结尾，因为很精彩，常常会出现火爆的场面。逆向思维模式在即席演讲中非常有用，效果良好，值得采用。

4. 连缀法

这种方法是先确定几个观点，按照各点之间的内在联系，或并列连缀，或纵横连缀，或对比连缀。这种演讲方式，逻辑严密，重点突出，而且还有一定的气势，例如，一位哲学老师以《假如马克思健在》为题做了如下几点连缀式的即席演讲：

假如马克思健在，他决不会把在座的诸位看成是他的信徒，他将把我们看成是东方的同志、战友。……

假如马克思健在，他就要对人们说，我是人而不是神，我也有喜怒哀乐，我也有自己的爱，自己的恨。……

假如马克思健在，他就会提醒人们：那些仅用我的语录去进行战斗的人，不是完整的马克思主义者。……

假如马克思健在，他会告诉我们：牢记我最爱的那句箴言——怀疑一切！

假如马克思健在，他就会强调：我不能保证我的主义句句是真理，但我却敢保证它永远不会过时。……

全场演讲以五个"假如马克思健在"作为领头句，从不同的角度阐述马克思主义的实质，很贴切，很有针对性。结构严谨，内涵丰富，于排比中显示了凛然的气概。

在即席演讲实践中，方法、技巧多种多样，以上几种仅仅是常见的、有效的。我们还应该不断发现，不断总结，不断创新。

（三）常用的即席演讲

在工作和生活中，这种不期而至的当众讲话的机会实在太多，或者自愿上台，或者被迫上台，不管是何种情况，短短的几分钟，十几分钟，要么是你展示才华风采、平步青云的极好机遇，要么是你困窘尴尬，错失良机的遗憾时刻。

下面是几种常见的即席演讲形式。

1. 面试回答

近年来，社会上招聘、招考大都缺少不了面试，其中除了有准备的陈词之外，最难的还是当场回答主考官的各种发问。从回答问题的一方来看，这是毫无准备的即席陈述，而且是根据主考官的意图做单项陈述，因此，这类面试中用于回答问题的口语表达仍可视为即席演讲的一种类型。

首先，面试时必须判明主考官发问的意图。面试中的发问，大多较为隐蔽，目的在于对应聘者进行全面的考查，其中就包括考查思维能力和应变能力。例如，主考官问："你认为作为一名领导干部应该如何管住自己这张嘴？"面试者一般都以为是针对社会上吃喝成风发问的，于是大谈要严于律己，洁身自好，"不请客吃饭""不陪客吃饭""不大吃大喝"；要严格规章制度，严防"公款吃喝"，等等。其实，这只是回答了问题的一面，却忽略了更深层次的一面，既说话谨慎，不乱说，不瞎说，不乱表态，不失言于口。再譬如，面试者问："本公司准备在北京举办一次酒会，想请国务院总理出席，请问你有办法邀请到总理吗？"这样发问，当然近乎荒唐，有些刁难，但不在于发问本身涉及什么，而在于应试者怎样思考，怎么辨析，形成怎样的思路。作为应试者，首先必须想到，能请总理出席的酒会所必须具备的条件，酒会的主题应该是总理当前所关乎国计民生的重大问题，而且又与这家公司有着直接关联；出席酒会的人员必须是地位很高并且在国内很有影响的。其次才是邀请总理的途径与方法。对于这样的发问，不能简单的回答"能"与"不能"，发问的目的在于测试应试者思考问题的立足点及思路。

其次，灵活应变，谨防陷阱。为了考查应试者的应变能力，主考官常常会提出一些使应试者左右为难的问题，其中还包括设置陷阱。如问："某企业发生了重大的安全事故，电视台的记者闻讯赶来采访，总经理却指示要严格保密，严防媒体。你作为接待记者的办公室主任，你将如何面对记者？"又如发问："某机关一位干部，上班途中遇到一位跌倒在地的老人，生命垂危，他立即护送老人到医院，老人得救了，他却因为延误了一项重要工作，单位决定让他下岗。你是否支持单位的决定呢？"类似的提问，常常会使应试者处于两难之中，简单的肯定与否定都会掉进"陷阱"的。只能辩证地看问题，辩证地回答问题。第一个问题，总经理为了维护企业的声誉，内部的问题内部解决，从这个角度来看，也不为过，但不应对媒体持对立的态度，因此，办公室主任对总经理的指示，不能简单执行，也不能简单地违反，而应该是在说服总经理之后，坦诚地接受记者的采访。第二个问题，对救助老人，首先应该在道德层面上给予充分肯定；接着，从救助的方式上，应该指出不周全，不一定要亲自送老人去医院，可以求助120急救，完全可以做到救人与工作两不误。可以不反对单位的决定，但可以持上述两方面的看法，建议单位从轻处理。对于这一点，用人单位很在意，面试时，这或许还只是思维方法问题。在实际工作中，就是一种协调方法与协调能力了。应试者千万不可掉以轻心。

再次，遣词造句，恰当得体，显露才华。面试既要沉着、镇定，又要自信、大胆。看准问题，想到切入点，就应该果断地、充分地表现出来，毫不含糊。2004年，北京大学自主招生面试，江苏高中毕业生陈伟，面对主考教师的连续发问，妙语连珠，深得主考教师的好评。

主考官问：

给出一个最能让我们选择你的理由。

陈伟答：

严谨的学风和思考的深度。譬如解一道题，我力求从三个层次考虑它：

第一，该题的解法以及该类型题的解法。第二，该题的解法体现了怎样的思想方法，例如"化归""等效"等。第三，该题的考虑方法如何体现一般的认识规律，与人的生活经历有着怎样的联系，包含了哪些美学原理。看一幅油画，盯着一个局部，看到的只是一块粗糙不平的东西，离得远一点，把握整体，才能欣赏出它的神韵。上升到美学和哲学的角度来解题，才是真正意义上的解题。

(摘自《演讲与口才》2005年第6期)

对于这种发问，也许会有多种回答，或许强调学习成绩好，或许突出有较强的学习能力，较好的学习习惯，甚至把良好的思想品德也作为理由之一，等等。这些回答并非不对，但与陈伟的回答比较，显然就太一般了。一个高中生，能在瞬间就找到恰当的说话方式，说得如此得体，如此有趣，如此有深度，且富有很强的哲理性，这样的学生，谁都不会拒之门外的。

他表现出来的是口才，呈现出来的却是内才。

最后，还要不急不躁，敢于反败为胜。在面试中，常常会出现对自己不利的情况，既有自己的原因，也有主考方的原因。不争不辨，不仅委屈了自己，更为重要的是错失了良机。譬如，某机关招聘一名女秘书，条件是才高貌美。一名其貌不扬的女生来应聘。面试一开始，主考官一看便问：

"难道你没看清楚我们招聘的条件吗？"

"看了。"

"那你为什么还要来应聘？"

不料，这个女生却说出了下面一段话：

"你如果聘了我，既显示你别出心裁，又显示人格高尚。因为漂亮的女秘书身边总是少不了绯闻。何况，人不可貌相，漂亮的人未必有才气，而长相不漂亮的人必有过人之处。我很丑，可是我很优秀，况且，正是貌不如人，所以我会更加努力工作。"

这番话还真的把主考官的心说动了，这个女生被录用了。

2. 喜庆演讲

婚礼、寿宴、开学或毕业典礼等，常常需要即席讲话，以此活跃现场气氛，提升喜庆规格，这类即席讲话，一般比较简短、诙谐、典雅。

这类即席讲话因人而异，因现场气氛而异，常见的有如下几种类型。

（1）平实深沉

譬如，著名作家贾平凹《在女儿婚礼上的演讲》，他在叙述父女情分及婚事之后，着重讲了如下一段话：

在这庄严而热烈的婚礼上，作为父母，我们向两个孩子说三句话：第一句，是一副老对联："一等人忠臣孝子，两件事读书耕田。"做对国家有用的人，做对家庭有责任的人，好读书能受用一生，认真工作就一辈子有饭吃。第二句话，仍是一句老话："浴不必江海，要之去垢；马不必骐骥，要之善走。"做普通人，干正经事，可以爱小零钱，但必须有大胸怀。第三句话，还是句老话："心系一处。"在往后的岁月里，要创造、培养、磨合、建设、维护、完善你们自己的婚姻。

作为一个享誉中外的大作家，没有绚丽的词藻，没有豪言壮语，平实中渗透着对新人深沉的爱。三句话，告诫他们怎样处世，怎样做人，怎样持家，夫妻怎样相处，全面而实在，终生受用。整篇演讲，堪称婚礼致词的典范。

（2）典雅风趣

譬如一位教授在新生开学典礼上的即席演讲，全文如下：

我今天要说的是——门！世界上最有名的门是法国的凯旋门，中国最有名的门是天安门。我们今天不讲凯旋门，不讲天安门，只说说咱们××××学院校门，这座门，线条流畅，姿态优雅，造型别致新颖，号称辽宁高校第一门。中文系说它是革命的浪漫主义与现实主义结合的产物；数学系说它昭示着我们要不断地探索；物理系说它的寓意是学如逆水行舟，不进则退；历史系说它是迎接高考胜利的凯旋门……真可谓仁者见仁，智者见智。这是一座幸运之门，这是一座光荣之门，这是一座科学之门。你们从四面八方踏进这座校门，你们是时代的骄子、社会的宠儿。

四年之后，你们步出校门奔向五湖四海，你们将是社会的栋梁，祖国的希望！希望你们在门内的四年勤奋刻苦，门门功课优秀，为校门"添砖加瓦"；跨出校门后献身科学，献身教育，争当中国的爱因斯坦、门捷列夫，为校门添彩！

以校门为寄托物，前面铺陈，中间借不同学科对校门的不同理解，阐释校门的内涵，最后以"跨进校门"与"跨出校门"为话机，寄托教师对新生的殷切期望。典雅中不乏风趣，风趣中又透着庄严。怡情益智，不失教师风范。

（3）激情洋溢

下面是一篇婚礼上的即席演讲，适逢下雨，便以雨为线索讲开了：

今天是个黄道吉日，老天爷下的这场雨，真是一场及时雨啊！（众愕然）××与××七年苦恋，你们的精诚挚爱，感动了老天爷，特在这大喜之日，降下这滴滴甘露，为你们洗去爱情路上的仆仆风尘，让你们身心俱爽，精神焕发地投入到新的旅程！（满堂叫好）饮今日之幸福酒，思往昔之父母恩，父母的爱又何尝不像这雨水一样，绵绵密密，润物无声！（四位老人喜笑颜开）感谢今天光临的诸位亲朋，感谢你们在这飘雨的日子里，为他们的婚礼"保驾护航"！也相信你们在未来的岁月里，会和他们的小家庭风雨同舟！（众鼓掌欢笑）××，××，愿你们记住这个美丽的日子，漫漫人生路上，你们将风雨无阻，风雨兼程！滂沱雨如缠绵爱，缠绵爱比雨更多。今天的雨，象征着来日的丰收与富足。在此，祝愿这对新人，也祝愿在座的每一位：爱情甜蜜像雨丝，生活富足如大地！（热烈鼓掌）

全篇演讲紧扣窗外的雨，从不同的角度比喻爱情甜蜜，比喻父母的养育，比喻亲朋的关爱，比喻未来的艰辛与幸福。因为比喻贴切，讲话得体，伴随着演说者的激情，场内不时爆发出阵阵掌声与欢笑。既提升了喜庆的内涵，又营造了热烈的氛围。但值得注意的是，有的婚礼主持人，为了调动现场气氛，声嘶力竭，出语粗俗，油腔滑调，反而把好端端的一场婚礼弄得格调低下了。

3. 即席答问

即席答问就是整场演讲没有中心话题，而是根据听众的要求，即问即答。也有的是在命题演讲之后，再回答现场听众的发问。这类演讲，虽然没有准备，但因为演讲者自身经验丰富，功底深厚，思维敏捷，常常出口成章，十分精彩，场内的气氛往往十分热烈。如数学大师陈省身先生 2004年春在南开大学的演讲，先摘选出其中两段：

问：请谈谈您的求学经历，有何心得要提醒莘莘学子？

陈：（在简述自己求学经历之后恳切地说）我要对大家着重讲的有四点：我总做与别人不一样的事，决不随大流！当年大家都争着到美国去留学，而我却到了德国，那里有世界一流的数学家嘛！第二，读书要同生活连成一片。把读书变成生活不可缺少的一部分，才会收到事半功倍的效果。关键是要钻进去，视读书为人生最大的乐趣！第三，选择与自己爱好相近的职业。万万不要有从众心理，不要因赶社会一时之趋向而断了自己一生的前程。纽约股票交易所那种环境和工作，出再多的钱，我也不会干！第四，要结交一些好朋友。专业是否相同倒不要紧，最重要的是志同道合。比如我的好友赵元任先生，他是国际知名的语言学家，当过世界语言学会会长。我搞数学，但我们在思想上生活上互补互助，终生受益。

在谈到中国的数学在国际上只算中等偏下的水平时，问：这种状况是否与中国的文化有关？

陈：有关。首先，中国不讲究应用，只搞"短、平、快"的东西，忽视基础理论的研究，以致难以实现重大突破。

其次，中西文化差异很大。西方自文艺复兴以来，等级观念日益淡薄，崇尚自由平等，张扬人的个性，这样的文化理念有利于科学的发展。而中国传统文化，崇尚等级观念，重视人文观念，强调继承、稳定、持续，这种文化理念培养出来的人才较为死板，拘谨，缺乏应变力和创造力，在科学上难有重大突破就不足为怪了。

（摘自《演讲与口才》2005年第3期）

这是大师最后一次演讲，讲人生感悟，讲学术领域，讲中西文化，无不独到精辟，妙语连珠，妙趣横生，给人以顿开茅塞之感。如果没有丰富的经历，没有精深的学术造诣，没有广博的知识底蕴，能张口就来，出口不凡吗？

此外，党政部门、企事业单位所举办的中外记者招待会中的答记者问也属于这类演讲。但是，记者招待会涉及的问题都是一些大政方针、国计民生、社会热点、国际关系等。虽然由个人回答，却是代表一级组织，一个部门，一个单位，表达集体的立场、意志、观点、意见等。因此讲话时政策性较强，个人的情感表达或许更含蓄。

三、辩论演讲

"一人之辩，重于九鼎之宝；三寸之舌，强于百万之师。"社会发展必兴辩论，辩论需要辩才。辩才需要随机应变、思维敏捷、口齿伶俐、敢破敢立、善攻善守、广而博、旷而达，这也是二十一世纪人才必备的能力。

（一）辩论的溯源及价值

什么是辩论？辩，辩解、辩护、辩驳；论，论证、证明、论理、论述。辩论，就是辨明是非，探求道理的言语角逐。

在我国古代，辩论称之为"辩"。《墨子·经说上》写的很明确："辩，争彼也，辩胜，当也。"就是说，辩就是互相争论，获胜的标准是"当"。"当"，当理、有理、理长。《墨子·小取》，对辩的作用做了十分精辟的阐述："夫辩者，将以明是非之分，审治乱之纪，明同异之处，察名实之理，处利害，决嫌疑。"由此可见，我国早在先秦时期就对辩论作出了如此深入的研究。历史事实正是如此。春秋战国时期，诸侯割据，战事频仍，客观上造成了"百花齐放，百家争鸣"的社会民主局面，辩论之风随之盛行。

惯辩智辩的名家，善辩巧辩的孟子，巧舌如簧的纵横家，诸子百家争论不休的"白马非马""合同异""坚白离"及《庄子·天下篇》中记载的二十一事等——大批辩题，应运而生。当时辩论广泛而深入，有口头的，也有书面的。从留存至今的先秦诸子的文章中，尤其是在那些口语化的对话体、语录体的文章中，我们仍然能领略到当时口头辩论的风采。先秦之后，因为封建主义的桎梏，辩论之风虽然不及先秦那么盛行，辩论的内容不及先秦那么广泛，对辩论的研究更不及先秦系统深入。然而，各朝各代，每当社会变革，总是少不了各种思想、各种主张、各种谋略的碰撞，而这些碰撞又总是最先表现为激烈的辩论。比如，秦朝的商鞅变法，三国时期的联吴抗曹（诸葛亮舌战群儒），宋朝的主战与主和，清末的戊戌变法，民国时期的联俄联共，中国共产党早期确立农村包围城市，抗日战争初期的速胜与速亡，"文化大革命"之后的关于"实践是检验真理的唯一标准"的大讨论，以及随后的"对内搞活，对外开放"，如此等等，我国五千多年的历史，就是在这些真理与谬误、正确与错误、科学与愚昧、进步与保守的辩论中前进的，因此而赢得了繁荣昌盛的今天。时至今日，我国正处在转轨与接轨的时期，既要向市场经济全面转轨，又要与全球接轨。人们的观念、人们的行为、社会体制等，都面临着前所未有的大挑战。从 20 世纪末开始，辩论之风在我国再度掀起，规模之大、之广，都是前所未有的，而且深入到各个领域。因此而促进了对辩论更加深入系统的研究。辩学，作为一门新的学科将逐步臻于完善。

辩论，不但能明辨是非，还能开放智力，锻炼思维，磨砺口才，有利于对人才的培养。

（二）辩论的类型

辩论大体分为三类，一是日常争论，二是专题辩论，三是赛场辩论。

1. 日常争论

日常争论，是指在日常生活和工作中，人与人之间存在的不同想法、看法、观点、意见等，因此而发生争论，少则几句，多则无休无止，面红耳赤，甚至由动口到动手。日常争论同样体现民主风气。适当的争论，是辩明是非，维护正气，集思广益，有利工作，消除分歧，增进团结的有效途径。争论不同争吵。争论是为了良好的效果而发表不同的意见、看法、主张，一般不带个人意气；争吵是不顾后果，不讲道理、不要原则、发怒气、泄私愤。但争论常常因为把握不当而转化为争吵。为此，争论应特别注重两条基本原则：第一，争论要有积极意义。鸡毛蒜皮，琐碎小事，非原则性问题，不必争论。第二，善解人意，礼貌待人。争论，必须据理力争，在充分发表自己的意见、看法、主张的过程中，批评或反驳对方的错误或谬误，这种批评或反驳应该建立在充分了解和理解对方的基础上。切不可抓住一点不及其余，或断章取义，逞一时的口舌之能，贬损和伤害对方。尤其是自己的观点被证明是错误的，要有从善如流的雅量；自己的观点被证明是正确的，更应注意吸收对方的合理成分。对方因意见冲突而引起的情绪冲动，双方都要有容忍的胸襟，宽怀大度。出语温和，谦让待人，避免争吵。

2. 专题辩论

专题辩论，是指在特定的场合对特定的议题所展开的辩论，如决策辩论、外交辩论、法庭辩论、谈判辩论、论文辩论、竞选辩论，等等。

因为辩论的场合、辩论的内容、辩论的目的、参辩者的身份的不同、各种专题辩论呈现的特点也不同。比如法庭辩论，具有庄重、公正、平等的特点；贸易谈判辩论，具有合作性、互惠互利的特点；而外交辩论则表现出政治性、原则性、灵活性和礼节性的特点。专题辩论还常有很强的职业性与专业性的特点，常常是专业知识、职业规范的具体运用。

3. 赛场辩论

赛场辩论是有组织的，按照一定的规则，一定的程序所开展的竞赛活动。赛场辩论的特点有三：一是演练性。赛场辩论的主要目的，是通过比赛来训练与检验双方的能力和技巧。辩论的结果，胜方不一定代表真理，而败方的观点并非一定是谬误。二是立场的不确定性。在赛场辩论中，对立双方的立场是由抽签决定。抽到正方的立场，就必须全力维护正方的观点，驳斥反方观点；抽到反方的立场，就必须全力维护反方观点，驳斥正方的观点，不论所抽立场与自己固有看法是否相悖，都必须把它当作真理来维护。三是规则的公平性。赛场辩论作为一种竞赛，是按照严格的比赛章程进行的。在赛场上，辩论双方的地位平等，机会均等，双方出场人数、发言时间均等，评判标准和条件都一致，胜负由评判员决定。

（三）辩论技巧

"工欲善其事，必先利其器"，这是孔子的话。这里的"器"，也可指抽象的法与技巧。墨子说过："辩于言谈，博乎道术。"意思是说，辩论虽然是从言谈中开展的，但必须精通说话的方法与技巧。随着人类逻辑思维的完善，随着现代科学的发展，人们的辩论方法与技巧自然远非墨子的"道术"可比了。

辩论，有辩有论。辩与论，就是破与立的关系，有破有立，破中有立，立中有破，有立才能破的彻底，又破才能立得坚实。辩与论，破与立是辩证的统一。因此，辩论的技巧，包括立论与辩驳两方面的技巧。

1. 立论

辩论，必须有自己（本方）鲜明的观点和坚定的立场，并由此而建构起严密的逻辑框架。这是辩论获胜的先决条件。辩论一般有三种形态：一是一对一的辩论，一般出现在日常生活中的争论，如我国辩证史上著名的"濠梁之辩"；二是一对群体的辩论，即一个人与众多的人辩论，如诸葛亮舌战群儒；三是群体与群体辩论，如辩论赛。前面两种辩论形态，凭着个人的机敏与智慧，潇洒自如的大展辩才，或许可以独占鳌头。然而，第三种形态，其观点、立场、逻辑框架就显得尤为重要了。在群体辩论中，不仅要充分发挥个人的辩才，更重要的是整体的配合，观点、立场、逻辑框架不统一，就不可能形成合力。几个辩手，各自为战，各吹各的调，各说各的话，互不支撑，甚至还相互矛盾，是绝对不可能获胜的。下面以首届国际华语大专辩论会决赛的例子作一说明。决赛的辩题是"人性本善"，反方复旦大学的立场是：人性本恶。

一辩陈词，概括起来有三点：

第一，人性是由社会属性和自然属性组成的，自然属性指的是无节制的本能与欲望，这是人的天性，是与生俱来的；社会属性是通过社会生活、社会教化所获得的，是后天性的。人性本恶指的是人性本来的、先天的就是恶的。

第二，恶指的就是本能和欲望的无节制地扩张，而善是对本能的合理节制。

第三，人性可以通过后天教化加以改造。当人们的自然倾向无限向外扩张的时候，如果社会属性按照同一方向推波助澜，那么人性就会更加堕落；相反，如果我们整个社会倡导扬善避恶，那么人性就可能向善的方向发展。

陈词紧扣辩题，分别对"人性"、"本"、"恶"（善）作了界定，在界定中阐明观点，建构逻辑框架。辩论中的观点固然重要，起着举足轻重的核心作用。然而观点能否自圆其说，能否经得起对方的挑剔与攻击，甚至能否把对方的观点包容进来，这就取决于支撑观点的逻辑框架。辩论获胜的关键，不在于观点如何高明，而在于逻辑框架的严密。这在辩论赛中表现的尤为突出。辩论双方的立场观点是由抽签决定的，而且各自的辩题往往是把同一个问题推向两个极端，比如，"艾滋病是医学问题，不是社会问题"和"艾滋病是社会问题，不是医学问题"这个辩题，正反双方所持的立场和观点都是片面的，或胜或负，都不是正确与错误、真理与谬误的必然结果。决定胜负的只能是逻辑框架。

逻辑框架主要表现为提出观点的思维方法与形式。比如，复旦大学队，首先把人性划分为社会属性与自然属性两个方面，并把自然属性界定为"无节制的本能与欲望"，是本性，是与生俱来的。接着再界定"恶"是"本能与欲望的无节制地扩张"。最后推定"恶"是"本"。这就是一个严密的逻辑过程，有大前提、小前提、结论，即观点。用同样的方法，推导结论的另外一方面，"善"是"对本能的合理节制"。然而，只强调"人性本恶"，那么善又是从何而来的呢？为什么自古以来人们都是提倡扬善避恶呢？这是双方或听众必然要提出的问题，如果不能作出合乎逻辑的解释或回答，这样的观点显然是立不起来的。于是辩论者依据大前提的另外一方面，即"社会属性则是通过社会生活、社会教化所获得的，它是后天属性"，顺理成章的续补一个观点——"人性是可以通过后天教化加以改造的"，善是教化的结果。至此观点表述十分鲜明、完整，逻辑十分严密。因此，在辩论中，便可既能理直气壮，又能游刃有余，可攻可守，不管对方怎么挖空心思进攻，都能左右逢源，自圆其说，故而稳操胜券。

逻辑框架除了从观点表述中体现之外，还大量表现为辩论过程的组合方式及攻守策略等。

立论，除了提出观点，建构总的逻辑框架之外，还需要提出论据（包括理论论据和事实论据），按照一定的逻辑方式对观点进行充分的论证。论证的手段是多种多样，灵活多变的，比如要运用大量的事实进行证明，一般是归纳的手法；依据一定的原理、法规、经典性的结论、层层推导，这是演绎的手法；还可以用对比、类比、比喻等方式论证。

2. 辩驳

辩驳，这是辩论中最具智慧、最精彩的部分。辩驳大体可以分为强辩、巧辩、情态反驳三种形态。

（1）强辩

强辩，理足气盛，是则是，非则非，有理有据，无可置疑，义正辞严，态度强硬。例如，沙祖康在2001年出任我国常驻联合国日内瓦代表团大使时，上任伊始，他礼节性地拜访了各国大使。在拜访英国大使时，对方很不友好地说："大使阁下，我们大英帝国对你们的人权情况表示关切……"对于这种失礼的行为，沙祖康毫不客气地打断对方的话说："大使阁下，您知道我现在想什么吗？"英国大使一头雾水："我不知道。"

随后，沙祖康义正辞严地说：

我怎么看着你这张脸就想起鸦片战争来了。当年，你们强迫中国人民吸食鸦片，中国人民拒绝了，因此你们就挑起了战争。鸦片侵犯中国人民的健康权，你们非法占领我香港多少年，1997年才归还。在你们占领期间，从来就没在香港搞过任何选举。今天你们居然关心起中国人民的权利来了，我总觉得不是那么自然，这是我实实在在的看法。

沙祖康稍微缓和点语气，继续说：

你今天终于给了我机会，让我表达了我的关切。我的关切是，你干涉我国内政，你今天面对的中国，是站起来的中国，你不能再用过去的目光来看待我们，你早就应该明白这个道理了。你明白的太晚了。我们不图什么，只希望你学会平等相待。

英国大使被沙祖康教训得脸上一阵红一阵白，无话可说。

面对如此蛮横失礼的对手，只能"以眼还眼，以牙还牙"。沙祖康果断地打断对方的话，从历史与现实两个角度，针锋相对地反驳对方，对于中国人民的权益，他们从来就没有"关切"过，恰恰是侵犯与干涉。不仅有理有据地驳斥了对方的说法，而且对于他失礼的行为也给予了辛辣的揶揄。整段反驳，从时间的选择，从说话的语气，从论据的运用，都是有理有据有礼的，是十分典型的强辩。

强辩，不是把无理说成有理的强词夺理，更不是理屈词穷的气急败坏。

例如，在关于"人性本善"这场辩论中，进入自由辩论阶段，双方就荀子的说法展开辩论：

正方辩手：对方辩友这句话回答的什么，我们实在没有听出来。不过，我想告诉对方辩友解决一下性恶的问题吧！荀子说："无为则性不能自美"。说性像泥巴一样，它塑成砖就塑成砖，塑成房子就塑成房子，这是无恶无善说啊！对方辩友。

反方辩手：荀子也说：后天所谓善是在"注错习之所积耳"，怎么叫"注错习之所积耳"呀？请回答。

正方辩手：荀子说错了！荀子说他看到什么是恶的，还是说没有看到善，你就说是恶的。没有看到善是不善，不是恶，对方辩友。

反方辩手：你说荀子说错了就错了吗？那要那么多儒家学干什么？（笑声、掌声）

显然，红队辩手的说法是毫无根据的，是在理亏的情势下说出来的，强词夺理，说话的情绪也有些激动。

（2）巧辩

巧辩，即机智、巧妙地反驳。或者论辩双方势均力敌，旗鼓相当；或者敌强我弱，处于不利情势；或者迫于情势，不便强攻；或者即便有理，但求有礼有节，等等，都需要巧辩。

巧辩，一般有巧设问机、归谬、二难推理、诡辩、预期反驳、间接反驳等。

巧问，机智的发问，可以把对方问住，迫使对方就范，而且还使其很难自圆其说，进退两难，具有一定的威慑力。例如，1993 年新加坡亚洲大专辩论赛，复旦大学队六次向台湾大学队发问："善花是如何结出恶果来的？"弄得对方很狼狈，充分暴露了对方理论的破绽。

巧问，有诱问、套问、逼问几种，上例就是逼问。

归谬，就是根据对方的逻辑，把对方的论点或论据用来引申，得出一个荒谬的结论，以此来反驳对方的论点或论据。

例如，1983 年 2 月，邓小平在钓鱼台国宾馆与美国总统里根的特使舒尔茨国务卿会谈，在谈到中美关系时，邓小平说：

"别说历史上美国对中国不平等，就是现在，也未必平等。前不久，美国司法机关公然企图'传讯'中国政府，这是典型的霸权行径，真是岂有此理！请特使转告里根政府，中国作为一个主权国家，神圣不可侵犯。我们对此提出严正抗议！"

"邓小平先生有所不知，美国司法制度是独立的，政府无权过问呀！"舒尔茨辩解道。

"如此说来，美国实际上就有三个政府了，国会、内阁、法院。那么，究竟要人家同你们哪个政府打交道才好呢？"

邓小平义正辞严，舒尔茨无言以对。

舒尔茨以美国司法独立，政府无权过问为由，推卸政府的责任。邓小平不去追究美国司法与政府的关系问题，而是利用这种说法，做了进一步的推论，得出"美国实际上三个政府"的结论。显然这是荒谬的。因为是借对方的说法推论的，推出的结论既然是荒谬的，那么这个说法同样是荒谬的。这就叫"请君入瓮"，或者"以子之矛攻子之盾"。既省力，又有杀伤力。

再看二难推理。先看一个例子。在机构改革中，一位年事已高的干部要退下来了，可他牢骚满腹，组织上找他谈话，除了充分肯定了他的成绩之外，还特地针对他当时的态度说了下面一段话：

恕我直言，在我们领导下的这些人，如果至今还没有能胜任我们的工作，那就说明，我们是不称职的；如果有人能胜任我们的工作，而且比我们做得更好，那我们还有什么必要去争这份热情呢？

结论是什么呢？或者不称职，或者没有必要去争这份热情，二者必居其一，都应该退下来。这种反驳的方式就是选言假言推理，先穷尽前提，再依据前提分别推出结论，不管是哪种结论，都是对方不愿意也不能接受的，但又无法挣脱逻辑的力量，因此叫"难"。有两个前提叫"二难"，有三个前提叫"三难"。因为是对方左右为难，进退维谷，人们又把这种反驳方式形象地称为"双刀法"。

值得注意的是，二难推理，显然是一种最简捷最有效的反驳手段，但同时又是最隐蔽、最容易被人忽略的诡辩手法。当年的"四人帮"就是使用它令人民群众为难的。如果坚持天天上班，他们就说这是以生产压革命；如果不上班，他们又说这是以破坏生产来破坏革命。上班或者不上班，反正都要被扣上破坏革命、破坏生产的帽子。还胡说什么"宁要社会主义的草，也不要资本主义的苗"，等等。好像社会主义只能长"草"，不能长"苗"。挖空心思玩弄二难推理。

诡辩是怎么一回事呢？诡辩是一种很坏的辩术，"以非为是，以是为非，是非无度"。然而，在言语角逐的一瞬间，为了摆脱困境，避免难堪，变被动为主动，同样不失为巧辩的一法，如果用得巧妙，还能生出奇趣。尤其是辩论赛中，双方的观点一般都是偏执的，因此在辩论中很难说有正确与错误之分，很多的时候，只能靠巧辩取胜，这种巧辩自然包括了诡辩。下面这段是关于"艾滋病是医学问题，不是社会问题"的自由辩论：

朱天飙：艾滋病的病毒是在医院里被发现的，现在世界上有成百上千的医务工作者正在研究解决艾滋病的方法。

蒋昌健：我们从来没有否认过医学参与，请问，医学参与就一定等于医学问题吗？

朱天飙：请问，成百上千的医务工作者在研究，这只是简单的医学参与吗？

季翔：在医院里发现的就是医学问题吗？在医院里捡到别人的一把钥匙，这把钥匙就成了医学问题吗？（掌声、笑声）

朱天飙：对方辩友认为，成百上千的医务工作者在研究艾滋病，只是在寻找钥匙啊。（掌声）

……

蒋昌健：一个老太婆被车撞倒了，请问，这是救人的问题呢还是撞人的问题？

陈惠：那不是病啊！（笑声）

季翔：但是她不也要去医院吗？那就是医学问题了吗？不，那是个交通事故！（笑声）

朱天飙：可是成百上千的医务工作人员在帮助这个老太太吗？艾滋病的研究是需要成百上千的工作人员、医务人员呀。

严嘉：一个人得了病是社会问题，千百万人得了艾滋病，难道还不成为社会问题吗?

朱天飙:千百万人还曾得过感冒,千百万人还曾得过心脏病,难道心脏病是社会问题吗?

姜丰:一个人打喷嚏不是社会问题,但是如果我们全场人同时打喷嚏,还不是社会问题吗?(掌声)

这段辩论虽然很精彩,博得了场内听众阵阵掌声和笑声。但仔细琢磨双方的理由并不是很充分,甚至是很难成立的。相对比较而言,正方的辩论还略显诚实些,至少提出了两方面的依据,一是"艾滋病是在医院里被发现的";二是"有成百上千的医务工作者正在研究解决艾滋病的方法"。反方一条根据都提不出来,却反而得到听众特别的赞赏。因为他们辩得机智、辩得巧妙。在这段辩论中,场内爆发掌声的是两处,即季翔和姜丰的发言之后,恰恰这两处都是诡辩。艾滋病毒是在医院里发现的,这是事实,正方以此来证明艾滋病是医学问题,虽然理由不很充分但也不能说没有道理。可季翔的发言,先把病毒这个事实隐去,只留下"在医院里被发现的",然后以在医院里捡到钥匙的假设进行归谬,得出的结论是:在医院里被发现的,不是医学问题。这样的反驳,只是一种逻辑构成正是诡辩。姜丰以"全场人同时打喷嚏"就断定"是社会问题"的说法,同样是诡辩。别说是全场的人,就是有更多的人打喷嚏,也得不出"是社会问题"的结论。明明是诡辩,反而获得赞赏,因为诡辩包含了机智。如同宋玉的《登徒子好色赋》一样,明明知道他是临场瞎编诡辩,但在瞎编和诡辩中却表现了智慧与才华,以至千古传颂。

为了摆脱困境,避免难堪,寻找新的突破口,偶尔使用诡辩,的确不失为巧辩的一法。但必须严正指出,严肃的辩题需要严肃的态度,诡辩只是一时口舌之能,终究难登严肃辩论的大雅之堂。

至于预期反驳,即在辩论中,设想对方将会提出什么问题,持何种理由,找出什么借口,为堵住对方的反驳,不等对方开口,一一提出并驳斥。通常的表现形式是:"我知道,你将会说……""不难设想,你一定会说……""你肯定会认为……",等等。预期反驳不仅可以堵住对方的反击,而且还能从反面加强本方立论的力度。

最后是间接反驳,为了更省力、更有效地反驳对方的立场观点,反而不正面出击，而是先建立与对方完全对立的立场观点，形成非此即彼的逻辑态势，再全力证明自己的立场观点是正确的，最后达到否定对方立场观点的目的。这种反驳技巧，恩格斯在《论权威》中运用得极为出色。反驳一开始，他就将马克思主义与反权威主义者的立场观点同时表述为：或者要权威，或者不要权威。接着撇开反权威主义立场观点，从三个方面全力证明马克思主义的立场观点，即从现代社会的发展趋势，从社会生产的过程，从铁路航海的情势展开严密的论证，最后得出结论：权威是必需的，而且随着社会发展而日益扩大范围。因此，反对权威，否定权威，"这是荒谬的"。这是十分典型的间接反驳。这种反驳是逻辑推理的选言肯定否定式的具体运用。即在两个完全对立（或者叫不相容的）选项中，肯定其中一个选项就必然否定另一个选项。这种反驳方式又经常有所变化，其中正谬并举法，同样不失为一种巧辩。例如，1945 年，日本帝国主义投降后，由战胜国组成了一个远东国际军事法庭审判日本战犯。梅汝璈作为中国法官参加审判。开庭前，围绕排座次的问题，美国、英国、苏联、加拿大、法国、中国、新加坡、荷兰、印度、菲律宾的十国法官展开了激烈的争论。当时的中国号称"四强之一"，可国力不强，徒有虚名，座次将要被排在后面。面对这种以强凌辱弱的局面，梅汝璈法官慷慨陈词：

我认为，法庭的座次应按日本投降国的签字顺序排列最合理。首先，今日系审判日本战犯，中国受日本侵略最烈，而抗战时间最长，付出的牺牲最大，因此，有 8 年浴血抗战历史的中国，理应排在第二；再者，没有日本无条件投降，便没有今日的审判，按各受降国的签字顺序排列，实属顺理成章。

停了停，梅汝璈微微一笑，接着说：

如果各位同仁不赞成这一办法，我们不妨找个体重测量器来，然后按体重大小排座。体重者居中，体轻者居旁。

各国法官忍俊不禁，由盟军最高统帅麦克阿瑟指定为庭长的韦伯笑着说："你的建议很好，但它只适用于拳击比赛。"

梅汝璈回答说：

若不以受降国签字顺序排序，那还是按体重排好。这样，纵使我被置末座，亦心安理得，并可以对我的国家有所交代。一旦他们认为我坐在边上不合适，可以调派另一名比我肥胖的来换我呀。

话音刚落，全场法官大笑。但又不得不按受降国签字顺序排定法官座次。

先阐述一个正确的主张，再摆出一个荒谬的做法，正谬对举，非此即彼。如果不采用正确的主张，势必就会陷入荒唐的做法，逼着对手非接纳正确的主张不可。

（3）情态反驳

辩论者的身姿、手势、表情、动作，也可以构成反驳，运用得好，常常还可以起到言辞不能替代的作用。一丝友好的微笑，自然可以缓解对方的对立情绪；一副鄙夷的神情，反而可以煞住对方的嚣张气焰；一个有力的手势，含有巨大威力，会促使对方从中掂量出分量；一个出其不意的举动，足以使对方无措手足，等等。巧妙的，适当的，恰当的情态语言，是有声语言不可缺少的补充，有时起到有声语言不可替代的作用。但要用的文明、得体、恰切，切忌粗鲁、蛮横、失礼、失态。

技能点三 演讲稿的准备

一、演讲的选题

萌发了演讲的动机，就基本上确定了演讲的最初目的，根据这个最初目的，必须选择议题，确定中心这个环节非常重要，它直接决定着演讲的主题和价值，影响着演讲的成败。

所谓议题，就是演讲的内容。选题就是选择话题，确定谈哪方面的内容。演讲者总是通过阐述、分析、论证议题来表情达意的。那么，究竟如何选题呢？

选题的基本原则应当是：

（一）体现时代精神、顺应历史潮流

演讲的目的在于宣传教育、组织和激励群众。因此，演讲的选题一定要有时代意义，必须紧紧抓住人们普遍关心的问题，抓住社会现实中急需解决的问题。

（二）适合听众要求，内容有的放矢

选题要有针对性，才能深刻影响听众，极大地感染听众。由于民族不同，性格各异，职业有别，年龄差距，以及生活环境和文化修养不同，演讲的听众存在着很大的心理差异、风格差异、感情差异等。选题时应根据不同类型听众的需要，根据不同民族、不同职业、不同层次的听众的知识水准、兴趣爱好、风俗习惯等来确定。只有选题适合听众的心理、愿望、才能调动听众的注意力，唤起听众听讲的热情和兴趣。

（三）切合自己的身份，不妨"驾轻就熟"

选择演讲议题，应切合自己的年龄、身份、气质，适合自己的知识水平和兴趣。这样，演讲者便能自然地融入自己的思想感情，得心应"口"，措辞、语调、口气也就自然、生动、有声有色、富有活力，给人以新鲜感和亲切感。

演讲者不妨"驾轻就熟"，选择自己比较熟悉、最感兴趣的议题。选择与自己的专业、知识面比较接近的议题。这样容易讲深讲透、讲出水平、讲出风格。

（四）注意演讲场合，考虑预定时间

演讲内容要与演讲场合气氛相协调，也就是要考虑演讲的时间和空间环境。时空环境不仅指演讲现场的布置，也包括时间、背景、组织和听众等因素。显然，在喜庆的场合大谈悲凉，在悲哀的氛围中大讲欢愉都是荒唐的。

二、演讲主题的确定

主题是演讲的灵魂，它决定演讲思想性的强弱，制约材料的取舍和组织，影响到论证方式和艺术调度。这是选题的具体化、明朗化。没有明确的主题，演讲就如同没有灵魂的偶像，即使讲得天花乱坠，也会让人不知所闻，不得要领。

主题要求鲜明、正确、新颖、深刻。鲜明，是指主题要贯穿于全篇，能够给听众留下深刻的印象，引起强烈的反响；正确，是指其观点见解具有积极意义，能使听众受到教益，取得良好的社会效应；新颖，是指见解独特，给人以醒目之感，对听众具有诱惑力和吸引力，能激起听众的兴趣和注意；深刻，是指提出的主张和见解能揭示事物的本质，能使听众受到启迪，从感性认识提高到理性认识。而要做到这些，必须在选定角度和发掘深度上下功夫，做到立意深远。

三、演讲的标题

标题不等于主题。标题是标明演讲稿的名称，是演讲稿不可缺少的有机组成部分，是演讲的"眉目"。好的标题，具有风流蕴藉、"眉目传神"的特点，给人留下鲜明的印象，引起听众浓厚的兴趣，如同"指路标"，使听众产生有正确指向的定势，为演讲的顺利开展创造条件。所以训练有素的演讲者都十分重视制作标题的技巧，讲究标题的艺术性。

标题一般在主题确定以后拟出，它可以说是主题和内容的最大限度的浓缩。如果按不同的标准进行分类，标题也可分为各种不同类型，从结构形式来分，标题可以有正题、副题和插题。一般演讲通常只有一个正题，如范曾的《扬起生命的风帆》。有时内容较复杂，或另有所指时，便在正题下边加上副题，副题与正题相互补充、相得益彰，如《画龙还要点睛——谈文章的标题》。有些篇幅较长、内容较复杂、涉及面广的演讲，有时在段落或章节之间用上插题，插题往往反映了各部分的基本内容。事实上，插题可以看成演讲的纲目，如李燕杰的《爱情与美》就用了插题"恋爱的真谛""爱情的格调"等。

演讲的标题不是演讲者信手拈来、随意拟定的。新颖、生动而富有魅力的演讲标题是演讲者经过认真思考、反复推敲而成的。它们有的含义深远、耐人寻味；有的思想性强，饱含哲理；有的鼓励性强，掷地有声；有的豪情满怀，激励斗志。要拟好标题，大体应注意以下几点。

（一）贴切自然

演讲标题的含义要清楚，与内容切合，能概括演讲的基本内容或揭示主旨，不可"文不对题"或"题不及意"。如标题《美在生活中》就明确地揭示出演讲的主题，且富有哲理，能让听众思考。同时，标题"大小"要适度，不宜过大，太宽则难以抓住中心；也不宜过窄，太窄容易束缚思想。

（二）警策醒目

演讲标题的字数不宜过多，用语要干净利索、简洁明快，不能拖泥带水，还要力求新奇、生动、醒目。新奇便富有吸引力，使听众产生急欲一听的心理。新奇不等于晦涩深奥、艰深难懂，若使人感到沉闷，则激不起听众的兴趣。

（三）富有启发

演讲标题要有积极性，有时代精神，适合现实要求，令人鼓舞，催人奋进；要耐人寻味，富于启发，能抓住听众渴望听讲的急切心情。同时，题目要包含情感，爱憎分明，能引起听众情感上的共鸣。

四、演讲材料准备

（一）收集材料的意义

如前所述，演讲动机的萌发、主题的确定与信息来源的关系十分密切。从材料与主题的关系来看，材料是观点形成的基础，观点从材料中来。这种从材料中抽象出来的观点一旦形成，就成了进一步收集材料的依据。同时，思想观点的阐述也以材料作支柱，离开了真实、具体、生动、新颖、典型、充分的材料来阐释观点，演讲就会瘦骨嶙峋的。只有大量地、广泛地收集材料和占有材料，才能使演讲获得成功。

（二）收集材料的途径和方法

获取演讲材料的途径很多，概括起来主要有两方面：一是获取直接材料，二是获取间接材料。所谓直接材料，是指演讲者自己的经验和思想。常言道："事事留神皆学问"，在日常生活、工作、学习中，处处留神观察，认真体验，便能获得许多材料。亲身经历，所见、所闻、所感是真切动人的最好材料。另外，亲自调查得来的材料，也属直接材料，由于这种材料出现频率较高，司空见惯，有时容易被忽略。因此，必须养成勤记录、勤整理的习惯。这种材料虽然不是自己的经历，但由于经过亲自调查，事件产生的背景、经过、结果清清楚楚，讲起来便头头是道，得心应手，极易赢得听众。所谓间接材料，主要指从书籍、报刊、文献中所得的材料。这是最广泛的材料来源，借鉴这些材料要以敏锐的洞察力进行思考、琢磨，不可人云亦云；要从中发掘新意，使之具有新的色彩。

不管是获取直接材料还是获取间接材料，都要做到广泛采撷，精于筛选，善于归档整理使之条理化、系统化。这里特别要引起注意的是，善于利用收集的材料进行归纳、研究、分析，发掘出新意，提出自己的观点和见解。

（三）收集材料的原则

收集材料要定向，防止盲目性和随意性。我们必须把握方向，有计划、有针对性地收集。所谓把准方向就是围绕论题进行，根据论题划定的区域范围,按计划、有重点地工作。选择的论题要大小适中,不宜太窄,也不宜过宽。太窄往往漏掉与之相关的材料,使用时没有回旋余地;太宽,往往难抓住主线和重点,造成内容繁杂臃肿,削弱和冲淡主题。

①材料要充分。演讲要求大量地、详尽地收集和占有材料,既要纵向了解事物发生、发展的经过,又要横向了解事物各方面的联系;不仅了解事物的正面材料,而且还要了解事物的反面材料,以便多方位、多角度进行分析、比较,这样可以避免认识上的主观性、片面性。材料越充分,思路就越开阔,论据就越充分,就越能正确有力地阐明观点,产生令人信服的雄辩力量。特别是学术演讲和法庭演讲,更要求论据充足,旁征博引。材料不足,往往难以言之成理,很难达到预定的目标。

②材料要真实。就是指材料的客观性。即所选材料是客观世界确实存在的、符合历史实际的。只有真实的材料才最有说服力,才最有利于人们形成坚定的信念。任意臆造和虚构材料,势必与事实发生撞击,势必被揭穿。对于选作论据的书面材料,要严格检查、核对;要善于鉴别,去伪存真;切忌抄转讹传、张冠李戴,引起哄笑。

③材料要新颖别致,这是就听众的感觉而言的,新奇感是促使人们注意的心理因素。演讲者立论高妙,演讲材料新鲜,就能较好地激起听众的新奇感,引起注意。这对深化主旨、充实内容都有着十分重要的意义。演讲者"人云亦云",重复使用别人的材料,就会令人感到乏味,甚至反感。因此,要尽力防止和避免材料的雷同,要造成新鲜感。一方面要留心收集现实生活中新近发生的事情;另一方面也要善于收集那些早已发生但并不为人所知的事例。此外,还要善于观察分析,抓住现实中看似一般的材料,从中挖掘出新意来。

④材料典型。真实具有可信度,新鲜具有吸引力;而典型则由于其深刻揭示事物本质,具有代表性,有较强的说服力。演讲的目的在于说服人、鼓动人。因而,要认真审慎地收集那些最能说明主旨、最具代表性的事实材料和事理材料,防止和避免材料的平淡化。

⑤材料要具体。这是相对抽象系统而言的。有些材料虽然真实、新鲜、典型,但由于详略处理不当,尽管讲清楚了来龙去脉,也使人感到"不够味"、"不解渴"。这恐怕就在于叙述太简略笼统所致。

总之,收集演讲材料要力求做到定向、充分、真实、新鲜、典型、具体、感人。很多优秀的演说家在这方面做出了很好的榜样。

【礼仪小链接】

"……这就是美国的奴隶制；没有识字的权利，没有受教育的权利——福音的光辉透不进奴隶幽暗的心灵，法律禁止他读书识字。如果一个母亲教她的孩子识字，路易斯安的法律就宣布她将受到绞刑。倘若一个父亲想让他的儿子识几个字母，他立即会受到鞭笞，而在另一场合之下，法庭可以随时把他处死。

……

奴隶主的残忍是罄竹难书的。……饥饿、血腥的皮鞭、锁链、口衔、拇指夹、猫抓背、九尾鞭、地牢、警犬，都被用来迫使奴隶安于他在美国为奴的处境。……（在美国）报上也时常刊登如下广告，叙述有的奴隶颈上戴着铁圈，脚上拴着铁链；有的浑身鞭痕；有的带着火红烙铁烧成的烫伤——他们的主人把自己的名字的开头字母烫进他们的皮肉里。……不久前发生过这样一桩事。一个女奴和一个男奴在缺乏任何法律保护作为夫妻的条件下结合在一起。他们的同居得到了他们主人的同意，而不是由于有权利这样做，他们成立了一个家。主人发现，为了他的利益起见最好把他们卖掉。但他根本不询问他们对这件事的愿望；他们是不予以考虑的。在拍板声中，一男一女被带到拍卖台旁。喊声响了："瞧啊，谁出价？"想一想，是一对夫妇在待价而沽呀！女的被领上拍卖台，她的四肢照例是野蛮地展现在买主们面前的，他们可以像相马一般任意察看她。丈夫无能为力地站在那里，他对自己的妻子毫无权利；处置权是属于主人的。她被卖掉了。他接着被带到拍卖台上，他的双眼紧盯着走远的妻子，他以恳切的目光望着购买他妻子的那个人，乞求把他一起买去，但是他终于被别人买去了，他就要同他相亲相爱的女人永别，无论他说什么，无论他做什么事，都不能使他免于这次分离。他恳求他的新主人允许他去跟他妻子告别，但没有获准。在极度痛楚下，他挣扎着从新买他的主人那里冲向前去，打算同他的妻子话别，但是他被挡住了，并且当众挨了狠狠的一鞭，他马上被抓了起来。他太伤心了，所以当命令他出发的时候，他像死人一般倒在主人的脚边。……"

（节选自弗·道格拉斯（1817—1895）于1846年5月在伦敦发表的一

次演讲)

这篇演讲，淋漓尽致地揭露了美国奴隶制度的罪恶，真是催人泪下！这与演讲者精确恰当的选材有密切的关系。

五、演讲提纲的编列

编列演讲提纲，是演讲前的重要准备工作。它常常是临场发挥的重要依据。提纲编列的好坏，直接影响到演讲成功与否。所谓编列提纲，实际上就是确定框架，以提要或图表方式列出观点、材料以及观点和材料的组合方式。

大体来讲，编列演讲提纲有如下作用。

(一) 确定框架

编列提纲能把演讲的整体轮廓用文字固定、明确下来。事实上，拟定提纲，可以对论题的设想不断加以修改和补充，使构思更为周密、完善。确定了整体框架，演讲者便能心中有数，逐层展开，不致东一句西一句，言不及义。

(二) 进一步选材组材

编列提纲的过程，也是进一步选材和组材的过程，是演讲内容逐步具体化的过程。演讲题目、结构层次、典型事例、引文材料及其他有关资料，都要具体地在提纲中体现出来。在这个过程中，必然要对材料做进一步的筛选和补充。

(三) 训练思维

编写提纲的过程，正是演讲者积极思维的紧张过程。在这个过程中，演讲者必然要认真思考、分析演讲的主题、材料、层次、结构和其内在的逻辑联系，促使思维的条理化和科学化。因此，这个过程事实上正是培养和锻炼思维的过程。

(四) 避免遗忘

编写提纲也是不断熟悉材料的过程，特别是在不用讲稿仅用提纲进行演讲时，提纲更是起着揭示启发、避免遗忘的作用，成为临时发挥的重要依据。

一般来说，演讲提纲中要列举如下内容。

①演讲的标题。如有副题和插题，均应分别列举出来。

②演讲的论点。演讲的中心论点必须明确清晰地列出中心论点及所包含的分论点，以及分论点下属的小论点，也应用简洁的语言逐层列出，应根据事理的内在逻辑关系依次排列。

③演讲的材料依据。阐明主旨材料的事实材料和事理材料，也应用简明的语言或恰当的符号在相应的部位列出。事实材料主要指例证、数据等；事理材料包括科学原理、科学定律、文件精神、法律条文、名言警句等。这些事实依据和理论依据能使演讲持之有故，言之成理，具有说服力和感染力。因此，必须逐一列出，不可忽视，以免遗漏。

④演讲的整体结构。演讲提纲的编列要依据演讲的内在逻辑体现出演讲内容的先后次序。例如，如何开头、如何结尾、重点内容如何突出、如何过渡、结构层次如何安排等。事实上，演讲提纲就像事先构筑的语流渠道，决定着演讲语流的走向。

有些演讲提纲编列之后就可以进行演讲。依纲发挥，常常能收到很好的效果。但为了谨慎起见，使演讲更趋圆满，常常需要在提纲的基础上写出详尽的演讲稿。

六、演讲稿的撰写

(一) 讲究语言表达技巧

所谓演讲的语言，就是以演讲这种语体形式出现时所使用的语言。演讲的语言同样是人们交流思想、表达情感、传递信息的工具。演讲如果离开了语言也就不复存在了。而演讲语言用得好与差，将直接影响演讲的社会效果。从某种意义上讲，演讲就是语言的艺术。远在古希腊时期，人们就把演讲家称为"语言大师"了。所以每一个想成为演讲家、期望自己的演讲成功的人，都应该在演讲的语言上下功夫。

1. 语言的准确性

语言要准确，就是要具有科学性。主要体现在用词准确，符合客观事物的本来面目，以及锤炼字词、斟酌语句上。演讲使用的语言一定要确切、清晰地表现出所要讲述的事实和思想，揭示出它们的本质和联系。语言是思想和现实的反映，是一切事实的思想和外衣。只有准确的语言才具有科学性，才能逼真地反映出现实面貌和思想实际，才能为听众所接受，达到宣传、教育和影响听众的效果。这就要求演讲者准确地使用概念，科学地进行判断，合乎逻辑地推理，以消除概念模糊、模棱两可、自相矛盾等弊端。

要想使演讲的语言做到准确，应当具备如下一些条件。

（1）思想要明确

演讲者如果对客观事物没有看清、看透，自己的思想尚处于模糊状态，用语自然就不能准确，就必然要含糊不清。所以，只有思想明确了，才能使语言准确。

（2）具备丰富的词汇量

要想使演讲语言准确、恰当，演讲者必须占有和掌握丰富的词汇。为了精确地概括事物，生动地表达思想和感情，分辨事物和概念之间的细微差异，使演讲容易被别人接受和理解，并产生较强的说服力和感染力，就需要在大量的、丰富的词汇里，筛选出最能反映出这一事物、概念的词语来。词汇的贫乏，往往会导致演讲语言的枯燥无味，甚至词不达意。

（3）注意词语感情色彩

词的感情色彩是非常鲜明而细微的，只有仔细地推敲、体味、比较，才能区别出词语的褒贬色彩。例如，说一个人死了，由于感情不同，用词也就不同，如"牺牲""逝世""去世""故去了""死了""完蛋了""见上帝去了"等等。这些词表现的虽然都是同一个意思，但其感情色彩却是截然不同的。因此，为了使语言更加准确，运用语言时就必须十分注意它的感情色彩。

（4）有生命力的文言词语

在这方面毛泽东同志堪称代表，他在演讲中经常使用一些有生命力的文言词语，效果极佳。文言词语的恰当使用，会增加语言的准确性和生动性。

2. 语言的简洁性

所谓语言的简洁，就是用最少的字句，准确地表达出所要陈述的思想内容。或者说，简洁的语言是由一个实质内容或因素所组成，没有不相干的东西或不必要的附加物，它对于思想交流的意义是非常重要的。恩格斯说："言简意赅的句子，一经了解，就能常常记住，变成口语；而这是冗长的论述绝对做不到的。"恩格斯不仅见解精辟，而且其演讲语言也实践了自己的主张：简洁、凝练。

当然，我们提倡演讲语言的简洁，决不是为"简"而"简"，甚至到了枯燥贫乏、简单肤浅的程度。我们说的简洁，就是以最少的语言表达出最多的内容。如果简洁到了妨碍思想内容的表达的程度，那就适得其反了。

简洁还应和"详述""描写""反复"结合起来。如果单纯为了简洁而把这些方法全都舍弃了。那么整个演讲恐怕就只剩下干巴巴的"骨架"和"筋"了，不仅不能生动、形象、细腻地表达思想感情，而且也会失去演讲的感染力和说服力。要做到语言的简洁，并不是一件简单容易的事情。要想做到这一点，首先必须对于自己要讲的思想内容经过认真思考，弄清道理，抓住要点，明确中心。如果事前把这些搞清楚了，在演讲时至少不至于拖泥带水，紊乱芜杂。语言的不清晰是思想不清晰的反映，只有思想的清晰才能做到语言的清晰和简洁。其次要注意文字的锤炼和推敲，并做到精益求精，一字不多，一字不易。

3. 语言的通俗性

俗话说，话需通俗方传远。演讲既然要宣传人、影响人、教育人，讲出的话就应当是通俗易懂的。因为演讲的时候，语言稍纵即逝，如果不通俗明白，听众听不清楚、不理解，那就影响了演讲的效果，阻碍了演讲者与听众的思想交流。为了使演讲的语言做到通俗平易，需要从以下四方面来努力。

（1）演讲的语言要口语化

怎样才能做到口语化呢？首先，要解决思想认识问题。不要一动笔就往书面语言上靠。写完自己照稿讲一讲，看看是否上口，然后把那些不适合演讲的书面语改为口语化的语言。其次，要注意选择那些有利于口语表达的词语和句式。比如，双音节和多音节的词语就比单音节的词语容易上口，而且也好听。比如，"当我要写演讲稿时"就不如"当我要写演讲稿的时候"好听顺耳。至于句子的长短问题，由于演讲是用嘴进行的，有较多停顿，因而在演讲中就要多用短句，这样既清楚明了，听众也容易记住。当然也还要注意整句和散句，两者各有优点，结合使用最好。最后，是尽量不用倒装句，改换或删去不易明白的文言词和生僻成语，这些都有助于演讲语言的口语化。

（2）演讲的语言要个性化

所谓演讲语言要个性化，也就是要用自己的语言讲出自己的思想情感、意志和气质。"怎样想就怎样写，怎样写就怎样说。"它告诉我们，不管

"说"也好，"写"也好，都要用自己的语言，而不是别人的语言或现成的语言。其次，要想使语言有个性，就要下苦功学习语言，要用规范化的语言，即要：把生僻的词换成常用的词；不用生造的词语；恰当使用文言和方言词语；用浅显的语言解释难理解的术语。

（3）演讲的语言要生动感人

好的演讲稿，语言应该是生动形象的。语言大师老舍说得好："我们的最好的思想、最浓厚的感情，只能用最美妙的语言表达出来。若是表达不出，谁能知道那思想与感情怎样好呢？"要使语言生动感人，必须做到：用形象化的语言，用幽默、风趣的语言，并要发挥语言的音乐性。

总之，每个演讲者，只有注意演讲稿的语言表达技巧，并能纯熟地掌握和恰当地运用它们，才能写出好的演讲稿。

（二）讲究控制力

好的演讲对听众要有控制力。通过控制演讲会场和演讲过程，使听众始终注意力集中，情绪高昂。那么，在写演讲稿时，该怎样体现这种控制力呢？

1. 开头

在演讲的开头，要充满信心地说出演讲内容的要领，使听众对之有所了解，并造成一定的演讲气氛，控制听众情绪，使之在情绪上实现"定位"。

2. 主体部分

要突出演讲的中心，给听众打下深刻的思想烙印。在一篇演讲中，中心一般只有一个。演讲时，对中心内容，往往需要反复申说，铺陈展开，而对次要的问题则一带即过，略略一提。

3. 要有悬念

通过悬念调动听众的思维力、想象力，使听众在不断质疑、释疑中受到启迪。

（三）讲究逻辑结构

演讲稿最普通、最有成效的构造方法，是将它分为开头、中间、结尾三部分来写。这样的构造方法，既可以使演讲稿的撰写有所遵循和不至于太吃力，又有利于启发听众的理智和感情，使听众很容易把握全篇。

1. 开头部分

开头，也叫导论。同一般的文章开头一样，是一个很重要的部分，也

是写演讲稿时十分费心费时的一笔，它往往决定着一篇演讲稿的趋向，为演讲定下"调子"。

开头部分，一般包括称呼和第一段文字。根据经验，常见的开头方法有如下几种：开宗明义，接触讲题；提出讲题，引起思考；渲染气氛，培养感情。

另外，讲个切合话题的小故事、寓言、童话或引述名人名言，或造个悬念等，都是开头的好方法，关键在于演讲者要根据具体情况具体分析，灵活运用。

2. 中间部分

中间部分，即演讲稿的主要内容，是"躯干"。它的作用在于就开头部分提出的问题或观点进行论证和分析，它的目的在于解决问题，阐明观点，说服、引导听众。在这部分的写作上，要求条理清楚，意思明白，合乎情理，既要有严密的逻辑性，又要变化有序、生动感人。

可把中间部分的写作方法归纳为以下三种。

①逼进法。即根据分析问题时逻辑思维的自然顺序，由此及彼，一步跟一步、一步深一步进行的方法。

②分列法。即从不同角度或侧面进行论证、说明的方法。

③对比法。即拿两个本质上相同或相似的事物进行比较分析，从而论证和开发自己的论点，使听众随着演讲者在比较中进行思索。

3. 结尾部分

它也是演讲稿的一个重要和不可缺少的部分。俗话说："编筐编篓，重在收口。"演讲稿的结尾是不容易写好的。它要求写得切实清晰、干净利落、深刻有力，而不能拖泥带水、画蛇添足。

通常结尾的方法有三种：概括总结，表明态度，提出希望和要求。

（四）其他应该注意的问题

1. 先动脑，后动笔

先思而后行，才能事半功倍。

2. 前呼后应，一脉贯通

演讲稿不管在思想上还是在语脉上，要做到前后连贯，通篇顺畅。

3. 趁热打铁，一气呵成

初稿时，先不要考虑修改问题，最好是一气呵成。

完成初稿后，再反复推敲，进行修改演讲稿草稿修改是写作过程中重要的、必不可少的一环，好的文章是修改出来的。

七、演讲稿的修改

(一) 修改的内容

1. 从主题着手

首先要看确定的主题是否健康、正确，再看看文字是否把主题表达出来，是否充分，是否新颖，有无片面性。有时即使主题正确无误，在修改时也会出现一些预想之外的闪光思想和语言，比原来的要深刻和精彩，修改就是弥补和扩展发挥的极好机会。

2. 审视结构

从演讲结构的一般模式看，结构不会有什么大问题，开头、正文、结尾是比较明确的。修改时主要审视的是正文部分，主题有了变化，结构必须随之变动，即使主题没什么变化，由于起草时只是作为一种构想写出来的，一旦落实在纸上，反复审视、推敲，就会发现一些毛病，如逻辑性不强、前后位置不当、层次不清、上下文重复、材料和引文引用不当、段落衔接不紧密等，这都需要重新调整和修改，有时还要"动大手术"。

3. 推敲润色语言

修改演讲稿写作语言的目的，一是减少语言方面的毛病，二是保持演讲语言的特点。

(二) 修改的方法

1. 反复修改

演讲稿修改的方法与一般文章的修改方法大致相同，都需要反复推敲、字斟句酌，对于比较重要的演讲稿不妨多看、多改几遍，力求完美无瑕。

2. 边讲边改

就是一边讲，一边改；一边改，一边讲；手、口、耳并用。

技能点四 演讲的表达艺术

演讲的表达过程，就是演讲内容通过演讲者传达给听众的过程。演讲者事先准备的内容是待传递的信息，演讲者的有声语言和态势语言正是信息传递的载体。演讲者依靠有声语言和态势语言把信息传递出去，听众也依赖演讲者的有声语言和态势语言来接收信息。演讲活动，作为以口语为主体的信息传递过程，离开了演讲者的有声语言和态势语言，就称不上演讲了。同时，演讲是一种具有较强审美价值的艺术化的宣传教育形式，它要求其表达既具有思想性，又具有艺术性。如果不重视演讲的表达艺术，即使内容再好，演讲也难以取得成功。

一、演讲的有声语言表达技巧

众所周知，演讲需要口才。所谓口才，就是遣词造句的口语表达能力，即有声语言。它是演讲的前提条件。演讲的主体要素是"讲"，对演讲者来说，写好了演讲词，不一定就讲得好，有人说，三分稿，七分讲。正如作曲家不一定是演唱家一样。有文才，写出光彩照人演讲词的人，不一定有好口才，不一定讲得娓娓动听。真正的演讲家，既要善写，还要会讲，既要有文才又要有口才。出口成章，滔滔不绝。从某种意义上说，口才比文才更为重要。它的交流更便捷、灵活、自如。如果演讲者讲话含糊不清，拖泥带水，"这个""那个"一大串，那么，即使其有超凡脱俗的智慧，有惊世骇俗的思想，也难以表达出来。当今社会，知识爆炸，信息共享，新型人才不仅要有非凡的智慧、开拓的精神，而且还要有出类拔萃的口才。

人才需要口才。那么如何才能有良好的口才，我们在绪论篇已经谈过，那就是经过严格的训练培养出来的。这种严格的训练不仅是勤练、苦练，而且要巧练。所谓的巧练，就是练习得法，摸清规律，掌握要领，这样才能事半功倍，取得最佳效果。

（一）有声语言的基本要求

有声语言作为演讲的主体，它的表述应符合这样几点要求：发音正确、清晰、优美；词句流利、准确、易懂；语调贴切、自然、动情。

1. 发音正确、清晰、优美

郭沫若说过："语言除意义外，应该要追求其他的色彩，声调、感触。同义的语言或字面有明暗、硬软、响亮与沉郁的区别。"

以声音为主要物质手段的演讲，对语音的要求就更高，既要能准确地表达出丰富多彩的思想感情，又要爽耳悦心，清亮优美。为此，演讲者必须认真对语音进行研究，努力使自己的声音达到最佳状态。

什么是演讲的最佳语音状态？大概是以下几点。

其一，准确清晰，即吐字归音正确清楚，语气得当，节奏自然。要说一口标准的普通话，这是对演讲者最基本的要求。

其二，清亮圆润，不求夸张，即声音洪亮清越，铿锵有力，悦耳动听。不是声嘶力竭地喊，也不是柔弱无力地吟。嗓音关系演讲的成败。但演讲毕竟不是表演，应该使人感到亲切、自然、接近生活。

其三，节奏分明，富于变化。即轻重缓急，抑扬顿挫，随演讲者的感情变化而变化。演讲高潮的涨落，节奏的起伏会有所不同。

其四，声音具有传达力和浸透力。演讲者饱含激情，无论是悲是喜、是爱是恨，通过一定响度和力度的声音，使在场听众受到感染和震撼。

与此相反，演讲者常见的毛病有声音痉挛颤抖，飘忽不定；大喊大叫，音量过高；音节含糊，夹杂明显的气息声；声音忽高忽低，音响失度；朗诵腔调，生硬呆板等。所有这些，都会影响听众对演讲内容的理解。因为讲话是不间断的，转瞬即逝的。话一出口，当即就被人听懂，时间差不允许听众有反复斟酌思考的余地。听众只要稍微停顿，间断思维的序列就会跟不上演讲的速度。

要达到最佳语音效果，一般说来，应从以下几个方面入手。

（1）字正腔圆

字正，是演讲语言的基本要求，要读准字音，读音响亮，送音有力。读音要符合普通话生母、韵母、声调、音节、音变的标准，杜绝地方音和误读。例如将"鞋子"说成"孩子"，将"棉袄"说成"棉脑"，将"干润"说成"干固"，将"酗酒"说成"凶酒"。还应区分平舌"z、c、s"和翘舌"zh、ch、sh"，举个绕口令的例子：

z、zh、s、sh，四十四个柿子都不涩，三十三个山楂可真酸。

在演讲中，如果读错字音，一方面直接影响听众对一个词、一个句子，甚至整篇内容的理解；另一方面也直接影响演讲者的声誉和威信，降低了听众对演讲者的信任感。在读准字音的同时，要尽量做到腔圆。即声音圆润、婉转甜美、富有音乐美。

（2）分清词界

词分单音节和多音节。单音节词不会割裂分读，而多音节的词则有可能割裂引起歧义。例如："一米九个头的冯骥才伫立在空荡的山谷里。"这句话中的"一米九——个头"，如果词界划分不当，很容易混淆为"一米——九个头"，把个头（身材）一词割裂为"个"（量词）和"头"（名词）两个词，因而产生歧义。这里还有一个笑话：一天，某领导讲话，把"已经取得文凭的和尚未取得文凭的干部"说成了"已经取得文凭的和尚，未取得文凭的干部"。台下顿时哄堂大笑。这位领导生气了，他又敲话筒，又拍桌子，喊到："你们笑什么！年轻人不好好学习可不是什么好事，现在连和尚也得有文凭，何况干部呢！"演讲者如出现这种错误，怎能不使人忍俊不禁？

（3）讲究音韵配搭

汉语讲究声调，有时还注意韵角。声调能产生抑扬急缓的变化，本身就富有音乐美。"平仄已成句，抑扬已合调，扬多抑少则调匀，抑多扬少则调促。"（谢榛《四溟诗话》）好的演讲，平仄错落有致，抑扬顿挫，显得悦耳动听。汉语的音乐美和节奏感还与语气停顿和押韵有关。现代汉语中双音节词占优势，大大增强了语言的响度和节奏感。演讲中若能准确地交替使用单音节词和双音节词，语音音节便显得和谐自然。如果在适当的地方，有意押韵，便能产生一种声音的回环美与和谐美。讲起来上口，听起来悦耳，似有散文与诗歌的风韵。此外，恰当地运用拟声词和叠字，进行渲染烘托，让人有一种身临其境之感，也能收到声情并茂的效果。

2. 词句流利、准确、易懂

遣词造句要流畅，表情达意要准确、通俗、易懂。听众通过演讲活动接受信息主要诉诸听觉作用，演讲者借助有声语言发出的信息，听众要立即能理解。有声语言与书面语之间有较明显的差距。有人说，书面语言是最后被理解，而有声语言则需立即被听懂。与书面语言相比，有声语言有如下特点：首先，句式短小，演讲不宜使用过长的冗繁的句子；其次，使用通俗易懂的常用词语和一些较流行的口头词语，使语言富有生气和活力；再次，不过多地做某些精确的列举，特别是过大的数字，常用约数。此外，较多地使用那些表明个人倾向的词语，诸如："显而易见""依我看来"等等，并且常常运用"但是""除了"等连接词，使讲话显得活泼、生动，有气势。如果我们硬性把"铁锹"说成"一种由个人操作的手握挖土器"，把"草原"说成是"一个天然的平面"，这样做，如果不是故意为难听众，有意不让听众理解，那就是特意和自己过不去，使自己的演讲归于失败。当然，讲究表意朴实的口语化，决不能像平常随便讲话那样，任意增减音节，拖泥带水，坑坑巴巴，这样便损害了有声语言的健康美，破坏了语言的完整性。

3. 语调贴切、自然、动情

语调是有声语言表达的重要手段，它能很好地辅助语言表情达意。语调若没有轻重缓急，就难以传情。同样一句话，由于语调轻重、高低长短、急缓等的不同变化，在不同语境里，可以表达出种种不同的思想感情。例如："啊，多美啊！"用舒缓的语气可以表达出赞颂之情，如果用怪腔调来念，则表现出讥讽嘲笑之意。因此，演讲者正确选择和运用语调对表达思想感情有着十分重要的意义。

那么，某种情感用怎样的语调来表达呢？一般说来，表达坚定、果敢、豪迈、愤怒的思想感情，语调急骤，声音较重；表达幸福、温暖、体贴、欣慰的思想感情，语调舒缓，声音较轻；表示愉快、责备，语调先强后弱；表示不平、热烈，声音先弱后强；表示优雅、庄重、满足，语调前后弱中间强。只有这样，才能绘声绘色，传情达意。

语调的选择和运用，必须切合思想内容，符合语言环境，考虑现场效果。语调贴切、自然正是演讲者思想感情在语言上的自然流露。所以，演讲者恰当地运用语调，事先必须准确地掌握演讲内容和感情。著名表演艺术家李默然在吉林演讲讲习班上说："我主张以情托声，就是用感情把你的声音拖出来。"他以朗诵艾青的诗《我爱这块土地》为例，朗诵最后两句："为什么我的两眼含着泪水？因为我对这块土地爱得深沉。"如果以声带情，用大音量读，可以震动人，但感情不深沉；如果以声托情，前面读的是高昂的，到这两句突然有一种凝固的感觉，一个小小的停顿，接着小音量地读，便能把这种"爱得深沉"的感情表达出来。这段经验之谈，正说明了要情动于衷，才能声形于外。只有当演讲者对所讲的内容理解至深，有真情实感，语调才能用得贴切、自然、动情。

（二）有声语言表达的训练

高超的有声语言表达技巧是需要刻苦训练来实现的。然而没有最佳的训练方法要走很多弯路，甚至无法达到目的。俗话说：工欲善其事，必先利其器。下面简述几种方法。

1. 语音训练

演讲者要想取得良好的发音效果，必须加强语音训练。"气乃声之源"，发音的基础之一是呼吸。清脆、响亮、动听的声音与科学的呼吸训练是分不开的。演讲者要善于掌握自己的发音器官，自觉地控制气息。一般来讲，采用胸腔式呼吸较好，这种呼吸是通过横膈膜的收缩和放松来进行的，气量大，能为发音提供充足的动力。平日可结合生活实际进行练习，为正确地吐字发声打好基础。

吐字发音要做到音节正确、准确，完全符合普通话的发音标准。戏曲艺术所谓的"吐字归音"训练，其目的就在于美化音色，使字音纯正、清晰、响亮、圆润，富有表现力。它要求发音时咬准字头（即读准声母），吐清字腹（即读清韵头、韵腹）和收准字尾（即读准韵尾）。"吐字"时，发音力量集中于"字头"上，"归音"时要读准每个音节的韵尾，即要求"到位"。总之，发音时要正确地把握住每个音节的发音部位和发音方法。演讲者平日要经常进行这方面的训练。同时，为了做到语句流畅、干净利落、出口成章，可根据自己的发音难点，选择一些绕口令和有一定难度的语言片段，进行快口训练，力求做到吐字准确、快速、流畅，快而不乱，语气连贯，不增减词句。

①四十四个柿子都不涩，三十三个山楂可真酸。

②八百标兵奔北坡，北坡炮兵并排跑。

炮兵怕把标兵碰，标兵怕碰炮兵炮。

③对门有个白粉墙，白粉墙上画凤凰。

先画一只黄凤凰，后画一只绯红绯红的红凤凰。

红凤凰看黄凤凰，黄凤凰看红凤凰。

红凤凰、黄凤凰，两只都像活凤凰。

④史老师，讲时事，常学时事长知识。

时事学习看报纸，报纸登的是时事。

常看报纸要多思，心里装着天下事。

⑤长扁担，短扁担，长扁担比短扁担长，短扁担比长扁担短。长扁担比短扁担长半扁担，短扁担比长扁担短半扁担，长扁担加短扁担就是一条半扁担。

⑥有一个喇嘛，手里提着一只蛤蟆；有一个哑巴，腰里别着一个喇叭。手里提着蛤蟆的喇嘛，要拿蛤蟆换哑巴腰里别着的喇叭；腰里别着喇叭的哑巴不肯拿喇叭换喇嘛手里提着的蛤蟆；手里提着蛤蟆的喇嘛，扔了腰里别着的喇叭的哑巴一蛤蟆；腰里别着喇叭的哑巴也回敬了手里提着蛤蟆的

喇嘛—喇叭。

音量大小变化有利于准确地表达思想感情。演讲者要学会准确地控制和把握音量大小变化。在情感激荡的地方，意思重要之处，音量要大些，反之要小些。音量大小变化要自然、流畅，要是感情的自然流露。同时，音量大小变化也要恰当，适度，不能大到声嘶力竭，也不能小得无法听清。此外，演讲者平日还要学会准确地把握高音、中音、低音的运用规律，以便恰如其分地表达思想感情。高音有高亢、明亮的特点，多用来表示惊疑、欢乐、赞叹等感情；中音比较丰富充实，多用来表示平和、舒缓的感情；低音则比较低沉、宽厚，多用来表示沉郁、压抑、伤感之情。这些训练最好是通过朗诵进行。

2. 语调训练

语调包括停顿、重音、升降、快慢等要素。语调训练是有声语言表达训练的重点和难点。演讲者应在这方面加强训练。

（1）顿挫

在有声语言表达中，停顿既是一种语言标志，也是一种修辞手段。

同样一组音节，因停顿不同，意思完全不一样。例如："妹妹找不到爸爸妈妈心里很着急。"可以说成："妹妹找不到爸爸妈妈，心里很着急。"也可以说成："妹妹找不到，爸爸妈妈心里很着急。"两种停顿，表达了两种完全不同的意思。可见，停顿不只是演讲者在生理上的正常换气的需要，也是表情达意的需要。停顿得当，不仅可以清晰地显示语意，而且可以调节语言节奏，给听众留下回味的余地。

停顿不当，往往影响语意的表达。例如："新丰县大胆｜更新用人制度。"（"｜"表示无标点的停顿）在"大胆"后停顿就会令人莫名其妙。按原意应在"县"字后停顿才妥。又如一个笑话，一位县领导委派到基层工作的干部这样讲："我是县长｜派来的，专搞妇女｜工作的"。这种讲话大喘气会让人哑然失笑的。再如"班禅大师、赵朴初、×××等参加了座谈会。"这一句中"班禅大师"、"赵朴初"与"×××"系并列关系，用顿号隔开，念时需要停顿。如果在"班禅大师"后不停顿，念成"班禅大师赵朴初"就是大错特错；把并列关系变成了复指关系了。可见，当停则停，不当停则不停，不可滥用。此外，在演讲中，停顿太少、太短，或过多、过长，也都会影响思想感情的正确表达。

停顿可以分为几种呢？一般说来，可分三种：语法停顿（又称逻辑停顿）、感情停顿（又称心理停顿）和特殊停顿。

语法停顿既能满足演讲者自然换气润嗓的需要，也能使演讲的语句，段落层次分明。语法停顿一般用标点符号表示出来，按标点停顿，但有时在较长的主语和谓语之间、动词和较长的宾语之间、较长的附加成分和中心词之间，较长的联合成分之间，虽然没有标点符号，也可作适当停顿。这种停顿往往是为了强调某一观点或突出某一事物，如："本来可能成为发明家的人无声无息地卷起了设计图纸。"根据不同的理解和不同的语速，可以有几种不同的停顿方法。试作比较（"｜"表示无标点的停顿）如下：

"本来可能成为发明家的人｜无声地卷起了设计图纸。"（较快）

"本来可能成为发明家的人｜无声地卷起了｜设计图纸。"（中速）

"本来可能成为｜发明家的人｜无声地｜卷起了｜设计图纸。"（慢速）

感情停顿是为了表达复杂或微妙的心里感情。感情停顿常常以拖长音节发音，欲停不停或适当延长时间来表现，并且常常辅之以态势语言，使感情表达得更加自然清楚。例如：

"把挫折的苦果｜——变成人生的补药。"这句话在"苦果"后拖音，似停非停，为后面的"变成"昂起而蓄势，便自然地表达出坚韧果断之情。演讲词《把挫折的苦果变成人生的补药》中有以下这样几句：

现在，我尚不能写出｜"笼天地于形内，摄万物于笔端"的文章，亦不能讲出｜恢宏豪壮的语言（注析：这两句在"出"字后的停顿，既有突出后面作宾语的较长的偏正短语的作用，又表达出有自知之明的恳切态度），可我｜正满怀信心，矢志不渝地朝着理想之地奋进。（注析：在"我"字后作稍长的停顿，便能表达出坚定的信心）

再说一说特殊停顿。有时，为了加强某些特殊效果或应付演讲现场的某些特殊需要，演讲者常常采用特殊停顿。例如，有一次演讲比赛，一位女士走上讲台，在黑板上写出一道醒目的标题——"论坚守岗位"，便走下讲台，扬长而去。这时，全场听众哗然，焦急、气恼、猜测、议论，大家莫名究竟。大约过了三分钟，演讲者再次登台，诚挚而郑重地说："朋友们，如果我在演讲时离开是不能容忍的话，那么工作时间纪律松弛，玩忽职守，擅离生产岗位，难道不应该受到谴责吗？我的演讲完了。"这时，听众恍然大悟。评比结果，她以超常的演讲表演和精巧的构思赢得了一等奖。

这种特殊停顿应新颖、奇特，不落俗套，滥用可能产生捉弄听众之嫌。

那么，特殊停顿应在什么地方运用呢？一般来说，在列举事例之前，略作停顿，能引起听众独立思考；在做出妙语惊人的回答之后，稍作停顿，可使人咀嚼回味；在描述奇闻轶事和发表精彩见解之后，在听众赞叹之余，特意停顿，可加深听众印象，引起联想；在话题转移之际或会场气氛热烈之时，稍稍停顿，也可以使演讲者本身赢得调整的时机。

（2）轻重

说话的声音有强有弱。用力大，气流强，声音就大，就重；用力小，气流弱，声音就小，就轻。句子是由词语构成的，每个词语在句子中的表意作用各不相同。在演讲时，人们常常把某些词语讲得比一般词语重些，这样便能起到强调突出的作用。利用声音的强弱对比，重读或轻读某些表现重点内容的词语，从而起到强调突出作用，这种有声语言表达技巧就是重音。若按声音强弱划分，重音可分轻读型重音和重读型重音，凡读音比一般词语读音轻些的叫轻读型重音，凡读音比一般词语读音重些的叫重读型重音。例如："我的妈妈是世界上最勤劳朴实的人，她时时刻刻都在为我们奔波操劳，一生休息得最少最少。""勤劳朴实""奔波操劳"，应采用重读型重音来读，读得重而深厚，而"最少最少"宜采用轻读型重音来读，读得轻而深沉。

（3）抑扬

语调有高低抑扬的变化。同一句话，往往因为语调不同，表达的意思也不大一样。同样一句"天又下雨了"，用平直调子念，表示一般叙事；若用高声调来念，则表示出疑问惊讶之情。演讲者要熟悉各种语调特点，掌握语调变化的规律。一般来讲，汉语语调变化明显在句末。大致可分为四种语调，即平直调、高升调、降抑调和曲折调。

平直调平稳舒缓，无明显高低变化。一般用在陈述说明性语句中，表达庄重、严肃、闲适、冷淡等感情。如：

秋天气候比较宜人。

高升调语势由低向高发展，一般用在疑问句、反诘句及一些感叹句中。

表达疑问、惊讶、反诘、激昂、愤怒、呼唤等感情。如：

好一个"友邦人士"！

降抑调语势由高向低发展，一般用在祈使句、感叹句，某些陈述句。表达祈使、命令、肯定、自信、沉重、悲痛等感情。如：

我的梦想一定能实现。

曲折调语势曲折、升降起伏多变。多用在双关语句中。表示夸张、讽刺等感情。如：

皇军好！皇军不杀人，不放火，不抢粮食，你看多好啊！

事实上，在实际运用中，语调升降变化情况十分复杂，演讲者要充分把握演讲时自身的潜意识，把握演讲内在思想和感情脉络。这样才不会错用语调，导致言不及义，语不合情。请看《血染的木棉花》中的一段（符号例示："→"表示平直调，"↗"表示高升调，"↘"表示降抑调）：

谁不爱自己的生命？↗谁不爱生活？↗谁愿意在刑场上举行婚礼？↗谁不想分享家庭温馨和欢乐？↗可是↘我们的先烈！→为了我们抛头颅，洒热血↘奉献出自己的一切！↘

这段话前四句是排比疑问句，都要用高升调，整个语势一浪高过一浪，表达出激昂慷慨的感情；接着"可是"一转，使用降抑调，语势走势由高而低，表达出对先烈的缅怀之情。这样前呼后应，抑扬起伏，具有较强的说服力和感染力。

（4）缓急

语速的变化也是表情达意的重要手段。正常说话，每分钟说大约120～150个字。演讲的语速不能太快。太快，一是听众难听懂，二是也使人产生怀疑，认为演讲者怯场。因为人们胆怯时往往语速较快。当然讲话也不能太慢。太慢就显得拉腔拖调，给人以愚笨、迟钝、呆板的感觉。但演讲的速率不能总是没有变化，要做到急缓有致。语速的快慢，往往与表达内容、环境、气氛、心理情绪、语言自身的特点及句段重要与否有关。根据内容的要求和感情表达的需要，演讲的语速一般可分为快速、中速、慢速三种。

快速，适合于叙事的急剧变化；质问斥责，刻画人物机智、活泼、热情的性格。适合的环境是欢快、紧急命令、行动迅速、热烈争执，表达人的急促、紧张、激动、惊惧、愤憎、欢畅、兴奋的心理情绪。他在演讲中往往是不太重要的段落。表达上一般运用排比、反问、反语、叠字等修辞方法。

中速，适合于一般性说明和叙述。适合的环境是波澜不惊的感情，表达平静、客观的心理情绪。在一般的语段中使用，用一般陈述表达就可以了。

慢速，适用于抒情、议论、叙述重要的、揭示中心的事。适合幽境、庄重的环境。表达安闲、宁静、沉重、沮丧、悲痛的心理情绪。在重要语段中出现，常用比喻、引用、双关、对偶等修辞方法。

请体味一下下面这段演讲词，注意语调快慢的变化。（直线表快速，浪线表慢速，其余为中速。）

是啊，雕塑家奉献美，有了大卫，维纳斯；音乐家奉献美，有了《英雄交响曲》、《国际歌》；科学家奉献美，有了卫星、导弹、宇宙飞船；工人奉献美，有美的产品；农民奉献美，有美的粮食；教师奉献美，有造福于人类的满园桃李……而军人，军人也在奉献美，奉献美的生活、美的社会，更奉献个人的利益、生命和家庭。于是，军人的美便在牺牲中崇高无上，便在奉献中灿烂夺目！

军人与大山为伍、与蓝天做伴、与碧海相随；军人整齐、和谐、刚毅、威严；军人勇于牺牲和奉献。作为军人，我们可以自豪地说：美在军营，美是军人！

这段话，以诗化的语言，热情洋溢地展示出军人的美，整个基调是抒情，语气舒缓。前边一串排比烘托、铺垫，语速较慢，逐层蓄势。讲到军人的美的本质时，语速逐渐加快，以满腔热情，赞美军人的崇高品质。这样慢中有快，快慢相间，增强了语言的气势和节奏，富有鼓动性和感召力。

演讲语速要做到快慢得体，缓急适度，快而不乱，慢而不拖，快中有慢，慢中有快，张弛自然，错落有致。这样，便能显示出语言的清晰度和节奏感，使演讲具有音乐美。

（5）节奏

艺术创作要求有节奏，节奏是各种不同要素的有秩序、有规律、有节拍的变化。美学家朱光潜在《谈美书简》一书中指出，节奏是主观与客观的统一，也是心理与生理的统一。它是内心生活（思想感情）的传达媒介。据此分析，演讲者思想感情起伏变化结构的疏密松散、语调抑扬顿挫、轻重缓急及演讲者的举止等要素，有秩序、有规律、有节拍的组合，便形成了演讲的节奏。常见的演讲节奏有轻快型、持重型、平稳性、急促性、低抑型等。

①轻快型特点。该特点是轻松、欢快、活泼，语速较快。适用于欢迎词、祝酒词、贺词。

②持重型特点。该特点是庄重、镇定、沉稳、凝重语速较慢。适用于理论报告、工作报告、开幕词、闭幕词。

③平稳型特点。该特点是平稳自如、有张有弛，语速适中。适用于学术演讲，座谈讨论。

④急促型特点。该特点是语势急骤、激昂慷慨，语速快。适用于紧急动员、反诘辩论。

⑤低抑型特点。该特点是声音低沉，感情压抑，语速迟缓。适用于悼词和纪念性演讲。

以上的 5 种类型是分别表述的，在演讲中，语调的抑扬顿挫，轻重缓急，并非彼此孤立，总是密切联系、相互渗透。例如，演讲者情绪激动，语调自然高昂，语速较快，停顿减少，重音增强，语势急骤，形成急促型节奏。

二、演讲的态势语言表达技巧

演讲是以有声语言"讲"为主要表达手段，辅之以态势语言"讲"的现实信息交流活动。"演"的地位如何呢？是可有可无，或者是无足轻重呢？答案当然是否定的。态势语言也是人类社会交际的信息载体。心理学家有一个有趣的公式：一条信息的传达＝7%的语言+38%的声音+55%的人体动作。据专家计算：人的姿态、表情、手势进行不同的组合后能表达 70 万种不同的信息，似乎比任何一种语言的意思都要丰富。那么，态势语言更是演讲语言的重要组成部分。演讲者不仅要有较强的有声语言表达能力，而且要善于用动作、表情来辅助有声语言，也就是要善于用肢体语言来传情达意。教育家陶行知曾说："演讲如能使聋子看得懂，则演讲之技精矣。"

这正说明态势语言在传情达意方面具有极其重要的作用。

演讲者作为主体形象登上讲台，首先给听众的是视觉形象。仪表、姿态、神情、动作，全都呈现在听众面前，演讲者灵活自如、优美协调的体态动作，能很好地辅助口语，弥补有声语言表达的不足，使有声语言表达的内容更准确、更生动、更完整。特别是有些"可以意会难以言传"的信息，往往通过一个眼神、一个手势便能使听众心领神会。因此，在表达情感、情绪和态度方面，态势语言甚至比有声语言更准确、更具体、更富有感染力。演讲者将态势语言和有声语言有机地融为一体，便能够充分地表达内容，感染听众。同时，由于态势语言以具体的形象诉诸听众的视觉，优美传神的态势语言不仅具有显著的表意功能，而且它也能形成现实的艺术美。给人以美的艺术享受。是演讲者文化素养和美学观念的直接反映。

反之，如果忽视态势语言的表达，用传经布道式木然表情或哑语般的滑稽动作，就会使听众降低听讲兴趣，影响信息传播效果，甚至切断和堵塞信息通道。所以，演讲者应努力掌握态势语言的表达艺术，使深刻的语言、得体的表情和灵活适当的手势融为一体。

（一）态势语言表达的基本要求

作为人类交际信息载体的态势语言，既要求准确、鲜明、自然、生动，又要求端庄、高雅、大方、优美，富于表现力和说服力，符合生活美学的标准。具体可包括以下几个方面。

1. 准确、适时

所谓准确，是指态势语言的表达与有声语言表达协调默契，彼此一致，符合演讲者的思想感情，能恰如其分地表达出演讲的内容；适时是说与有声语言正好吻合，不超前，也不滞后。准确、适时正是态势语言的价值所在。

首先，态势语言要准确。每一个态势动作都具有一定的词汇含义和表意功能。我们一定要准确地把握，恰当地运用。在现实生活中，某一动作表示的某种词汇含义和感情色彩，都是人们约定俗成的结果。例如：在我国，摇头表示否定，表示反对；点头表示肯定，表示赞同；挥手表示再见；招手表示呼唤；竖起拇指表示赞赏；翘起小指表示藐视……正因为有这种相对稳定的词汇含义，因此，态势语言常常能替代有声语言。但是，它毕竟是具有象征性和虚拟性的特点。况且，在表示具体概念和事物的时候，态势语言和其表达的含义也并非一一对应，所以，态势语言必然要受有声语言表达的制约。只有当态势语言动作与有声语言表达紧密配合、协调默契时，才能真正显示出其准确的表意作用。

正因为态势语言的词汇意义和感情色彩是人们约定俗成的，所以，它的使用有一定的时空范围。同样一个态势语言动作在不同的民族、不同的国度、不同的时代，有着不同的含义。例如，同样是点头摇头，我国是"摇头不是点头是"，而有的民族就恰恰相反，"点头不是摇头是"。"OK"的手势是用拇指和食指做成一个圆圈。这在有些讲英语的国家表示"一切都好"，但是在法国和西班牙则表示"零"或"什么都没有"；在日本则表示"钱"；而在地中海国家则是表示同性恋的男子。手攥紧同时上挑大拇指在欧洲是夸别人的意思，但在穆斯林国家，这个手势是很不礼貌的；在沙特阿拉伯，上挑大拇指来回旋转是叫人滚开。在俄罗斯，如果要示意一对男女是热恋情侣时，通常会伸出左右两手食指相碰；但在日本，这个姿势是在说，您遇到了无法排解的难题，可以向对方倾诉。又如，当我们伸开食指和中指时，一般是表示数目二。自从英国首相丘吉尔首创用这个手势表示"Victory"（胜利）后，几乎全世界都用这个手势表示"胜利"及"和平"。所以，准确地运用态势语言，就必须既根据内容表达的需要，又要注意时代特征和一定的社会习惯。

由于态势语言具有象征性和虚拟性的特点，所以演讲者在运用时，常常发挥着"模糊语言"的效用。所谓准确运用态势语言，从某种意义上讲，它不可能过多过细，过于烦琐地具体模拟。例如，我们可以用一只手托在胸前表示"我"或"我们"，其实同样的动作，也可以用来表示"由衷的感谢"和"心领神会"，又可以表示"心有余悸"和"心情激动"。如果在演讲时，我们硬要把"我们""由衷感谢"和"我们""心情激动"设计成几个不同的态势语言来作"准确""具体"地表示，那就是欲"精"不达，适得其反了。

其次，态势语言应适时。态势语言作为演讲辅助表达手段，它要受有声语言制约，应该与有声语言表达配合协调默契，也就是说应该适时。如果态势语言与有声语言表达互相错位，出示得太早或太迟，那将会滑稽可笑。例如，我们呼口号时，常常同时用举拳的动作相配合。但如果我们把有声语言与态势语言割裂开来，或者先呼喊后举拳，或者先举拳后呼喊，中间形成一个较大的时间空隙，那显然会"漫画化"成为笑柄。同样，在演讲时，每一个态势动作都必须密切与有声语言表达配合，而要达到这种境界，主要靠感情投入。只有当演讲者把全身心的热情和精神都投入到思想的表现中去时，才能打破拘束和生硬，动作与口语自然协调默契、浑然一体。

2. 优美、适度

运用态势语言、动作要做到端正、高雅，符合人们审美要求。听众听演讲，除了获得信息、受到启迪之外，也需要获得美的享受。演讲者的态势语言不能像戏剧舞台动作那样一招一式地要求，那样会过分夸张，喧宾夺主，与演讲的风格不协调；也不应该畏手畏脚，动作生硬呆板。演讲的体态动作要做到姿态优美、恰如其分，符合人们的审美习惯。

首先，态势语言要优美。优美自然的态势语言，符合演讲的内容特点和人们的审美习惯，是道理、感情和体态三者的和谐统一。优美自然的体态动作也必然符合演讲者的性别、年龄、经历、职业及性格等特征。因性别的不同，而形成态势语言风格上的差异是显而易见的。例如，男性演讲，两手叉腰，双腿分开，昂首挺立，显得威武雄壮，刚毅有力；如果女士也摆出这个架势，会显得不优雅。女性演讲，步态轻盈，手势轻柔，动作轻巧，两目含情，显得温柔妩媚；如果男性这样，那就会显得阴柔。同样，年龄不同，也在态势语言方面稍显差异。青年人血气方刚，朝气蓬勃，情感外露；老年人老成持重，沉着镇定，感情含蓄。不同性格、不同职业的人，言行举止差别很大，表现在态势语言方面，有的灵活轻快，有的庄重稳健，有的舒缓斯文，有的劲健豪放。总之，由于各自的思想修养和个性特征不同，各自的态势语言便自然有差异。演讲者在演讲时，一定要使自己的一举一动，一招一式，都与自己演讲内容相符，与自己的性别、年龄、职业及个性特征相吻合。当然也要估计到特定的演讲环境，听众的接受能力和审美情趣。例如，表示自己时，宜用手掌指自己前胸，而不是用拇指或食指指自己的鼻尖，前者显得谦虚得体，而后者则有些轻浮、盛气凌人，不太符合我国听众的审美习惯。

其次，态势语言应适度。凡事"过犹不及"，优美的举止总是自然适度的。超过一定限度，就会发生质变，优美也就变成丑陋了。态势语言一定要恰如其分。所谓适度，即身体姿态、动作幅度、眼神流动、面部表情，等等，一般都要控制在一定的范围之内，以辅佐有声语言达到充分表情达

意为度，不宜过分夸大，甚至"肆无忌惮"。否则就会当众失态，有伤大雅，有失身份。例如：手势动作，不可过大或过小。过大，显得"张牙舞爪"；过小，又显得"缩手缩脚"。

3. 精练、适宜

首先，态势语言要精练。态势语言毕竟是有声语言的辅助手段。它的使用在于精，不在于多。使用时切忌过多过滥，喧宾夺主，而应该尽量做到少而精。动作、手段、眼神都必须经过严格选择，有内在的依据，能准确、优美地充分表达出演讲内容。对于那些词语意义不强的习惯性动作和毫无意义的下意识动作应尽量剔除。

其次，态势语言应适宜。适宜即适当，适可而止。手势频繁，动作单调重复，令人眼花缭乱，无形中分散了听众注意力，引起听众反感。例如，演讲者在台上盲目地反复走动，手拿报纸卷个不停，或者不停地舞拳挥手，不断地抓耳挠腮，抠鼻揉眼等，都是演讲的"败相"。这些机械乏味的动作，不仅不能发挥态势语言的作用，反而会破坏演讲的整体效果。

精练、适宜的态势语言，把理性、情感和言词有机地结合在一起，做到生动形象，简洁明快，疏密有致，宛如演奏乐曲时鼓点那样，准确而醒目，给人美感，引人回味。

（二）态势语言表达的具体运用

态势语言包括面部表情、手势动作及演讲者仪表、风度、主体形象等。现在我们选择主要的几种态势语言具体说明。

1. 表情与手势

在态势语言中，面部表情和手势是最能传情达意的。人的面部表情丰富多彩。罗曼·罗兰说："面部表情是多少世纪培养成功的语言，比嘴里讲得更复杂到千百倍的语言。"它是人的内在思想感情在外貌上的显示，特别是作为脸部的重要组成部分之一的眼睛，更是"心灵的窗户"，能准确、生动地表达出人们复杂微妙的思想感情。手是人体敏锐、丰富的表情器官之一，它能以多变的态势造型，传递潜在心声，交流内心情感。富有经验的演讲者，总是充分地利用面部表情和手势，表达出丰富的思想感情，影响听众，感染听众。

（1）眼神的运用

眼神，本属面部表情，因为它的特殊性，首先专门阐述。眼神是眼睛的整体活动。眼睛，除了有接受外界信息的功能之外，还有外泄和传输内心世界的功能。内心的欢乐与痛苦，平和与焦躁，喜爱与憎恶，尊敬与鄙薄，恬淡与奢求，渴望与气馁，进攻与退却，接纳与拒绝，感情的潮涨与潮落，良心的发现与泯灭，等等。这一切，几乎都是能通过眼睛直接或委婉地告诉人们。所以，泰戈尔说："一旦学会了眼睛的语言，表情的变化将是无穷无尽的。"演讲者在运用有声语言传递信息的同时，也自然要通过自己的眼神，把内心的激情、学识、品德、情操、审美情趣传递给听众。

演讲者不同的眼神，给人们不同的印象。眼神坚定明澈，使人感到坦荡、善良、天真；眼神阴暗狡黠，给人虚伪、狭隘、刁奸的感觉；左顾右盼，显得心慌意乱；翘首仰视，露出凝思高傲；低头俯视，露出胆怯、害羞。眼神会透露人的内心真意和隐秘。演讲者的眼神变化要与演讲内容的发展和自己情绪的变化相协调，要注意眼神运用的多样性，准确地表情达意给人以胸怀坦荡的感觉。

眼神不仅可辅助有声语言表达感情，有时还能直接代替语言。例如，在演讲过程中，现场部分听众出现"开小差"等情况，演讲者可以不开口，而采取盯视法，投出一道目光，使听众领会其意，注意听讲。这样，眼神便代替了语言呼唤，起到了控场作用。眼睛在演讲过程中既能输出信息，又能接受信息。演讲者在运用目光传递信息的同时，也通过目光察言观色，接受听众的信息反馈，是眼睛发挥组织演讲和收集演讲效果的作用。正因为如此，演讲者既要保持视线的目标在正前方，炯炯有神地面对观众，又要不断地兼顾全场，了解听众的反应。也就是要把目光注视前方与多方位观察巧妙地结合起来，全方位地观察听众。

要做到全方位地观察听众，演讲者自如地学会运用眼神的三种技法：点视法、环视法和虚视法。

①点视法。眼神有目的、有针对性地重点注视某一局部听众。运用这种方法可对专心致志的听众表示赞许和感谢；对有疑问和感到困难的听众进行启发和引导；对想询问的听众给予支持鼓励；对影响现场秩序的听众进行制止，使其收敛，达到控场目的。运用这种方法针对性较强，目光含义要明确，同时要适可而止，避免与听众目光长时间直接接触，以免使被注视的听众局促不安或使其他听众受到冷落。

②环视法。目光有节奏或周期性地环视全场。其目的主要在于掌握整

个演讲现场动态，照顾全场，统帅全局。运用这种方法，可使全场听众产生亲近感。但必须注意，一定要照顾全局，不可忽视任何角落的听众；同时，头部摆动要自然，幅度不宜过大，眼珠不可肆意乱转。

③虚视法。目光似盯未盯地望着观众。运用这种方法可显示出演讲者端庄大方、高雅脱俗的神态，可引导听众进入描述的意境之中，还可以烘托气氛。但应注意使用不可频繁，以免给人以傲慢的感觉。

以上三种眼神为了阐述方便，分开来讲，每一次演讲过程中情况多变，三种眼神灵活使用，但无论使用哪种眼神，都是为了表达一定的思想内容和感情，绝不可漫无目的地故弄玄虚。眼神的运用要和有声语言及其他态势动作密切结合，协调一致。同时，在运用眼神时，应当表现出信心和活力，彰显风度。

（2）面部表情

面部表情与眼神是密切相关的。其实，眼神的传神常常是与面部其他部分的活动相配合的。眼神离开了面部其他部分的活动，其表情达意作用就必然受到影响。面部表情非常丰富，许多细微复杂的情感，都能通过面部种种表现来传情，并且能对有声语言表达起解释和强化作用。脸部的颜色、光泽、肌肉的收缩与舒展，以及脸部纹路的不同组合，便能构成喜怒哀乐等各种复杂的表情。眉飞色舞是喜，切齿圆睁是怒，蹙额锁眉是哀，笑逐颜开是乐。口角向上表愉快，口角向下表忧愁；冷漠轻视时嘴紧闭；诧异惊讶时口大张。同样是笑，微笑、憨笑、苦笑、奸笑，在嘴、唇、眉、眼和脸部肌肉等方面都表现出许多细微而复杂的差别。演讲者要善于观察面部表情的各种细微而复杂的差别，并且要善于灵活地驾驭自己的面部表情，使面部表情能更好地辅助和强化有声语言的表达。

运用面部表情，要求自然真实，喜怒哀乐都要随着演讲内容和思想感情的发展需要而自然流露，切不可"逢场作戏"，过分夸张，矫揉造作，那样会令人感到虚伪滑稽。也不可毫无表情，冷若冰霜，使人感到枯燥压抑。演讲者的面部表情与有声语言表达要协调一致，要能准确鲜明地反映自己内在的思想感情。面部表情和有声语言的表情达意应同步进行。如果演讲者的各种表情游离于演讲内容之外，与内心感情变化脱节，那便会使人感到莫名其妙，无法理解。同时，演讲者为了有效地传递信息，交流感情，要尽量避免傲慢的表情、讽刺的表情、油滑的表情和沮丧的表情。这些表情都会在听众中产生不良影响，形成离心效应。

（3）手势技巧

手是人体敏锐的器官之一。手势是最灵活自如、最富有表现力的动作。手势是态势语言的主要形式。就像法国画家德拉克洛瓦所指出的那样，"手应当像脸那样富有表情。"由于双手活动幅度较大，活动最方便，最灵巧，形态变化也最多，因而，表现力，吸引力和感染力也最强，最能表达出丰富多彩的思想感情。寓意深刻，优美得体的手势动作，能产生极大的魅力，激发听众的热情，加深听众对演讲内容的理解，使演讲取得成功。

具体讲来，从手势活动的区域来看，大体有三种情况：一种在胸部以上，常常表达激昂慷慨、积极向上的内容和感情；另一种在胸腹之间，常表示一般性叙事说理和较平静的情绪；还有一种在腹部以下，常表示否定、鄙视、憎恨等内容和情感。

从手的不同形状和活动部位，手势动作可分为三种：手指动作、手掌动作和握拳动作。这些手势语言具有多种复杂的含义，应该细心辨识和掌握。例如，常用拇指和小指，分别表示赞扬和鄙夷；单手手掌向前推出，显示信心和力量；双手由分而合表示亲密、团结、联合；握拳显示情感异常激烈，等等。总之，手势的部位、幅度、方向、急缓、形状、角度等的不同变化，所表达的思想含义和感情色彩就有很大差异。演讲者不可拘泥于某种固定的模式，而要根据演讲内容的不同需要，灵活运用不同手势。

从手势表达思想内容来看，手势动作可分为情意手势、指示手势、象形手势与象征手势。

①情意手势用作传递感情。该手势使抽象感情具体化，形象化，使听众易于领悟演讲者的思想感情。如挥拳表义愤，推掌表拒绝等。如《孔雀东南飞》中，刘兰芝、焦仲卿的"举手长劳劳，二情同依依"的挥手告别，就是这种手势的典型例证。

②指示手势用作指明演讲中涉及的人或事物及其所在位置。该手势增强真实感和亲切感。指示有实指、虚指之分。实指涉及的对象是在场听众视线所能达到的；虚指涉及的对象远离会场，是听众无法看到的。

③象形手势用作模拟人或事物的形状、体积、高度等，给听众以具体、明确的印象。象形手势常略带夸张，只求神似，不可过分机械模仿。

④象征手势用以表现某些抽象概念。该手势以具体生动的手势和有声

语言构成一种易于理解的意境。叶童在《伟大的红色演说家》中这样描绘列宁那些极富象征意义的手势："……发表了他那篇著名的演说——进一步展开革命运动的热情号召。……听过他讲话的人，永远忘不了他那特有的列宁式的手势——右臂有力地向前一伸，好像他的思想全部都蕴藏在这个手势里了……"什么是"特有的列宁式手势"？就是"蕴藏"他"全部思想"的"有力地向前一伸"，这就是象征手势。再如，讲"一颗红心献人民"时，双手做捧物上举的姿势，自然构成一种虔诚奉献的意境，给听众留下鲜明具体的印象。

以上是手势动作运用技巧，不能任意夸大手势作用，手势动作只有在与有声语言表达密切配合时，其含义才最为生动具体。演讲者手势必须随演讲的内容、自己的情感和现场气氛自然地表现出来，手势的部位、幅度、方向、力度都应与演讲的有声语言、面部表情、身体姿态密切配合，协调一致，切不可生搬硬套勉强去凑手势。如果手势泛滥，着意表演，会使人感到眼花缭乱，显得轻佻作态，哗众取宠。当然，也不可完全不用手势，那样会显得局促不安，失去活力。

2. 主体形象

演讲者是以其自身形象出现在听众面前进行演讲的，这样，他就必然以整体形象，包括体型、容貌、衣冠、发型、举止、神态、风度等直接诉诸听众的视觉器官。而整个主体形象的美与丑、好与差，不仅直接影响着演讲者思想感情的传达，而且直接影响着听众的心理情绪和美感享受。因此，要求演讲者在自然美的基础上，要有一定的装饰美，要求在符合演讲思想情感的前提下，注意装饰的优美、自然、轻便、得体，注意举止、神态、风度的潇洒、大方、优雅。只有这样，才有利于思想感情的表达，有利于取得良好的演讲效果。

主体形象主要指仪表与风度。仪表是指人的身材、容貌、服饰、姿态等外在因素，以及由这些因素综合体现出来的气质和风度。而风度就是人们对美的仪表的一种衡量尺度，是人们在长期的社会生活与交往中逐渐形成的具有个人特色的举止和姿态。这些举止和姿态是人的思想、品德、性格、气质等内在素质的外在反映。

良好的仪表和风度，能产生很强的吸引力，牢牢地吸引听众的注意力。演讲者不仅应该是真理的宣传者，是知识的传播者，而且应该是美的体现者。在演讲现场，演讲者事实上是听众的审美对象，听众不仅通过演讲者生动活泼、含义深刻的演讲获得美感享受，而且也是通过对演讲者的仪表、风度的欣赏，受到美的熏陶。

演讲者的仪表和风度，也能在一定程度上体现出民族特点和时代精神。这是因为一方面仪表和风度在一定程度上反映人的内心世界，而人的内心活动与精神面貌、时代特色紧密相关；另一方面人的服饰、发型及举止总是带有一定的民族特色和时代印记。演讲者应该自觉地意识到这点，尽量使自己的仪表和举止符合民族特点，反映时代精神。

另外，演讲者注意仪表的修饰，讲究风度，以美的姿态出现在听众面前，这种行为本身就显示出对听众的尊重。这种无声的信息传递，很自然地缩短了演讲者与听众的心理距离，可以赢得听众的关注和尊重，形成融洽和谐的气氛。如果演讲者蓬头垢面，衣着随便，鞋子肮脏，举止粗鲁，以一副邋遢相出现在听众面前，势必造成隔膜，使听众反感。

例如，美国前总统尼克松是这样评价周恩来总理形象的："他优雅的举止，直率而从容的姿态，都显示出巨大的魅力和泰然自若的风度。"

（1）仪表、服饰

毋庸讳言，身材魁梧伟岸、容貌端庄英俊，五官匀称，体魄健康，令人肃然起敬。这些光彩照人的先天因素，能为演讲者带来极为有利的条件。然而，不是每个演讲者都具备这些条件的。容貌身体是先天固有的，一般难以改变。但即便身体或容貌欠佳，仍然可以以内在美去弥补外在的美。即以美的心灵，高尚的道德情操，以及对真理的孜孜不倦的追求，去吸引听众，感染听众。例如，美国前总统林肯，他的雄辩、幽默举止是被公认的，然而他的外貌很丑。有一次在森林里，他为一位骑马的陌生妇女让路，那妇女竟停下来目不转睛地盯着他的面孔，然后说："我现在才知道你是我见到过最丑的人了。"并且建议他最好闭门不出。然而林肯并没有接受那位妇女"忠告"，以豁达大度的胸怀和博大精深的知识弥补了相貌上的不足。他每次的演讲几乎都轰动全国。再如，高位截瘫的张海迪，必须坐着轮椅上讲台，但是时代精神赋予了她特有的内在美，使听众深受震撼，无不对她肃然起敬！

当然，对身材容貌方面的某些不足，可以采取一些积极的补救措施。例如，高跟皮鞋能稍微弥补身材矮小的不足。演讲者应根据自身的具体情况，创造条件，适当地进行个人美容。诸如脸部作自然淡雅的化妆，遮掩不足，以突出脸部最美的部分；根据自己的头型、肤色、体态、年龄、职业等因素，选择适当的发型，也能给人增添风采。当今，眼镜的装饰作用越来越明显，它可能调节人的脸型，使人增添魅力。特别是男性，镜架的梗直而有棱角的造型，能衬托出男性刚强、坚毅的气质。演讲者戴上适合自己脸型的眼镜，也能有效地美化仪表。

俗话说："人要衣装马要鞍。"服装对人体有"扬美"与"遮丑"的功能，它可以反映人的精神气质、文化素质和审美观念。演讲者的衣着应该整洁合身、庄重大方、色彩和谐、轻便协调。具体而言，"整洁合身"要求做到外表整齐、干净、美观，与自己的身材相协调。"庄重大方"要求做到风格高雅、稳健，与自己的性别、年龄、职业等相协调，充分体现出自己的特点与神韵。"色彩和谐"要求做到服饰与特定的环境和内容相协调。不同颜色所表达的不同寓意和象征作用，已经在人们思维中形成了较为牢固的定势。深色给人以深沉、庄重之感，浅色则使人感到清爽舒适。演讲者的服饰款式与色彩应力求与现场气氛相谐。"轻便协调"要求做到装束合时，感觉良好，行动方便，与季节相符，与广大听众的装束协调，不可过于华丽时髦，那样会分散听众注意力，引起非议，破坏演讲气氛。总之，演讲者的服饰要合体、合度、合时，格调高雅，给人带来美感。例如，有位女军官参加四次演讲，根据演讲主题不同，分别选择了不同服饰。她讲"庆祝建党九十周年"时，穿西装，显得庄重严肃；讲抗洪抢险英雄事迹，穿军装，表示稳重肃穆；在参加题为"青春、理想"的演讲比赛时，穿T恤衫，显得活泼蓬勃；而参加小说分角色演讲，她穿上白衬衫，并结上领带，显得潇洒而又大方。她的这种做法，很值得借鉴。

（2）风度、礼仪

风度并不是指人的某一动作，而是指人们在长期的社会生活与交往中逐渐形成的具有特色的举止和姿态。这种举止和姿态是由反映人的思想、品德、性格、气质等内在因素的动作构成，而身姿正是听众评判演讲整体效果的重要指标。优美的身姿能成为表达内容、情感、调动听众情绪的有力手段，最能表现出人的风度。身姿是人的自然形体在空间的形象显现。它由头部、身躯及四肢三部分动作构成。头部的倾斜度及活动状态，身躯的前倾后仰及移动情况，四肢的摆设姿势等均可以表示出各种感情的变化。

优美的身姿给人以稳健、庄重、朝气蓬勃的印象。而不美的身姿给人轻浮、急倦、颓唐疏懒之感，影响演讲者在听众心目中的主体形象。

走上讲台时，演讲者应迈步适度，步伐均匀，头正，眼睛平视，口微闭，双臂自然摆动，步态和表情应体现出庄重大方、从容自信、亲切热情；整个体型端庄有力；切忌低头弯腰，扭怩局促或将手插在衣袋中，左摇右摆。

一般来讲，演讲宜站着讲，这样既是对听众一种礼貌的表现，也是给听众一个完整的形象，充分展示出演讲者的神情、仪表、姿态。站的位置宜在台前中间，既便于纵观全场，也利于听众从各自角度看到演讲者的姿态。站姿要自然和谐、端正、庄重，不可扭怩做作；要挺胸收腹，给人一种稳定感，切不可斜肩、偏头、曲颈。脚的站法可一脚在前，一脚稍后成45°角，重心在前，体微前倾。给人一种昂扬向上的感觉。也可两脚自然平立，显得精神抖擞。必要时，可稍稍走动，不仅可使身姿显得生动活泼，而且能表达出不同的思想感情。向前表肯定、进取、希望等；后退表示否定、犹豫、退让等。左右走动，能活跃气氛。但走动不可频繁，否则会喧宾夺主，破坏演讲者的整体形象。

风度与气质的关系也非常密切。所谓气质，是指人所固有的比较稳定的个性特征。它也是在人的情感、认识活动和语言行动中表现出来的比较稳定的动态特征。气质影响活动进行的速度，影响活动的性质，不同气质具有不同动力特征。多血质的人热情豪放，灵活敏捷，但易于精力分散，朝三暮四；胆汁质的人急功好利，勇敢顽强，但容易粗野暴躁，盲目冒险。这两种气质的人在演讲过程中，常常给人炽热、激昂、刚强、愉悦、开朗的印象，语言明快，铿锵有力，举止活泼，表情丰富，身姿手势灵活。这两种气质的人主动性、攻击性和感染力较强，适合轻快型、高扬型和急促型的演讲会。有这类气质的人应加强自我控制，努力使自己做到稳健、庄重、从容不迫，内柔外刚。黏液质的人严谨细微，坚毅不拔，但常常瞻前顾后，虚伪晦暗；抑郁质的人情感深刻，细致敏锐，但常常多愁善感，神经过敏。这两种气质的人在演讲时，感情活动比较沉稳、质朴、语言严谨、委婉、徐缓，神情严肃，坚毅，但比较迟钝，缺少灵活性，适用于持重型、低抑型演讲。在演讲中应该尽量做到精神焕发，不卑不亢，以柔克刚，举止潇洒。上述气质特征是就一般而言的，具体到个人又不尽相同。总之，演讲者要善于分析自己的气质特征，发扬优点，克服缺点，掌握和支配自己的气质，使自己的举止风度，具有热情、大方、稳重、谦和、诚恳的特征。

风度和礼仪的关系十分密切，优美动人的举止常常是符合礼仪要求的。演讲者英姿焕发，举止潇洒，热情谦和，便显得彬彬有礼。如果敞胸露怀，一步三晃，放荡不羁，不仅没有风度，也是不懂礼仪的表现，往往令人反感。

礼仪是人类社会生活中逐渐形成并为大家共同承认和遵守的表示友情的方式或仪式。它是历史发展的产物，具有一定程度的阶段性。不同时代，不同阶段，不同国度，表示礼节的方式和对礼节的具体要求都不一样。例如，以鞠躬代替跪拜，以握手取代作揖打拱，都体现了现代文明的特点。演讲者从步入会场，登台演讲，到演讲结束离开会场，都应该注意体态风度，讲究礼仪。

步入会场时，演讲者要态度谦和，步子稳健，潇洒自如，面带微笑。切忌左顾右盼或装腔作势，否则有轻佻和傲慢之嫌；也不宜忸怩畏缩，以免有失身份。在就座之前，应与陪同者稍事相让，方可落座。但不宜过多推让，入座时声音要轻，要端正坐稳，身体不宜后倾或斜躺，不宜前探后望，也不宜玩弄手指、衣角等。当主持人介绍演讲者时，演讲者应自然起立，向听众鼓掌或点头表示感谢之意，切不可稳坐不动或仅仅欠一下身子。正式登台演讲时，先向主持人点头致谢，然后从容健步走上讲台，郑重、恭敬、诚恳地向听众敬礼，并且目光环视全场，表示光顾和招呼，然后开始演讲。

演讲开始要注意选择恰当的称呼。得体而充满感情的称呼，能迅速沟通演讲者与听众的思想感情，激发听众情绪。演讲时要热情开朗，切不可摆出目中无人、冷若冰霜的面孔；要尽量以良好的姿态、稳重的举止来传神达意；要谦逊、有礼貌，当现场听众出现烦躁不安时，切不可随意讽刺训斥，而应体现出自身的涵养。演讲结束时，应面带微笑，向听众致礼之后，从容下台，切不可过于匆忙，显出羞涩失意的神态，也不可摆出洋洋自得满不在乎的样子，总之，要给人一种谦虚谨慎，彬彬有礼的印象。这样才不致因缺乏风度和礼仪而影响演讲效果。

技能点五　演讲的心理要求

开篇案例中，小王遇到的情况在演讲比赛中并不少见，几乎每一个初学者都会面临这样一种考验，几乎所有人都会有类似的经历。要搞好演讲，除了要做好充分的材料准备外，还要有充分的精神准备，即在思想上、心理上、态度上要有足够的准备。

一、充分的精神准备

一次成功的演讲，除了具有良好的有声语言、态势语言素养及作好充分的材料准备之外，还要有稳定的、优良的精神状态，即在思想上、心理上、态度上要有足够的准备，心理素质往往在演讲活动中起着关键作用。

（一）急切的发表欲

从心理学的角度看，影响解决问题的因素很多。动机状态、定势作用、个性特征、知识经验等都是产生影响的因素。动机对解决问题的作用显而易见，它是促使人去解决问题的动力。动机对人越有意义，人为解决问题而作的探索就愈紧张、越积极、越强烈。因此，在演讲之前，演讲者对于自己演讲的意义要有充分的认识。若有急切的发表欲望，当进入演讲环境时，他就会形成一种准备演讲的心理状态，形成较强的心理定势。按照心理定势固定和强化的规律，如果演讲材料准备充分，演讲者对内容熟悉，就会使演讲的心理定势得到巩固和加强。

（二）去掉侥幸心理

演讲特别讲究社会效益。演讲者应有高度的社会责任感，需要事先付出心血和劳动，不能存在侥幸心理、寄希望于偶然产生的灵感，而要以严肃认真的态度对待。从产生动机、选取材料、组织材料到走上讲台、发表见解，几乎每一个环节都必须认真对待。即使对演讲稿已经是烂熟于心，也不能马虎随便；否则，万一出现差错，就会不尽如人意。

【礼仪小链接】

美国前总统林肯的《在葛底斯堡国家烈士公墓落成典礼上的演说》总共只有十句话，但林肯却准备了两个多星期，甚至在马背上的时间也不放过。直到演讲前夕的后半夜，他还在斟酌演讲的内容，并到秘书希沃德的房间，高声试讲，征求意见。第二天早饭后，他仍然继续斟酌。在去公墓参加典礼的路上，还抓紧最后时刻，思索、温习那仅仅只有十句、然而却是永放光彩的演讲词。

作为美国的总统，作为早已享有演讲家盛名的林肯，在公墓典礼上讲几句话，不要说已经准备了两个星期，就是毫无准备，即席演讲，也并不困难。然而他却以高度的社会责任感，在日理万机的情况下，抓紧一切时间，一丝不苟、认真刻苦地准备，终于使这感情深厚真挚、文采朴实优雅的演讲，轰动全国、享誉世界，他的这种认真刻苦的精神很值得我们学习。

（三）树立自信心

演讲是对演讲者心理素质适应性的严峻考验。演讲时，演讲者常常因为不适应演讲环境而产生胆怯、畏惧心理。这种怯场心理往往在准备阶段就产生了。究其原因，是由于自卑感太强，平日养成了谨小慎微、胆小怕事的习惯；或由于准备不足，心中无底，顾虑重重，怕忘记讲稿，怕遇见强者，怕场上出现特殊变故。毫无疑问，怯场心理对正常发挥演讲技能是非常有害的，必须克服。爱默生说："自信是成功的唯一秘诀。"对演讲者来说也是这样。要使演讲成功，必须克服怯场情绪，树立自信心。所谓自信心，就是个体对自己认识活动和实践活动结果抱有成功把握的一种预测反应，是一种推断性的心理过程。它是演讲者重要的心理支柱。自信心可以坚定自己的意志，可以充分发挥自己的创造性，在遭受挫折的情况下，头脑清醒，随机应变。值得注意的是，这里所说的自信，是指建立在熟悉演讲基本规律、了解演讲时空环境和对自己演讲的基本内容有充分把握基础上的科学的自信，而不是那种对自己、对实际、对知识、对听众都缺乏应有了解的非理性的盲目自信。

（四）熟记讲稿

演讲时要做到胸有成竹、从容镇静、侃侃而谈，必须熟记讲稿，反复试讲。特别是脱稿演讲，更应该在这方面下功夫，花力气。对于演讲中最为精彩、节奏较快的部分，尤其要烂熟于心、出口如流。心理学认为：记忆是心理过程。记忆包括识记、保持、回忆或再识三个基本环节。识记是识别和记住事物的过程，保持就是已获得的知识、经验在脑中巩固的过程，而回忆或再识则是在不同的情况下恢复过去经验的过程。从信息加工的观点来看，识记就是信息的输入和编码的过程，保持是信息的储存和继续编码的过程，而回忆或再识则是提取信息的过程。这三者是互相联系、互相制约的。没有识记，谈不上保持；没有识记和保持，也就谈不上再识或回忆。识记和保持是再识和回忆的前提，再识和回忆则是识记和保持的结果与表现。要记好演讲稿，同样要抓住以上三个环节。

熟悉和记忆讲稿方法很多。具体采用哪种方法，往往取决于演讲的内容和演讲者的记忆习惯。熟悉和记忆讲稿的方法大体有如下几种。

1. 以意领先，抓纲带目

"意犹帅也"，从意义入手，把住中心思想，了解各部分的内在逻辑联系，提纲挈领，抓纲带目，即先总揽全体，然后掌握各部分内在联系，进行记忆，这样即把住了内容，又熟悉了结构，能进一步加深理解，在理解的基础上进行记忆。这样，便能快速、准确、高效地记住内容。一般来说，理论性较强的演讲，习惯于进行逻辑思维和理论思考的人，常采用这种方法记忆。

2. 从情入手、以情带理

在记忆的过程中，强烈而真挚的情感如同"催化剂"，能使记忆加深。这是因为人的情感与大脑两半球的活动联系着，现实的第一信号和第二信号（即以词为条件的刺激物）都能引起各种情感的活动。演讲稿的语言，常常具有浓厚的感情色彩，能唤起演讲者的喜怒哀乐的情感，从而在语言上、语调、音量、音速等方面得到体现。因而，情感有利于记忆。一般来说，感情色彩浓厚的演讲，平时感情丰富的人，常用这种从情入手、以情带理的方法进行记忆。

3. 形象记忆，化抽象为具体

形象的回忆是人们记忆的一种基本表现和方式。运用形象记忆法，先把所需记忆的重要概念抽取并排列起来，然后在头脑中浮现出这些概念所代表的具体事物的形象，最后，再用联想把这些具体形象连接起来，可以达到增强记忆的效果。例如要记住下面这段话："青年朋友们，我们肩负着历史的重托。是千里马，就应嘶风长鸣；是龙种，就应冲腾起舞。当今的世界有着千变万化的流行色，而只有这自尊、自信、自强、自立，才是我们精神世界的流行色。我们要争当出头鸟，竞作弄潮儿，把我们的青春、热血、大智大勇，自觉投入到新时代的大熔炉里去，为中华民族的再次腾飞发光发热吧！"只要我们依次记住"青年""肩负重托""千里马"

"流行色""出头鸟""弄潮儿""大熔炉"这些形象，那么整段话的内容就能顺利地记住了。中间的抽象概念，如文中的"自尊、自信、自强、自立"，也可以依次记"自尊""自信""自强""自立"这四者的外在形象特征。总之，依次记住形象性的词语，或把抽象的概念变成具体的形象，脑子里闪现蒙太奇式的画面，能迅速熟记所需记忆的内容。

4. 高声朗诵记忆法

高声朗诵对熟悉和记忆演讲稿十分有效。其原因：一是朗诵发出声音这个主动动作和自己的双耳听到声音这个被动性的动作同时进行，能使视觉器官和听觉器官同时活动，增强了对大脑的刺激效果；二是可以排除其他杂念对大脑的干扰，使思维及相关器官高度紧张、集中，使人能专心致志地记忆；三是演讲主要是有声语言表达，高声朗读使演讲对有声语言表达得到实现的训练，更有利于演讲有声语言的流利。

5. 机械记忆法

记忆人名、地名、数字和历史年代等，通常使用机械记忆法，其速度、精确性、巩固性都不如理解记忆，但如果运用得当，也比较方便。机械记忆法大致有以下几种。

（1）谐音记忆

例如，要记住圆周率 $\pi = 3.1415926535897932384626……$确实很难。有群调皮学生，老师为了惩罚他们，要他们把圆周率背到小数点后 22 位。有位聪明的学生于是编了一首谐音打油诗，迅速地把它记下来了。学生是这样编的："山巅一寺一壶酒，尔乐苦煞吾，把酒吃，酒杀尔，尔不死，乐而乐。"这首诗不仅谐音，而且构成了一个小情节，很容易使人记住。又如有人一接触到电话号码 3944，头脑里便立即出现了大雪纷飞，祥林嫂倒在雪地里的情景。原来这人迅速把数字转换成了"三九逝世"。

（2）编顺口溜

把需要识记的内容变成几句信口道来、通俗浅易的儿歌。例如，周恩来总理曾把我国以前的 30 个省、市和自治区的名称编了一段顺口溜："两湖两广两河山，五江云贵福吉安，四西二宁青甘陕，还有内台北上天"。

又如，对于二十四节气，流传的顺口溜："春雨惊春清谷天，夏满芒夏暑相连，秋处露秋寒霜降，冬雪雪冬小大寒。"掌握这个口诀，二十四节气轻而易举就记下来了。

（3）运用对照

把两个或两个以上事物对比来记忆。例如，中国幅员辽阔，有 17 个法国大，有 26 个日本大，有 39 个英国大，几乎相当于整个欧洲。又如，日本领土面积约为 37 万平方公里，正好等于湖南省面积（21 万平方公里）与河南省面积（16 万平方公里）之和。

（4）抓住特征

每个事物都有自己的特点，形成了区别他事物的特殊本质。举几个简单的数字例子。例如，李白生于公元 701 年，是公元 8 世纪的第一年，而杜甫比李白小 12 岁，生于公元 712 年（对照法）。又如，蒙古灭金是公元 1234 年，这个年号正好是 1234 自然排列。再如，鲁迅生于 1881 年，这个年号正好是由 18 和它的相反数字排列 81 构成的。

记忆的方法还有许多，演讲者还可以自己翻阅有关资料或在记忆实践中自己总结。

（五）反复试讲

从记熟演讲稿到演讲获得圆满成功，这中间还有很长一段距离，试讲便是其中重要的环节。"临阵磨枪，不快也光"，模拟现场进行试讲就像戏剧的彩排一样。通过试讲，不仅可以较全面、较透彻地了解自己的演讲风格和演讲水平，同时，也可以发现自己演讲中可能出现的疏漏，以便及时采取相应的措施，还可以进一步加深和巩固演讲的内容，使自己的演讲更顺畅、纯熟、优美、动人。事实上，试讲的过程，就是演讲者把自己记熟的内容外化的过程，使谙熟于心中的东西变成抑扬顿挫的有声的语流，是对演讲稿进行实践修订的过程。

试讲的方法很多，既可像林肯那样对着树桩或成行的玉米反复练习，也可像孙中山那样对着镜子反复琢磨；既可面对亲朋好友反复斟酌，也可对着录音机侃侃而谈。具体采用哪种方法，要因人因时而异。总之，要通过试讲，明确自己的长处，善于发现自己演讲的弱点和不足，采取切实有效的措施，认真加以改正，以力求做到临场演讲时，语言规范，口齿清楚，态势恰当，富于表情，达到扣人心弦的效果。

（六）克服恐惧心理

演讲的时候，由于面向众多听众身处特殊的环境之中，演讲者难免会产生一种胆怯害怕的心理，以致失去自控能力。要么是过高地估计了听众，担心自己讲不好，表现出自卑；要么是对演讲稿不能整体把握，出现前后不协调的情况；要么是对演讲的环境适应不过来，在强光、彩灯的照射下不知所措。

这主要是由于演讲者迫切地渴望演讲成功，因而想象出一大片假设的强大无比的敌人，又担心自己被这些敌人打败而"有失面子"，因此越想越害怕。当看到那些声音动听、发挥稳定的演讲者演讲，而听众又热烈鼓掌时，就担心自己不如其他选手，可能想到自己形象不佳、衣服色彩不艳、抽题顺序不好等。正是这种自我构筑的心理把自己一步一步地推向危机之中。

这种心理现象谁都会有，紧张是人类的通病。因此，演讲中的怯场现象不只是某人独有，它是一种自然现象，是一种普遍的心理反应。这样想来，如果演讲前一点也不怯场，没有一种紧迫感、压力感，那反而不正常了。

1. 常见的反应现象

演讲者紧张时会产生一系列的生理或心理反应，表现为：心慌意乱，颠三倒四，口干舌燥，喉咙发紧，声音发抖，表情尴尬，动作笨拙，出汗脸红，不敢正视听众，搔头摸耳，卷衣角，抹发梢，说错时吐舌头等现象。

2. 往最坏的方面想，往最好的方面做

任何演讲者不可能一开始就能在众人面前畅所欲言。至今为止还未发现毫无所碍的演讲天才。除非他经过千百次的训练、千百次的实践。因此，初次上场的演讲者不要对自己的演讲结果要求太高，不要苛刻地给自己预设出一个完美无瑕的理想，不要刻意地学别人的风格而否定自己的习惯。要想到自己的失败，要允许自己失败，要放松自己，然后灵活自如地去表现。只有这样，才没有过重的思想负担，才有这次失败了下次再来的勇气和信念。中国有句俗话说："往最坏的方面想，往最好的方面做。"在演讲前，有了这样的思想准备，反而能坦然地接受最恶劣的打击，心中没有了压力，就不至于面对突如其来的结局慌了手脚而泯灭演讲的信念。

3. 事先演练，防患未然

当众演讲紧张实在也是一种"恐惧体验"。如果演讲之前能演习一下演讲时的情形，演讲时就可以缓解各种欲望，减轻心头上的烦恼，再次恢复到自然适应的状态。

这种演习很像体育活动的"热身赛"与戏剧表演中的"彩排",是正式演讲之前的模拟训练,也是演讲准备工作的最后一道"工序"。

可以模仿演讲环境,把房间设计布置一下,演讲者按照正式演讲时的要求着装。演习场地的灯光、晕色都要有现场感。然后请来最要好的亲戚朋友让他们带着听众的情感、观点来观看并提出一些问题。他们的目光是"吹毛求疵"的目光,他们的态度是"鸡蛋里挑骨头"的态度,他们提出的问题是苛刻的问题。从音色、音调、音质,从眼神、动作、姿态,从情感、内容,表达等方面对演讲进行挑剔,不留情面。

通过这样的"强化训练",可以发现缺点,锻炼胆量,使演讲走向成功。

4. 保持积极向上的态度

演讲并非把言语简单地公之于众,而是思想的表现、情感的传达、心灵的外化。有些失败的演讲者得知自己失败的原因后说:"我并没有这样的意思。"仔细分析这句话,可以这样去理解:虽然演讲者的潜意识里没有某种想法,但在演讲过程中他们体现出来的态度让听众认为就是这种感觉。也许体现出威严的态度而招致反感,也许由于不平静的态度招致听众的不信任,也许是一种做作的态度难以让听众有亲近感,也许是一种卑屈的态度让听众产生警戒心理,也许太亲热让听众没法接受,也许太傲慢让听众认为你有很大的攻击性,也许是一种无视的态度使听众发怒。

诚然,演讲中根据内容与感情的变化需要,演讲者有不同的情感变化。但万变不离其宗,演讲者的整体情感体现是应该明朗向上、积极热情的。很多演讲者由于紧张、缺少临场经验,导致表情死板,整个表情态度都像上面所说到的那样消极灰暗。

因此,一个成功的演讲者要改变自己的一些习惯言行,放开自己,认真投入,让听众觉得是积极的、明朗的。可多用高扬、放开的语调,在演讲主题的基础上使自己积极认真地体现。忘记失败的错误,想到成功的结果,避免灰色的话题,少给自己过多的欲望,努力使自己的态度合乎听众的心理要求。

5. 自我勉励

科学研究结果表明:百分之九十以上的人都为自卑而苦恼。"金无足赤，人无完人”，任何人都有其自卑的原因：容貌、身材、地位、阅历、环境、能力、体力等。

演讲者也一样，尤其是当他们把自己暴露在大庭广众之中时，自卑感会加剧，他们会把这种自卑感带入演讲中而增加紧张的程度。克服这种心理障碍的方法是做强烈的、鼓励自己的暗示。

法拉第演讲时暗示自己的听众“一无所知”。

哲学家奥欧里斯暗示自己：“我们的想法可以创造自己的人生。”

卡耐基说：“路是可以开拓出来的。”

美国俄克拉荷马州参议员汤姆士小时候瘦瘦高高、弱不禁风，他感到十分苦恼。考上大学后受命参加一次演讲比赛，这个平时面对一个陌生人都不敢开口的人突然之间要面对众多的人，他感到焦急万分。但他在母亲的指导下，采用自我暗示：“病弱的身体可能会一辈子跟着你，所以你要用头脑来取胜啊！好好努力吧！会成功的！”结果他取得了第一名。

自我暗示方法虽然很简单，但若运用得当，确实有效。它能使演讲者立刻“热起来”，也能立刻“冷下去”。因此，心理学家奥尔波特称此法为“短循环反应法”。

下面再介绍几个例句：

“只要勇敢地走上讲台就没事了。”

“我已做好充分的准备，不会出错的。”

“听众有他们自己的事，不会对我的演讲太在意的。”

“潇洒地去表达吧，我能成功。”

“紧张是胆小鬼的行为。”

“我已走到了最恶劣的地步，不会再有更糟的事了。充满信心吧！”

6. 提前到达演讲场地

演讲者怯场还有一个原因是演讲者时时把自己放在被动的位置。被动者有一种依赖心理，一旦依赖物失去，自卑心态便会产生。因此，如果能寻求机遇，时刻把握主动权，将是消除恐惧的好方法。提前赶到演讲场地可以减轻你对场景的恐惧感。

7. 准备一张小卡片

大多数演讲者上台之前都很担心自己“卡壳”。一旦“卡壳”就措手不及，热血冲顶，表情尴尬。抓耳挠腮者有之，吐舌耸肩者有之，呆若木鸡

者有之,逃之夭夭者有之。这时实在太难受。面对"卡壳",有经验的演讲者有自我解决的方法,但更多的演讲者无所适从,想看看演讲稿却又没带。如果在演讲之前准备一张小卡片或一本杂志,将演讲稿缩写在上面,你就不会因为"卡壳"而紧张了。

准备卡片不要太大,以白色硬片为好,把演讲稿缩写或把提纲写在上面。卡片可以放在最易拿且不会压皱的口袋里,也可以直接拿在手上,或者一开始就摆放在演讲台桌上,最好放在目光能快速所及之处。一旦"卡壳",以最快的速度扫一眼,然后巧妙地接着演讲。即使准备得较充分,也还是以准备卡片为好,有卡片在手,在很大程度上能缓解自己紧张的心理,利于把自己的演讲水平发挥出来。

二、良好的心理素质

这里讲的心理素质主要指演讲者登台时的心理。演讲的前期准备工作特别顺畅,经过反复润色的演讲稿,多次的试讲训练,是不是能完成一场成功的演讲呢?不一定。就拿体育比赛来说吧,参加某项比赛的几个选手竞技水平难分伯仲,关键时刻比的就是心理,心理素质优秀的选手才能笑到最后。演讲者在一切准备妥当的前提下,要临场讲好,还必须有良好的心理素质:热情、果敢、自信、从容等,要有适应演讲特殊时空环境的能力。

演讲的时空环境较为复杂特殊,它不同于平日一般的社会活动。演讲者面临的对象往往是生疏的、频繁变换着的听众,演讲现场情况也千差万别。加之,演讲者往往是肩负特殊使命,被强烈的责任心所驱使,因而,必然要承受一定的心理负担,平日习惯性的常规方法往往不能适应,必然产生心里不平衡。演讲者只有具备良好的心理素质,才能排除不良环境的影响,充分发挥自己的演讲才智。

(一)心理定势与成功欲

心理定势就是心理指向,即指对活动的一种准备状态。演讲者置身于演讲环境时的心理准备,就是演讲行为的心理定势。心理定势使人以比较固定的方式去进行认知或作出行为反应。当环境不变时,人们能够应用已掌握的方法迅速解决问题。因此,演讲者在演讲时,首先形成一种与时空环境相适应的心理定势是非常必要的。

生理学和心理学认为:凡发育正常,有一定文化知识的人,当心理状态达到最佳程度时,就会思维开阔、思想敏捷、精力集中、记忆清晰、感情丰富、动作协调。心理状态达到最佳状态，情绪随之高涨，有利于增强自信心，驱逐恐惧感；有利于集中注意力，排除杂念；有利于驱除紧张感、孤独感、畏怯感、烦恼感等影响演讲的特殊心理，使演讲者演说时不致瞻前顾后，放不开声音，展不开手脚。

要形成演讲行为的心理定势，既要有演讲的需要，又要进入一定的演讲环境。试想，如果一个人本身没有演讲的需要，即使进入演讲现场，也不会产生演讲行为的定势；同样，一个人即使有强烈的迫切的演讲需要，若没有一定的环境和一定的听众，也是徒然的。只有当演讲需要和演讲环境都具备时，演讲行为的心理定势才能形成。可见，演讲者要增强自己的行为定势，一方面要增强内在的激励因素，另一方面要善于利用外在的时空环境，使之发挥最大的激励作用。

从时空环境方面看，演讲中存在着一系列具有各种不同价值、能增强或削弱心理定势的情景。凡能使人产生昂扬情绪，提高自我价值感的时空环境，便能增强演讲者的良好的心理定势。凡使人产生焦躁不安、心灰意懒情绪的时空环境，对演讲者良好的心理定势的形成会起削弱和阻滞的作用。演讲者进入演讲的时空环境，要善于识别时空环境中那些积极作用和消极作用的成分，自觉地把注意力集中到积极因素上，强化演讲优势；要努力剔除消极因素对自己心理定势的影响。

此外，演讲者还要掌握一些行之有效的调动情绪的方法，诸如临场前逗乐引笑，朗诵名人诗词、观花赏花、欣赏音乐或作愉快的回忆，等等。总之，要使精神振奋，情绪高涨，以轻松兴奋的坚定的心情进入演讲角色。

关于成功欲的问题，我们知道，演讲的需要是演讲者内在激动因素。根据马斯洛的需要等级理论，演讲的需要是较高层次的需要，它既是人们的"社交需要"，也蕴含着"尊重需要"和"自我实现需要"。对不同的演讲者来说，各种需要的比例各不相同，因而所产生的内在激励的大小也就不一样。要增强演讲者内在激励能量，显然，强烈的成功欲和对目标价值的认知起着十分重要的作用。

马斯洛所说的需要，从某种意义上讲，其实就是欲望。人所共有的欲望是人们实践活动的内驱力。欲望愈强，动力越大。人们的演讲活动，都是为了达到某种预期的目的，获得某种具体效果。演讲者对这种预期目标价值的认知愈深刻，成功的欲望就愈强。概括地讲，演讲的成功欲主要表现为对社会效益和思想疏导的欲望的满足。

成功欲是促进事业成功的主观因素，能极大促进人们的主观能动性发挥。在演讲活动中，强烈的成功欲是演讲成功的重要条件，是演讲者形成较强的、良好的心理定势的重要因素。演讲者如果对成功缺乏强烈的欲望和追求，内驱力必然不足，在行动上就会表现为消极冷漠，影响演讲的效果。

当然，成功欲的高尚与卑俗有着质的区别。我们应最求高尚健康，摒弃低级庸俗。各种不同质的强烈的成功欲都能形成较强的心理定势，但是他们所产生的演讲效果是截然不同的。

（二）观察力与分析力

观察是直接认识客观事物的表现，是一切智力活动的基础。观察力是指通过感官全面正确地认识客观事物的能力，是演讲者必备的基本功。从演讲动机的萌发、演讲主题的确定到演讲材料的获取，几乎每一个环节，都渗透着观察的结果。临场演讲时，尤其需要有敏锐的观察力，要能洞察在场听众的心理。也就是及时发现和了解听众的反馈信息，以便随时调整自己的演讲内容和技巧方法。

观察力与心理定势有密切的关系。演讲者对于置身于演讲环境时的心理准备充分了，他的观察力就自觉、敏锐。观察的目的在于期待演讲的成功。成功欲是调动观察的积极性、集中注意力或分配注意力的原动力。一个有着强烈成功欲，形成了良好的心理定势的演讲者，便能随时留心，抓住任何有用的外部信息，借以调整和丰富自己的演讲内容。例如，有位演讲者给听众讲《美的欣赏与追求》，当他步入现场，忽然发现墙上闪过一道白光，原来有位听众在偷偷照镜子，镜子的反光在墙上形成了一个光点。细心的演讲者立即捕捉到了这个瞬息即逝的现象，调整了自己的演讲内容，触景生情，从这道白光谈起，说明爱美之心，人皆有之，然后切入正题，使演讲在一种和谐融洽的气氛中顺利进行。试想，如果演讲者没有强烈的成功欲，他能够这样时时处处做"有心人"，激发起思维的创造性吗？

观察广度。高超的控场艺术与特有的观察广度是分不开的。观察的广度是指同一时间内观察所能把握对象的数量范围。观察广度大，就能在同样时间输入更多的信息。演讲者只有具有足够的观察广度，才能迅速全面地观察到台下众多的情况。同时，要做到随机控场，还要掌握观察的分配，即同一时间内进行多种活动时，把观察指向不同的对象。

要注意观察速度。演讲者的观察，应力求做到敏捷速度，反应符合客观实际，面向整体，贯穿始终。演讲的现场情况复杂，听众的反应总是随演讲的进行而随时变化的：有时凝神深思，有时喜形于色，有时悲愤激昂、有时探询议论，有时左顾右盼，有时烦躁不安。观察力强的演讲者一进入现场，就要充分利用自己的感官，从听众的眼神、表情、身姿及其有意无意的各种声响中，体察出听众的情绪反应、情感趋向，了解听众的理论修养、文化教养和专业学识水平等，迅速推断反馈信息的真实内涵，将反馈信息与自身演讲行为结合起来分析，从而及时捕捉住有利时机，机智地进行内容和形式的调整，牢牢地掌握住演讲的控制权，紧紧地掌控住听众的情绪。

另外，敏锐的观察力与熟悉演讲内容密切相关。心理学认识，要适当地分配注意，就必须在同时进行的几项活动中，至少使其中一项活动达到完全熟练的程度，形成"动力定型"。否则，仅凭主观意识调节是靠不住的。所以，演讲者要达到观察准确、全面、迅捷，首先必须对演讲内容"烂熟于心"，形成自动化的"动力定型"，此外别无良策。

观察力的实现是通过分析力来进行的，观察力与分析力是紧密相连的。人们的一切智力活动，都是在观察的基础进行的，而观察认知过程，总是自觉或不自觉地伴随着比较和鉴别。例如，感知火的光亮，是因为有其他不发光物的存在。光亮是相对黑暗而言，伟大是相对平凡和渺小而言。比较和鉴别离不开分析。分析就是"把一件事物、一种现象、一个概念分成较简单的组成部分，找出这些部分的本质属性和彼此之间的关系"。我们对任何事物进行观察，作出判断过程，事实上都经历了一次分析综合的过程。可见，敏锐的观察力正是较强的分析综合思维能力的表现。在临场演讲时，要"耳听六路，眼观八方"，要在眼、耳、口、手和脑的协调配合中，感知、理解、正确判断。这种分析综合思维在瞬间完成。要熟巧到几乎是随意运动，然而这种分析综合思维往往被人忽视。演讲者要提高自己的观察力，必须培养较强的分析综合思维能力。

分析是以事物的矛盾为对象和内容的。分析可以"由表及里"，即从现象分析本质；可以"由此及彼"，即分析一事物与另一事物的关联与关系；可以是"由果及因"，即剖析事物的直接、间接的原因或历史根源；可以"由正及反"，即分析事物的变化和转化。事实上，从动机萌发到现场演讲的全过程，都离不开分析，特别是内容的构思、论证过程，尤其需要分析。

在临场演讲时，听众的反馈信息表现繁多，对一颦一笑，要知其情绪所在，没有很强的观察分析能力是不行的。

（三）自信心与自制力

1. 自信心

自信心是一种推断性的心理过程，具有明显的理性思维色彩。人们在实践活动中，不仅有成功的欲望，而且对成功与否常常会进行有意无意的预测。这种预测的结论无非是三种情况：一是必然成功；二是必然失败；三是可能成功也可能失败。这种自己对实现目标有无成功把握的断定及其心理准备，就是人的自信心状况的具体反应。所谓有信心，就是对实现目标、圆满完成任务抱有成功的把握；否则，就是没有信心或信心不足。

自信心与成功欲密切相关。强烈的成功欲是人们实践活动的内驱力，是促进事业成功的主观因素。对演讲者来说，它的主要作用是触发心理动机，使演讲者对现实演讲目标高度关切。然而，希望成功并非自信成功。自信则表现为对实现目标的理性推断，它是通过对客观情况和自我能力统一比较后产生的，是对自我素质和能力的信任。演讲者充分的自信表现为对现实演讲目标持肯定性推断，坚信演讲成功。成功欲和自信心都是形成良好的心理定势的重要因素，是演讲者重要的心理支柱。

充分的自信，是演讲成功的另一秘诀。自信可以发挥意志的调节作用，坚定意志；可以使智力呈现开放状态，更有效地发挥演讲者的创造性。演讲者坚信演讲能获得成功，在良好的心理定势作用下，能以满腔热情应对演讲现场可能出现的各种复杂情况，并且始终保持清醒的头脑，砥砺意志，克服障碍。自信心强可减少心理负担，精力充沛、思维活跃，易于触发创造性思维，并能随机应变和临场发挥。自信心强，可使自己对力量、气质、风度和技能恰当地控制。相反，缺乏自信的人，意志薄弱，时时产生一种消极的自我暗示，越怕失败、越怕人取笑，就越加分心，无形中束缚实际能力的发挥，导致演讲失去光彩。

自信心如此重要，所以演讲者要有意识地培养和树立坚强的自信心。自信心应建立在对自我素质和能力的正确认识上，建立在对演讲基本规律的娴熟掌握上，建立在对演讲内容的深刻理解上。只有在对主观条件和客观情况进行辨证分析，知己知彼，了如指掌的基础上产生的自信，才是真正的自信。否则，就是不切实际的盲目自信。盲目自信是一种非理性的预测和判断，它所产生的支持力是短暂的，经不起实践的检验。

2. 自制力

演讲不仅要有充分的自信心，还要有强大的自制力。所谓自制，就是根据需要，对自我情绪和情感进行调节和控制。这种自控能力，既是演讲者重要的心理能力，也是演讲者意志力的表现。

演讲现场的活动情况复杂，很多因素即可能引起演讲者的情绪波动和情感激动，或欢愉，或兴奋，或恐惧，或忧虑。演讲者的各种情绪波动和情感激动对演讲会产生不同的影响，有的积极有益，有的消极有害。一般来说，责任心、使命感、成功欲及自信和欢愉是推动演讲顺利发展的积极因素；而忧虑、恐惧、自卑等情绪则是阻碍演讲成功的消极因素。如何对这些有利和不利因素进行质的鉴别和量的控制，正是自制力的作用所在。演讲者要善于分辨掌握，该激发的充分激发，该排斥的努力排斥，该调节的适当调节，始终保持自己的情绪与演讲时空环境和谐协调；不能无节制地听任感情的驱使，也不能任凭自我情绪的放纵；要主动地理智地根据实现演讲目的的需要，抑制消极情绪和冲动行为，正确地支配自己的语言和举止。只有这样，才能成功地驾驭演讲进程，在受挫折时，不致泄气和意志崩溃；在顺利时保持头脑清醒，不失常态。否则，就会阻碍演讲的顺利进行。例如，欢愉兴奋，使人精神抖擞，语调高昂，能推进演讲顺畅发展；但如果兴奋过度，忘乎所以，就往往会失去常态，有损演讲效果。

演讲者要有效的运用和发挥自制力的作用，必须坚定目标指向。目标专注，能凝神集思。当情绪过分激动时，立即以实现演讲目标的坚强信心激励自己，排除自我情绪中的消极因素的干扰。演讲者要提高和强化自己的自制力。必须吃透演讲内容，掌握演讲规律。成竹在胸，就不会乱章失控，就能应对自如。演讲者要进行恰当的自我克制和调节，还必须保持头脑清醒。冷静能帮助人保持智慧。快速、准确的判断和分析，只有在沉稳冷静的情况下才能做出。

自信心和自制力关系十分密切，它们同是演讲者应有的良好的心理品质。自信心强可以坚定演讲者的意志，而自制力的强弱正是由意志力的强弱决定的。所以，演讲者应不断培养和提高自己的自信心和自制力。

【礼仪训练】演讲

一、演讲要点

1. 开场白

设计精彩的开场白。

2. 展开

①合理运用提纲。

②控制展开的时间。

③充分展现主题。

3. 结尾

①用充满激情的话语。

②提出令人深思的问题。

③总结观点。

④步步加强。

⑤请求采取行动。

⑥引用名人诗句。

二、即席演讲心理素质训练

1. 站立不语练习

练习者可请家人、同学、朋友做自己的观众，本人站在高于观众之处，目视观众而不开口。此时练习者要进入讲话的心理感受之中，进行心理体验。

这一步是练心不练口。每次站立 5~10 分钟，直到练习者不觉得十分紧张为止。

2. 随便说话练习（练口）

练习者心理上已适应在人前站立之后，即可进入说话训练。这时的讲话从内容和形式上，不要给予任何规定和限制。练习者要随心所欲，讲自己最熟悉的话。这时的练习者虽然从心理上初步适应，一旦开口讲话还缺乏适应性锻炼，此时大脑或紧张或混沌一片，所以这一步练习只要求练习者能开口讲话就可以了，至于内容则可非常随意。

这一步是在练"心"的基础上练"口"，讲话时间以 1 分钟为宜，练习者和听众可现场交流对话、轮流演练，直到练习者能在人前自如流利地讲话为止。

3. 命题演讲练习（表达练习）

在前两步训练的基础上，练习者即可进入命题演讲练习。练习者和听众之间要反复交流、推敲练习者的有声语言、体态语的力度、速度、表情等。此步练习以练习者在"台"上让听众听不出练习者是在背讲稿、也不是"演"为目的，要求练习者达到能够真实自如、从容不迫地讲自己的心里话。

4. 即席演讲练习（全面练习）

练习者的临场心理和讲话能力都有了一定的提高后，便可进行较高层次的即席演讲练习，练习者以抽签来确定演讲的题目和内容，抽签决定后给予 10 分钟时间打腹稿。

此时练习者的思维处于调整运转状态，这对于提高练习者的谋篇布局、遣词造句能力都是很必要的。

以上四步练习法侧重于实践，初学者如果再辅以一定的理论指导，效果将会更好。

【技能训练】

训练一：修改演讲稿

下面这段演讲词写得很蹩脚，一是口语化注意不够；二是套话太多，有的用词不当；三是观点不鲜明，也比较陈旧。请先作修改，然后根据它所表达的中心思想，确定一个题目，重写一遍。

"我们已近而立之年，倘不好自为之，且不说能否有所作为，找到自己人生幸福的支点，就说四个现代化，能够指日可待吗？放眼世界，时代的洪流滚滚向前，神州大地一派生机，多少个陈景润在夜以继日地攻关，多少个步鑫生在费尽心机使企业摆脱困境，多少个海外赤子回到祖国效力，又有多少个楼群在崛起！在这样一派大好形势下，我们不能袖手旁观了，我们要扬起理想的风帆，驶向幸福的彼岸！"

训练二：从下面主题中任选其一，写一份 3 分钟的演讲稿。

①如果你有 500 万元，你将如何使用？

②如你能回到大学刚入学时，你将如何安排这几年的大学时光？

模块四 谈判礼仪

◇开篇有"礼"◇

日本的铁矿石和煤炭资源短缺，而澳大利亚盛产铁矿石和煤，日本渴望购买澳大利亚的铁矿石和煤，在国际贸易中澳大利亚一方却不愁找不到买主。按理说，日本人的谈判地位低于澳大利亚，澳大利亚一方在谈判桌上占据主动地位。可是，日本人把澳大利亚的谈判人员请到日本去谈生意。一旦澳大利亚人到了日本，他们一般行为都比较谨慎，讲究礼仪，而不至于过分侵犯东道主的利益，因而日本方面和澳大利亚方面在谈判桌上的相互地位就发生了显著的变化。澳大利亚人过惯了富裕舒适的生活，派出的谈判代表到了日本不过几天，就急于回到故乡去，所以在谈判桌上常常表现出急躁的情绪，而作为东道主的日本谈判代表可以不慌不忙地讨价还价，他们掌握了谈判桌上的主动权，结果日本方面仅仅花费了少量款待作"鱼饵"，就钓到了"大鱼"，取得了大量谈判桌上难以获得的东西。

所谓谈判，其一般含义是指在社会生活中，人们为满足各自需要和维护各自利益，双方妥善地解决某一问题而进行的协商。而商务谈判是指谈判双方为实现某种商品或劳务的交易，对多种交易条件进行的协商。

技能点一 谈判的准备

谈判前应对谈判主题、内容、议程做好充分准备，制订好计划、目标及谈判策略。除此之外，还应做好以下准备。

（一）谈判人员的确定

商务谈判之前首先要确定谈判人员，与对方谈判代表的身份、职务要相当。谈判代表要有良好的综合素质，谈判前应整理好自己的仪容仪表，穿着要整洁、正式、庄重。男士应刮净胡须，穿西服必须打领带。女士穿着不宜太性感，不宜穿细高跟鞋，应化淡妆。

（二）谈判地点的选择

谈判地点的选择，往往涉及一个谈判的环境心理因素问题，有利的场所能增加自己的谈判地位和谈判力量。人们发现，动物在自己的"领域"内，最有办法保卫自己。人，也是一种有领域感的动物，与自己所拥有的场所、物品等有着密不可分的联系，离开了这些东西，其感情和力量就会有无所依附之感。美国心理学家泰勒尔和他的助手兰尼做过一次有趣的实验，证明许多人在自己客厅里谈话更能说服对方。因为人们有一种心理状况：在自己的所属领域内交谈，无需分心去熟悉环境或适应环境；而在自己不熟悉的环境中交谈，往往容易变得无所适从，导致出现正常情况下不该有的错误。

例如开篇有"礼"中日本人所为，对一些决定性的谈判，若能在自己熟悉的地点进行，可说是最为理想，但若争取不到这个地点，则至少应选择一个双方都不熟悉的中性场所，以减少由于"场地劣势"导致的错误，避免不必要的损失。最差的谈判地点，则是在对方的"自治区域"内。如果说某项谈判将要进行多次，那谈判地点应该依次互换，以示公平。

（三）谈判时间的选择

时间观念，是"快节奏"的现代人非常重视的观念。对于谈判活动，时间的掌握和控制是很重要的。如外交谈判开始之前到达，表示对谈判方有礼貌；相反，则是不尊重。无故失约、拖延时间、姗姗来迟等，这些"时间观"产生的都是负效应，只有"准时"，才体现出交往的诚意。

谈判时间的选择适当与否，对谈判效果影响很大。一般来说，应注意以下几种情况。

①避免在身心处于低潮时进行谈判。例如夏天的午饭后、人们需要休息的时候不宜进行谈判；如去外乡异地谈判，或去国外谈判，经过长途跋涉后应避免立即开始谈判，要安排充分的休整之后再进行谈判。

②避免在一周休息日后的第一天早上进行谈判，因为这个时候人们在心理上可能仍未进入工作状态。

③避免在连续紧张工作后进行谈判，这时，人们的思绪比较零乱。

④避免在身体不适时（特别是牙痛时）进行谈判，因为身体不适，很难使自己专心致力于谈判之中。

⑤避免在人体一天中最疲劳的时间进行谈判。现代心理学、生理学研究认为，傍晚4—6时是人一天的疲劳在心理上、身体上都已到达顶峰的时候，容易焦躁不安，思考力减弱，工作最没有效率，因此在这个时候进行

谈判是不适宜的。

⑥另外，在贸易谈判中，如果是卖方谈判者，则应主动避开买方市场；如果是买方谈判者，则要尽量避开卖方市场，因为这两种情况都难以进行平等互利的谈判，不要在最急需某种商品或出售产品时进行谈判，要有一个适当的提前量，做到"凡事预则立"。同时要注意时间因素的重要性，如夏天买棉衣、冬天买风扇、落市时去买菜、在淡季去旅游，选择对自己最有利的时机。

（四）谈判环境的布置

选择谈判环境，一般看自己是否感到有压力；如果有，说明环境是不利的。不利的谈判场合包括：嘈杂的环境，极不舒适的座位，谈判房间的温度过高或过低，不时有外人搅扰，环境陌生而引起的心力交瘁感，以及没有与同事私下交谈的机会，等等。这些环境因素会影响谈判者的注意力，从而导致谈判的失误。

心理学家 N. L. 明茨早在 20 世纪 50 年代就做过这样一个实验：他把实验对象分别安排到两个房间里，一间窗明几净、典雅庄重，而另一间简单破旧、凌乱不堪。他要求每人必须对 10 张照片上的人作出判断，说出他（或她）是"精力旺盛的"还是"疲乏无力的"，是"满足的"还是"不满足的"。结果在洁净典雅房间里的实验对象倾向于把照片上的人看成"精力旺盛的"和"满足的"；在破旧凌乱房间里的实验对象则倾向于把照片上的人看成"疲乏无力的"和"不满足的"。这个实验结果表明环境是会影响人的感知的。

从礼仪要求讲，一般合作式谈判应安排布置好谈判环境，采用长方形或椭圆形的谈判桌，门右手座位或对面座位为尊，应让给客方。

1. 光线

可利用自然光源，也可使用人造光源。利用自然光源即阳光时，应备有窗纱，以防强光刺目；而用人造光源时，要合理配置灯具，使光线尽量柔和一点（图4-4-1）。

图4-4-1

2. 声响

室内应保持宁静，使谈判能顺利进行。房间不应临街、临马路，应不在施工场地附近，门窗应能隔音，周围没有电话铃声、脚步声、人声等噪声干扰。

3. 温度

室内最好能使用空调机和加湿器，以使空气的温度与湿度保持在适宜的水平上。温度 20℃，相对湿度在 40%~60% 是最合适的。一般的情况下，也至少要保证空气的清新和流通。

4. 色彩

室内的家具、门窗、墙壁的色彩要力求和谐一致，陈设安装应实用美观，留有较大的空间，以利于人的活动。

5. 装饰

用于谈判活动的场所应力显洁净、典雅、庄重、大方。放置宽大整洁的桌子、简单舒适的座椅（沙发），墙上可挂几幅风格协调的书画，室内也可装饰适当工艺品、花卉、标志物，但不宜过多过杂，以求简洁实用。

技能点二　谈判的过程

一、导入阶段

即双方见面，介绍、寒暄、简短交谈，创造良好的谈判气氛（图4-4-2）。

二、概说阶段

目的是让对方了解自己的目标和想法，但不是把自己的一切想法

图 4-4-2

和盘托出，只是简单说出自己的基本想法、意图和要求，这是彼此认识谈判对手目标要求的第一回合。

三、明示阶段

谈判双方把所要解决的问题，摆到桌面上讨论。包括：自己所求，对方所求，互相所求，从表面看不出来的内含要求。

四、交锋阶段

对方由于利益和心理等的对立，必然存在一定分歧，在这个阶段就会明显展开。在交锋中，谈判者既要朝着自己所追求的目标勇往直前，又要有心理准备，随时回答对方的质询，同时，要尽量把对方的抵抗心理降到最低限度。

五、妥协阶段

双方各自做一定的让步，以达成最终的协议。

六、协议阶段

经交锋和妥协，双方认为已基本达到自己的要求，就拍板同意，双方代表在协议书上签字，谈判结束。

谈判活动组织工作的目的是实现谈判目标，完成谈判任务。同时所有活动的组织又必须符合礼仪的规范，这是实施目的的形式保证。

技能点三 谈判中的语言技巧

一、谈判的语言要针对性强

谈判中，双方各自的语言，都是表达自己的愿望和要求的，因此谈判语言的针对性要强，要做到有的放矢。模糊、啰唆的语言，会使对方疑惑、反感，降低己方威信，成为谈判的障碍。针对不同的商品、谈判内容、谈判场合、谈判对手，要有针对性地使用语言，才能保证谈判的成功。例如：对脾气急躁、性格直爽的谈判对手，运用简短明快的语言可能受欢迎；对慢条斯理的对手，则采用春风化雨般的倾心长谈可能效果更好。在谈判中，要充分考虑谈判对手的性格、情绪、习惯、文化及需求状况的差异，恰当地使用针对性的语言。

二、谈判中表达方式要婉转

谈判中应当尽量使用委婉语言，这样易于被对方接受。比如，在否决对方要求时，可以这样说："您说得有一定道理，但实际情况稍微有些出入。"然后不露痕迹地提出自己的观点。这样做既不会有损对方的面子，又可以让对方心平气和地认真倾听自己的意见。其间，谈判高手往往努力把自己的意见用委婉的方式伪装成对方的见解，提高说服力。在自己的意见提出之前，先问对手如何解决问题。当对方提出以后，若和自己的意见一致，要让对方相信这是他自己的观点。在这种情况下，谈判对手有被尊重的感觉，他就会认为反对这个方案就是反对自己，因而容易达成一致，获得谈判的成功。

三、谈判中要会灵活应变

谈判形势的变化是难以预料的，往往会遇到一些意想不到的尴尬事情，要求谈判者具有灵活的语言应变能力，与应急手段相联系，巧妙地摆脱困境。当遇到对手逼你立即作出选择时，你若是说"让我想一想""暂时很难决定"之类的语言，便会被对方认为缺乏主见，从而在心理上处于劣势。此时可以看看表，然后有礼貌地告诉对方："真对不起，9点钟了，我得出去一下，与一个约定的朋友通电话，请稍等5分钟。"于是，你便很得体地赢得了5分钟的思考时间。

四、恰当地使用无声语言

商务谈判中，谈判者通过姿势、手势、眼神、表情等非发音器官来表达的无声语言，往往在谈判过程中发挥重要的作用。在有些特殊环境里，有时需要沉默，恰到好处的沉默可以取得意想不到的良好效果。

技能点四　谈判中的说服礼仪

谈判者说服对方时，是依靠理性的和情感的力量去使对方心悦诚服地转变态度的。说服注重的是心灵的呼应，它与那些依靠强制性的手段（如法律仲裁、强权、舆论压力）或欺骗性的手段来获得对方的服从有着根本的不同。周总理在说服别人方面堪称大师，他能始终以平等温和的态度、超人的理智、亲切感人的情怀，迅速地找到双方的共同之处和对方能够接受的起点。许多世界名人都对他的说服艺术给予了极高的评价，基辛格称，"周恩来知道如何作出姿态使你不能拒绝"。英国作家迪克·威尔逊称，在说服方面"周的表现做得如此出色，以至于你会带着这样的印象离去：他对谈判过程中的每一次进展的情绪反应都是真诚的，他是一个令人信服的正直的人……"平等温和的态度表明对别人的尊重，保持理智则可以避免双方在某些分歧方面的进一步恶化，这样，谈判者就有了说服对方的基础。具体来说，说服的礼仪要求有如下几个方面。

一、奠定良好的人际关系基础

要说服对方改变初衷，应当首先改善与对方的人际关系。当一个人考虑是否接受说服之前，他会先衡量说服者与他的熟悉程度和亲善程度，实际上是考虑信任度，对方如果在情绪上对立，则不可能接受说服。

二、把握说服的时机

在对方情绪激动或不稳定时，在对方敬重的人在场时，在对方的思维方式极端定势时，暂时不要进行说服。这时首先应设法安定对方的情绪，避免让对方丢面子，用事实适当地给予说明，然后才可进行说服。在同事、朋友、夫妻、家庭成员之间、对手之间进行的劝说莫不如此。

三、言词诚挚

在谈判中进行说服应努力寻求并强调与对方立场一致的地方，对于立场上的某些分歧，可以提出一个美好的设想，以提高对方接受劝说的可能性。要诚挚地向对方说明，如果接受了意见将会有什么利弊得失，既要讲明接受意见后对方将得到什么样的益处，我方将得到什么样的益处；也要讲明接受意见后对方的损失是什么，我方的损失有哪些，这样做，会使对方感觉到我方所提的意见客观、合乎情理，易于接受。

【礼仪训练】谈判

一、谈判训练内容

1. 实训目的

通过本次的实训，学生了解和掌握商务谈判对服饰、举止的一般要求，学会得体的称呼、寒暄和介绍，掌握握手、接与递名片的基本要领，把握迎送、会谈和宴请的礼节，如何接、打电话等。

2. 实训要求

由教师选择若干谈判背景，将参加实训的学生分成若干谈判小组，进行模拟谈判礼仪，并将模拟谈判礼仪的成果在其他小组前展示，进行互评。

3. 实训步骤

①分组：要求参加实训的学生分成两组，一组为买方，一组为卖方。

②教师提出商务谈判礼仪训练的基本要求和注意事项。

③指导教师给出实例，每组根据实例中的角色（卖方或买方）准备。

④分小组模拟买卖双方进行谈判接待礼仪、谈判室的布置、谈判磋商过程中的礼仪训练。

二、谈判模拟背景资料

1. 参考资料

假设你公司准备同当地的著名物流企业——新星集团——进行一次关于联合开发大型超市项目的谈判。谈判地点设在你公司的会议室。

通过对前期对谈判对手的调查得知，负责新星集团超市开发工作的项目开发部部长田中次郎是个日本人，而你被领导指派为公司负责的接待组长。公司领导要求你对谈判室的布置、接待礼仪、谈判磋商等所有工作全权负责，并保证谈判的成功。

2. 注意事项

①接待礼仪要与对方谈判代表的身份、职务相当。

②要注意不同国家、不同地区的礼仪风俗与禁忌。

模块五　开业与剪彩礼仪

技能点一　开业礼仪

一、开业典礼概述

开业典礼，又名"开张庆典"，是一种隆重的商业性活动。小到店铺、超市，大到酒店、商场等，通过开业庆典的方式，向社会宣告一个经济实体的成立。开业庆典不只是一个简单的程序化庆典活动，而

图 4-5-1

是一个经济实体打造自我形象的第一步。开业庆典的规模与气氛，代表了一个组织的风范与实力。组织通过开业庆典，宣告在庞大的社会经济肌体里，又增加了一个鲜活的商业细胞（图4-5-1）。

（一）开业典礼的作用

①有助于企业树立良好的公众形象，提高自己的知名度与美誉度。

②有助于企业扩大社会影响力，吸引社会各界的关注。

③有助于企业对外宣传，招揽顾客。

④有助于增强全体员工的自豪感与自信心，打造一个良好的开端。

（二）开业典礼应遵循的原则

1. 热烈

开业典礼的整个过程气氛应"热烈、欢快、隆重"，避免沉闷乏味、平淡无奇、只走过场。

2. 缜密

开业典礼要认真策划，分工到位；注重细节，一丝不苟；力求周密，严防临场出错；做好预案，出现意外情况能及时补救。

3. 节俭

开业典礼应提倡节俭，反对铺张浪费，在典礼的经费支出方面要量力而行，该花的钱要花，不该花的钱就不能花。

二、开业典礼的准备

（一）成立筹备小组工作

1. 时间的确定

①关注天气预报，提前了解近期天气情况，选择阳光明媚的日子。

②不仅要考虑主要嘉宾及领导的时间，还要选择大多数目标公众能够参加的时间，比如周末、法定节假日等。

③考虑心理和习惯。在我国，人们比较偏爱带数字 6、8、7、9 的日子。如果外宾为本次活动主要参与者，则更应注意，切不可在外宾忌讳的日子里举办开业典礼，应避开 3 和 13。还要注意不同民族的风俗习惯和民族节日。

④考虑周围居民作息时间。典礼时间避免过早或过晚，一般安排在上午 9：00—10：00 最为恰当。

2. 地点的确定

①开业地点一般设在企业经营所在地、目标公众所在地或租用大型会议场所。

②应考虑场地是否够用，场内空间与场外空间的比例是否合适。

③应考虑交通是否便利，停车位是否充足。

④举行室外典礼，切勿制造噪声、妨碍交通或治安。

3. 活动方案的确定

活动方案包括开业典礼的主题名称、规格、邀请范围、典礼的基本程序、主持人及致辞人的选定、经费的安排、开幕词、宣传材料及新闻通讯材料的撰写等。

4. 做好来宾邀请工作

①确立邀请对象：邀请上级领导以提升档次和可信度；邀请工商、税务等直接管辖部门，以便今后取得支持；邀请潜在的、预期的客户是企业经营的基础；邀请同行业人员，以便相互沟通合作。

②邀请方式：可电话邀请，也可制作通知、发传真，更能够表明诚意与尊重的方法是发邀请函或派专人当面邀请。邀请工作应该提前一周完成，以便于被邀者及早安排和准备。

5. 做好舆论宣传工作

①企业可以利用报纸、杂志等视觉媒介物传播，具有信息发布迅速、接受面广、持续阅读时间长的特点。

②自制广告散页传播，向公众介绍商品、报道服务内容或宣传本企业、本单位的服务宗旨等，所需费用较低。

③企业可以运用电台、电视台等大众媒体。这种传播方式效率最高，成本也最高，要慎重考虑投入与产出。

④在企业建筑物周围设置醒目的条幅、广告、宣传画等。

6. 活动现场的布置

①为显示隆重与敬客，可在来宾尤其是贵宾站立之处铺设红色地毯。

②在主席台及场地四周悬挂标语横幅。

③悬挂彩带、彩灯、气球，在醒目处摆放来宾赠送的鲜花花篮。例如，可在大门两侧各置中式花篮20个，花篮飘带上的一条写上"热烈庆祝××开业庆典"字样，另一条写上庆贺方的名称。在正门外两侧，设充气动画人物、空中舞星、吉祥动物等。

7. 做好各种物质准备工作

①礼品准备。赠予来宾的礼品，一般属于宣传性传播媒介的范畴之内。根据常规，向来宾赠送的礼品有四大特征。

第一，宣传性。可选用本单位的产品，也可在礼品及其外包装上印有本单位的企业标志、产品图案、广告用语、开业日期、联系方式等。

第二，荣誉性。礼品制作精美，有名人名言或名画，使拥有者为之感到光荣和自豪。

第三，价值性。具有一定的纪念意义，使拥有者对其珍惜、重视。

第四，实用性。礼品应具有较广泛的使用场合，以取得宣传效应。

②设备准备。音响、录音录像、照明设备以及开业典礼所需的各种用具、设备，由技术部门进行检查、调试，以防在使用时出现差错。

③交通工具准备。接送重要宾客、运送货物等。

④就餐准备。统计好参加典礼的人数，安排好就餐的座次，准备好食物、就餐用具等。

（二）开业典礼的程序

①典礼开始。

②致辞。

③揭牌。

④来宾参观。

⑤迎客。

⑥典礼结束。

三、开业典礼人员的基本礼仪

（一）主办方的基本礼仪

①仪容整洁，着装规范。

②遵守时间，准备充分。

③举止文明，态度友好。

（二）宾客的基本礼仪

①准时到场。

②赠送贺礼。

③举止得体。

④礼貌告辞。

技能点二　剪彩礼仪

剪彩仪式是指商界的有关单位，为了庆祝公司的成立、公司的周年庆典、企业的开工、宾馆的落成、商店的开张、银行的开业、大型建筑物的启用、道路或航道的开通、展销会或展览会的开幕等而举行的一项隆重性的礼仪性程序（图4-5-2）。

一、剪彩仪式的准备

（一）剪彩必备用品

①白色薄纱手套。是专为剪彩者所准备的，有时也可不准备。每位剪彩者一副白色薄纱手套，以表示郑重。准备手套时，要保证数量充足，还必须大小适度、崭新洁白。

图 4-5-2

②红色地毯。主要用于铺设在剪彩者正式剪彩时的站立之处，可提升档次，营造喜庆气氛。红毯长度视剪彩人数多少而定，宽度至少1米。有时也可以不铺设。

③新剪刀。是专供剪彩者在剪彩仪式上正式剪彩时所使用的。必须是每位现场剪彩者人手一把，而且必须崭新、锋利而顺手，保证剪彩时"手起刀落"，一气呵成，切勿再补一"刀"。剪彩仪式结束后，主办方可将剪彩者使用的剪刀包装后送给对方，以作纪念。

④托盘。在剪彩仪式上是托在礼仪小姐手中，用作盛放红色缎带、剪刀、白色薄纱手套的。在剪彩仪式上所使用的托盘，最好是崭新的、洁净的，通常首选银色的不锈钢制品。

⑤红色缎带。即剪彩仪式之中的"彩"。作为主角，它自然是万众瞩目之处。按照传统做法，它应当由一整匹未使用过的红色绸缎，在中间结成数朵花团而成。花团要生动、硕大、醒目，其数量要与剪彩人数相当。

（二）剪彩人员的确定

1. 剪彩者的确定

剪彩者可以是一个人，也可以是几个人，但是一般不应多于五人。剪彩者多由上级领导、合作伙伴、社会名流、员工代表或者客户代表担任。剪彩者应穿着套装、套裙或制服出席。

2. 助剪者的确定

助剪者是在剪彩仪式中为剪彩者和来宾提供服务的工作人员，主要由主办方的女员工或者邀请礼仪公司专业礼仪小姐担任。一般要求助剪者容貌端庄、气质优雅、反应敏捷、文雅大方。

3. 剪彩时的位次排定

剪彩者不止一人时，按照国际惯例，中间站位高于两侧，右侧高于左侧，距离中间站位者越远位次越低。

二、剪彩仪式的基本程序

（一）来宾就位

在剪彩仪式上，通常只为剪彩者、来宾和本单位的负责人安排座席。在剪彩仪式开始时，即应敬请大家在已排好顺序的座位上就座。在一般情况下，剪彩者应就座于前排。若其不止一人时，则应使之按照剪彩时的具体顺序就座。

（二）仪式开始

在主持人宣布仪式开始后，乐队应演奏音乐，现场可燃放礼花，全体到场者应热烈鼓掌。此后，主持人应向全体到场者介绍到场的重要来宾。

（三）发言

发言者依次应为主办方单位的代表、上级主管部门的代表、地方政府的代表、合作单位的代表等。其内容应言简意赅，每人不超过3分钟，重点分别应为介绍、道谢与致贺。

（四）执行剪彩

主持人宣布剪彩后，在欢乐的乐曲声中助剪者和剪彩者进行剪彩，一刀剪断，举手鼓掌，并向主办方握手道贺。

（五）来宾参观

剪彩之后，主办方应陪同来宾参观，随后主办单位可向来宾赠送纪念性礼品，并款待全体来宾用餐。仪式至此宣告结束。

【案例分析】

某酒店为庆祝开业，在酒店门口举行隆重的开业典礼。邀请了市里的重要领导及知名人士，同时请来了电视台记者对现场进行记录和报道。典礼开始时，主持人热情洋溢地念着祝辞，但是麦克风却不断地"嘶叫"，令现场人员直捂耳朵。主持人话还没讲完，话筒就突然从支架上掉到地上摔坏了。换好话筒后，天又下起了大雨，只好中途暂停。待到将活动移到酒店大厅、人员就绪时，又突然停电。现场一片混乱，该酒店总经理只好将典礼延后举行。

思考：请分析此案例违背了筹备开业典礼的什么原则？

模块六　签字仪式礼仪

签字仪式礼仪，指的是商务洽谈达成协议后，举行签字仪式时应遵守的礼仪。一般来讲，凡比较重要的、规模较大的商务洽谈，在协议达成后，都应举行签字仪式（图4-6-1）。

图4-6-1

技能点一　签字仪式的准备工作

签字仪式准备工作，指的是作为东道主为签字仪式所做的准备工作。一般应从以下几个方面着手。

一、确定参加人员

参加签字仪式的人员，基本上应是双方参加会谈的全体人员。如一方要求某些未参加谈判的人员出席签字仪式，应事先征求对方的意见，取得对方同意。一般礼貌的做法是，出席签字仪式的双方人数大体相等。有时为表示对本次商务谈判的重视或对谈判结果的庆贺，双方更高一级的领导人也可出面参加签字仪式，级别一般也是对等的。

二、协议文本的准备

谈判结束后，双方应组织专业人员按谈判达成的协议作好文本的定稿、翻译、校对、印刷、装订、盖火漆印或单位公章等。作为东道主,应为文本的准备工作提供准确、周到、快速、精美的方便条件和服务。

三、签字场所的选择

签字仪式举行的场所,一般视参加签字仪式的人员规格、人数多少及协议中的商务内容重要程度等因素来确定。多数是选择在客人所住的宾馆、饭店,或东道主的会客厅、洽谈室作为签字仪式的场所。有时为了扩大影响,也可商定在某个新闻发布中心或著名会议、会客场所举行。无论选择在什么场所举行,都应取得对方的同意,否则就是失礼的行为。

技能点二　签字仪式的会场布置

一、布置好签字厅

①要庄重、整洁、清静。

②室内应铺满地毯,正规的签字桌应为长桌,其上最好铺设深绿色的台呢布。

③签字桌应横放于室内,在其后可摆放适量的座椅。在签字桌上,循例应事先安放好待签的合同文本及签字笔、吸墨器等签字时所用的文具。

签署双边性合同时,可放置两张座椅,供签字人就座。签署多边性合同时,可以仅放一张座椅,供各方签字人签字时轮流就座。也可以为每位签字人提供座椅。签字人就座时,一般应面对正门。

④与外商签署涉外商务合同时,还需在签字桌上插放有关各方的国旗。插放国旗时,在其位置与顺序上,必须按照礼宾序列。例如,签署双边性涉外商务合同时,有关各方的国旗需插放在该方签字人座椅的正前方。

二、签字仪式的座次排列

(一) 并列式

并列式是举行双边签字仪式时最常见的形式。基本做法是:签字桌面向房间门,双方人员在签字桌后并排面门而坐,客方居右,主方居左(如图4-6-2)。

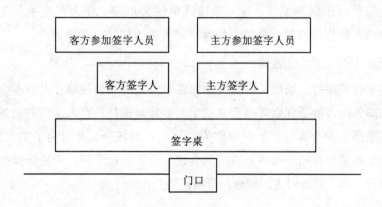

图 4-6-2

（二）相对式

相对式与并列式签字仪式的主要差别是，将双边参加签字仪式的随行人员（图 4-6-3 中的主、客方参加签字人员）移至签字人的对面（如图 4-6-3）。

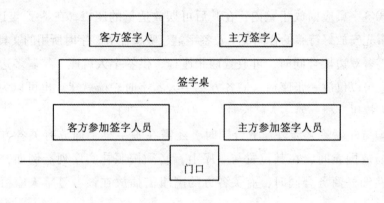

图 4-6-3

（三）主席式

适用于多边签字仪式。其操作特点是签字桌仍在房间内横放，签字席仍设在桌后面对正门位置，但只设一个，并且不固定其就座者。举行仪式时，所有各方人员，包括签字人在内，皆应背对正门、面向签字席就座。签字时，各方签字人应以规定的顺序依次到签字席就座签字，然后退回原处就座（如图 4-6-4）。

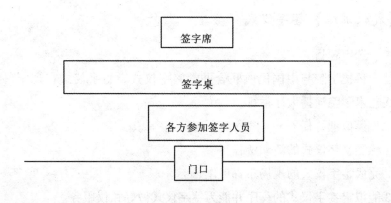

图 4-6-4

技能点三　签字仪式的程序

一、正式开始

有关各方人员步入签字厅，在既定的位次上各就各位。

二、签署合同文本

通常的做法是，首先签署己方保存的合同文本，接着签署他方保存的合同文本。商务活动规定：每个签字人在签署己方保留的合同文本时，按惯例应当名列首位。因此，每个签字人均应首先签署己方保存的合同文本，然后交由他方签字人签字。这一做法，在礼仪上称为"轮换制"。它的含义是：在位次排列上，轮流使有关各方均有机会居于首位一次，以显示机会均等、各方平等。

三、交换文本

此时，各方签字人应热情握手，互致祝贺，并相互交换各自一方刚才使用过的签字笔，以示纪念。全场人员应鼓掌表示祝贺。

四、共饮香槟酒互相道贺

交换已签的合同文本后，有关人员，尤其是签字人当场干一杯香槟酒，是国际上通行的用以增添喜庆色彩的做法。

【礼仪训练】签字仪式

一、选定题目

辽宁科技学院与中国民航联合办学签字仪式。签字仪式在辽宁科技学院人文艺术学院演播大厅举行。

二、模拟训练任务

①感受签字仪式的活动过程。

②完成签字仪式的现场布置工作。

③能拟定签字仪式的程序并能为签字仪式做好礼仪服务。

三、每组完成下列训练任务

①布置签字仪式现场。

②迎宾、签到、引领服务。

③拟定签字仪式程序。

④演练签字仪式过程。

⑤完成助签、端送酒水工作。

四、训练要求

①以小组为单位，每组 11~13 人进行练习，练习时每小组成员分成下列角色：主持人 1 人、礼宾服务人员（迎宾、助签 2 人，签到、端送酒水服务 2 人，引领 1 人）、辽宁科技学院校长、副校长、教学处主任，中国民航总经理、副总经理、办公室主任。

②每小组同学认真准备：

主持人拟定签字仪式程序。

礼宾服务人员准备酒水、签到簿、笔。

全组同学布置签字仪式现场。

③每小组同学严格按礼仪要求演练。

模块七　涉外商务礼仪

◇开篇有"礼"◇

王先生是国内一家大型外贸公司的总经理，为一批机械设备的出口事宜，偕秘书韩小姐一行赴伊朗参加最后的商务洽谈。王先生一行在抵达伊朗的当天下午就到交易方的公司拜访，正巧遇上他们的祷告时间。主人示意他们稍作等候再进行会谈，以办事效率高而闻名的王先生对这样的安排表示出不满。当晚，东道主为表示欢迎，特意举行了欢迎晚会。秘书韩小姐希望借此机会，展示一下中国女性的美丽、优雅。她上身穿白色紧身无袖上衣，下穿蓝色短裙，在众人略显异样的眼光中进入宴会厅。主人向每一位来宾递上饮料，韩小姐很自然地伸出左手接过饮料，主人立即改变了神色，并很不礼貌地将饮料放在了餐桌上。令王先生等人不解的是，在接下来的会谈中，一向很有合作诚意的东道主没有再和他们进行任何有实质性的谈话。

（资料来源：中华礼仪培训网）

技能点一　涉外交往的基本原则与通则

一、涉外交往的基本原则

（一）相互尊重

1. 尊重对方

礼仪的核心是"敬"。所谓"敬人爱己"，敬人就是尊重对方，这是相互尊重的一个重要方面。

2. 捍卫自尊

只有自尊才能得到对方对你个人、对你的组织、甚至对你国家的尊重，才能谈得上真诚合作、平等合作。

（二）实事求是

国际交往中，与他人说话不过谦，不说过头话。

（三）内外有别

内外有别是指在涉外商务交往中，因中外习惯不同，对待自己人与对待外宾应有所不同。

二、涉外交往的基本通则

（一）维护形象

在国际交往中，人们普遍对交往对象的个人形象倍加关注，同时也会遵照规范的、得体的方式塑造、维护自己的个人形象。个人形象在国际交往中深受人们的重视。在涉外交往中，每个人都必须时时刻刻注意维护自身形象，特别是要注意维护自己在正式场合留给初次见面的外国友人的第一印象。

个人形象在构成上主要包括六个方面。它们也称个人形象六要素。

第一是仪容，是指一个人个人形体的基本外观。

第二是表情，通常主要是一个人的面部表情。

第三是举止，指的是人们的肢体动作。

第四是服饰，是对人们穿着的服装和佩戴的首饰的统称。

第五是谈吐，即一个人的言谈话语。

第六是待人接物，具体是指与他人相处时的表现，即为人处世的态度。

（二）不卑不亢

不卑不亢是涉外礼仪的一项基本原则。它的主要要求是：每一个人在参与国际交往时，都必须意识到自己在外国人的眼里，是代表着自己的国家，代表着自己的民族，代表着自己的所在单位。因此，其言行应当从容得体、堂堂正正。在外国人面前既不应该表现得畏惧自卑、低三下四，也不应该表现得自大狂傲、放肆嚣张。

周恩来同志曾经要求我国的涉外人员"具备高度的社会主义觉悟、坚定的政治立场和严格的组织纪律，在任何复杂艰险的情况下，对祖国赤胆忠心，为维护国家利益和民族尊严，甚至不惜牺牲个人一切"。江泽民同志则指出：涉外人员必须能在变化多端的形势中判明方向，在错综复杂的斗争中站稳立场，再大的风流也能顶住，在各种环境中都严守纪律，在任何情况下都忠于祖国，维护国家利益和尊严，体现中国人民的气概。他们的这些具体要求，应当成为我国一切涉外人员的行为准则。

（三）求同存异

应当如何对待中外礼仪与习俗的差异性？在国际交往中，到底应当遵守何种礼仪为好？一般而论，目前大体有三种主要的可行方法。

其一，"以我为主"。所谓"以我为主"，即在涉外交往中，依旧基本上采用本国礼仪。

其二，"兼及他方"。所谓"兼及他方"，即在涉外交往中基本采用本国礼仪的同时，适当地采用一些交往对象所在国现行的礼仪。

其三，"求同存异"。所谓"求同存异"是在涉外交往中为了减少麻烦，避免误会最为可行的做法，是既对交往对象所在国的礼仪与习俗有所了解并予以尊重，又对国际上所通行的礼仪惯例认真地加以遵守。

（四）入乡随俗

入乡随俗，是涉外礼仪的基本原则之一，它的含义是：在涉外交往中，要真正做到尊重交往对象，首先就必须尊重对方所独有的风俗习惯。之所以必须认真遵守入乡随俗原则，主要是出于以下两方面的原因：原因之一，世界上的各个国家、各个地区、各个民族，在其历史发展的具体进程中，形成各自的宗教、语言、文化、风俗和习惯，并且存在着不同程度的差异。这种"十里不同风，百里不俗"的局面，是不以人的主观意志为转移的，也是世间任何人都难以强求统一的。原因之二，在涉外交往中注意尊重外国友人所特有的习俗，容易增进中外双方之间的理解和沟通，有助于更好地、恰如其分地向外国友人表达我方的亲善友好之意。

（五）信守约定

作为涉外礼仪的基本原则之一，所谓"信守约定"的原则，是指在一切正式的国际交往之中，都必须认真而严格地遵守自己的所有承诺，说话务必要算数，许诺一定要兑现，约会必须要如约而至。在一切有关时间方面的正式约定之中，尤其需要恪守不怠。在涉外交往中，要真正做到信守约定，对一般人而言，尤须在下列三个方面身体力行，严格地要求自己。第一，在人际交往中，许诺必须谨慎。第二，对于自己已经作出的约定，务必要认真加以遵守。第三，万一由于难以抗拒的因素，致使自己单方面失约，或是有约难行，需要尽早向有关各方进行通报，如实地解释，并且还要郑重其事地向对方致以歉意，并且主动地负担按照规定和惯例因此而给对方所造成的某些物质方面的损失。

（六）热情有度

热情有度，是涉外礼仪的基本原则之一。它是指人们在参与国际交往、直接同外国人打交道时，不仅待人要热情而友好，更为重要的是，要把握好待人热情友好的具体分寸。否则就会事与愿违、过犹不及。中国人在涉外交往中要遵守好热情有度这一基本原则，关键是要掌握好下列四个方面的具体的"度"。

第一，要做到"关心有度"。

第二，要做到"批评有度"。

第三，要做到"距离有度"。

在涉外交往中，人与人之间的正常距离大致可以划分为以下四种，它们各自适用不同的情况。

①私人距离，距离小于 0.5 米。它仅适用于家人、恋人与至交。因此有人称其为"亲密距离"。

②社交距离，距离为大于 0.5 米，小于 1.5 米。它适合于一般性的交际应酬，故也称"常规距离"。

③礼仪距离，其距离为大于 1.5 米，小于 3 米。它适用于会议、演讲、庆典、仪式及接见，意在向交往对象表示敬意，所以又称"敬人距离"。

④公共距离。其距离在 3 米开外，适用于在公共场合同陌生人相处。它也被叫作"有距离的距离"。

第四，要做到"举止有度"。要在涉外交往中真正做到"举止有度"，要注意以下两个方面：一是不要随便采用某些意在显示热情的动作；二是不要采用不文明、不礼貌的动作。

（七）不必过谦

不必过谦原则的基本含义是：在国际交往中涉及自我评价时，虽然不应该自吹自擂、自我标榜、一味地抬高自己，但是也绝对没有必要妄自菲薄、自我贬低、自轻自贱，过度地对外国人谦虚、客套。

（八）不宜先为

所谓不宜先为原则，也被有些人称作"不为先"的原则。它的基本要求是，在涉外交往中，面对自己一时难以应付、举棋不定，或者不知道到底怎样做才好的情况时，如果有可能，最明智的做法是尽量不要急于采取行动，尤其是不宜急于抢先、冒昧行事。也就是讲，若有可能的话，面对这种情况时，不妨先是按兵不动，再静观一下周围之人的所作所为，并与之采取一致的行动。不宜先为原则具有双重的含义。一方面，它要求人们在难以确定如何行动才好时，应当尽可能地避免采取任何行动，免得出丑露怯。另一方面，它又要求人们在不知道到底怎么做才好而又必须采取行动时，最好先是观察一些其他人的正确做法，然后加以模仿；或是同当时的绝大多数在场者在行动上保持一致。

（九）尊重隐私

我们在涉外交往中，务必要严格遵守"尊重隐私"这一涉外礼仪的主要原则。一般而言，在国际交往中，下列八个方面的私人问题，均被海外人士视为个人隐私问题。

其一，收入支出。

其二，年龄大小。

其三，恋爱婚姻。

其四，身体健康。

其五，家庭住址。

其六，个人经历。

其七，信仰政见。

其八，所忙何事。

要尊重外国友人的个人隐私权，首先就必须自觉地避免在对方交谈时，主动涉及这八个方面的问题。为了便于记忆，它们也可被简称为"个人隐私八不问"。

（十）女士优先

所谓女士优先，是国际社会公认的一条重要的礼仪原则，它主要适用于成年异性之间进行社交活动之时。女士优先是指在一切社交场合，每一名成年男子都有义务主动自觉地以自己实际行动，去尊重妇女，照顾妇女，体谅妇女，关心妇女，保护妇女，并且还要想方设法、尽心竭力地去为妇女排忧解难。倘若因为男士的不慎，而使妇女陷于尴尬、困难的处境，便意味着男士的失职。女士优先原则还要求，在尊重、照顾、体谅、关心、保护妇女方面，男士们对所有的妇女都一视同仁。

（十一）爱护环境

作为涉外礼仪的主要原则之一，爱护环境是指在日常生活里，每一个人都有义务对人类所赖以生存的环境，自觉地加以爱惜和保护。在涉外交往中，之所以要特别地讨论"爱护环境"的问题，除了因为它是每个人所应具备的基本的社会公德之外，还在于，在当今国际舞台上，它已经成为舆论倍加关注的焦点问题之一。在国际交往中与此有涉时，需要特别注意的问题有两点。

第一，要明白，光有"爱护环境"的意识还是远远不够的，更为重要的是要有实际行动。

第二，与外国人打交道时，在"爱护环境"的具体问题上要严于自律。具体而言，中国人在涉外交往中特别需要在爱护环境方面倍加注意的细节问题，又可分为下列八个方面。

其一，不可毁损自然环境。

其二，不可虐待动物。

其三，不可损坏公物。

其四，不可乱堆乱挂私人物品。

其五，不可乱扔乱丢废弃物品。

其六，不可随地吐痰。

其七，不可到处随意吸烟。

其八，不可任意制造噪声。

（十二）以右为尊

正式的国际交往中，依照国际惯例，将多人进行并排排列时，最基本的规则是右高左低，即以右为上，以左为下；以右为尊，以左为卑。

大到政治磋商、商务往来、文化交流，小到私人接触、社交应酬，但凡有必要确定并排排列时的具体位置的主次尊卑，以右为尊都是普遍适用的。

技能点二　涉外交往的主要礼仪

一、国际社会公认的"第一礼俗"

女士优先原则是国际社会公认的"第一礼俗"。在一切社交场合，每一名成年男子，都有义务主动自觉地以自己的实际行动去尊重女士、关心女士、保护女士、照顾女士，并且还要为女士排忧解难。国际社会公认，唯有这样的男子才具有绅士风度。当男士给女士让座时，女士不要过于谦让，更不能把座位再让给其他男士，避免尴尬。

二、国际常用见面礼

（一）握手礼

握手是大多数国家见面和离别时相互致意的礼仪。握手既是人们见面相互问候的主要礼仪，还是祝贺、感谢、安慰或相互鼓励的适当表达。如对方取得某些成绩与进步时，对方赠送礼品，以及发放奖品、奖状、发表祝词后，均可以握手来表示祝贺、感谢、鼓励等。

（二）鞠躬礼

与日本、韩国等东方国家的友人见面时，行鞠躬礼表达致意是常见的礼节仪式。鞠躬礼分为15°、30°和45°的不同形式；度数越高向对方表达的敬意越深。基本原则：在特定的群体中，应向身份最高、规格最高的长者行45°鞠躬礼；身份次之行30°鞠躬礼；身份对等行15°鞠躬礼。

（三）拥抱礼

两人正面站立，各自举起手臂，将右手搭在对方的左肩后面，左臂下垂，左手扶住对方的右后腰。首先向左侧拥抱，然后向右侧拥抱，最后向左侧拥抱。

（四）亲吻礼

长辈与晚辈亲吻的话，长辈吻晚辈的额头，而晚辈吻长辈的下颌。同辈人或兄弟姐妹，只能相互贴一贴面颊。

（五）吻手礼

吻手礼即男士亲吻女士的手背或手指。吻手礼的接受只限于已婚的女性。男士以右手或双手轻轻抬起女士的右手，俯身弯腰用微闭的双唇，象征性地轻触一下女士的手背或手指。

（六）合十礼

又称合掌礼。这种礼节通行于东亚和南亚信奉佛教的国家或佛教信徒之间。

欧洲人非常注重礼仪，他们并不习惯与陌生人或初次交往的人行拥抱礼、接吻礼、面颊礼等，所以初次与他们见面，还是以握手礼为宜。

三、涉外场合称呼礼仪

①在涉外交往中，一般对男子均称某某先生，对女子均称某某夫人、女士或小姐；对已婚女子称夫人、女士，未婚女子称小姐；对不了解其婚

姻情况的女子也可称作小姐或女士；对地位较高、年龄稍长的已婚女子称夫人，夫人称呼之前可以加丈夫的头衔和姓名，而不是夫人自己的姓。近年来，女士已逐渐成为对女性最常用的称呼。

②对于有学位、军衔、技术职称的人士，可以称呼其头衔。

③对于地位较高的官方人士（一般指政府部长以上的高级官员），按其国家情况可称"阁下"，如"总统阁下""主席阁下""部长阁下"等；对君主制的国家，按习惯对其国王、皇后可称为"陛下"；对其王子、公主或亲王可称为"殿下"；对其公、侯、伯、子、男等有爵位的人士，既可称呼其爵位，也可称呼"阁下"或者"先生"。但是，美国、墨西哥、德国等国却没有称"阁下"的习惯，因此对这些国家的贵宾可称先生。

④对社会主义国家和兄弟党，如朝鲜民主主义人民共和国等国家、越南共产党等其各种人员都可称作"同志"，有职衔的可另加职衔。

四、涉外场合介绍礼仪

（一）介绍的方式

在涉外场合与初次见面的人士认识，可由第三者介绍，也可进行自我介绍相识。为他人介绍时，要先了解双方是否有结识的愿望，不要贸然行事。无论自我介绍或为他人介绍，做法都要自然。正在交谈的人中，有所熟识的，便可趋前打招呼，这个熟人顺便将你介绍给其他客人。在这些场合也可主动自我介绍，讲清姓名、身份、单位（国家），对方则会随后自行介绍。为他人介绍时还可说明与自己的关系，便于新结识的人相互了解与信任。介绍具体人时，要有礼貌地以手示意，而不要用手指指点点。

（二）介绍的次序

应把身份低、年纪轻的先介绍给身份高、年纪大的，把男子先介绍给女士。介绍时，除女士和年长者外，一般应起立，但在会谈桌上、宴会桌上可不必起立，被介绍者只要微笑点头示意即可。

五、涉外活动应邀礼仪

①接到请柬、邀请信或口头的邀请，能否出席要尽早答复确认。对注有"R.S.V.P"（请答复）字样的，无论出席与否，均应迅速答复；注有"Regret only"（不能出席请复）字样的，在不能出席时才回复，但也应及时回复；经口头约妥再发来的请柬，上面一般注有"To remind"（备忘）字

样，只起提醒作用，可不必答复；答复对方，可打电话或复以便函。

②在接受邀请之后，不要随意改动。万一遇到不得已的特殊情况不能出席，尤其是主宾，应尽早向主人解释、道歉，甚至亲自登门表示歉意。

③应邀出席一项活动之前，要核实宴请的主人、活动举办的时间地点、是否邀请了配偶及主人对着装的要求等情况；活动多时更应注意，以免出现走错地方，或主人未请配偶却双双出席等尴尬局面。

六、涉外活动入座礼仪

①应邀出席重大的涉外政务、公务、商务活动或隆重的仪式活动，需服从礼宾次序安排。

②入座前，预先了解自己的桌次和座次。

③入座时注意桌上座位卡是否写着自己的名字，忌鲁莽或随意入座。

④女性入座时应注意姿态端正并整理裙装。

⑤在条件许可时应从座椅的左侧入座。

⑥入座时如遇邻座是身份高者、年长者、妇孺、残疾人士，应主动礼让或协助他们先坐下。

七、涉外交谈礼仪

（一）谈话的表情要自然、亲切，表达得体

说话时可适当做些手势，但动作不要过大，更不要手舞足蹈，不要用手指指人。与人谈话时，忌与对方距离太远或过近。谈话时不要唾沫四溅。参加别人谈话要先打招呼，别人在个别谈话时，不要凑前旁听或插话。有人与自己主动说话，应乐于交谈。第三者参与谈话，应以握手、点头或微笑表示欢迎。发现有人欲与自己谈话，可主动询问。谈话中遇有急事需要处理或需要离开，应向谈话对方打招呼，表示歉意。

（二）谈话要照顾在场的所有人

现场有多人时，注意与在场的所有人攀谈，忌只与一两个人说话、不理会在场的其他人，或仅与个别人谈两个人知道的事而冷落其他人。

（三）要给别人发表意见的机会，别人说话，也应适时发表个人看法

善于聆听对方谈话，不轻易打断他人的发言。一般不提与谈话内容无关的问题。如对方谈到一些不便谈论的问题，不对此轻易表态，可转移话题。在相互交谈时，目光应得体，注视对方，以示专心。对方发言时，忌

伸懒腰、看手表、玩物品、左顾右盼、心不在焉、注视别处等漫不经心的样子或动作。交谈中不涉及他人隐私，尤其是不问收入、不问女士年龄；主动回避敏感问题，如宗教信仰、人权、当事国的内政事务等；谈话的内容不涉及疾病、死亡等不愉快的事情；不谈一些荒诞离奇、耸人听闻、黄色淫秽的事情；对方不愿回答的问题不要追根问底；无意中谈起对方反感的问题或发现对方对自己谈论的话题不感兴趣时，立即转移话题；不批评、议论长辈或身份高的人员。

八、涉外陪同礼仪

（一）相互介绍

在初次见到外方人士时，陪同人员应当首先将自己介绍给对方，并且递上本人名片。如果需要由陪同人员出面介绍中外双方人士或宾主双方人士时，我国的习惯做法是：先介绍中方人士，后介绍外方人士；先介绍主方人士，后介绍客方人士。

（二）道路行进

在路上行进时，礼仪上的位次排列可分为两种。一是并排行进。它讲究"以右为上"，或"居中为上"。由此可见，陪同人员应当主动在并排行走时走在外侧或两侧，陪同对象走在内侧或中央。二是单行行进。它讲究"居前为上"，即请陪同对象行进在前。但若陪同对象不认识道路，或道路状态不佳，则由陪同人员在左前方引导。引导者在引路时应侧身面向被引导者，在必要时提醒对方"脚下留神"。

（三）上下车船

在乘坐轿车、火车、轮船、飞机时，其上下的具体顺序为：上下轿车时，通常请陪同对象首先上车、最后下车，陪同人员最后上车、首先下车。上下火车时，陪同对象首先上车、首先下车，陪同人员居后。必要时，也可由陪同人员先行一步，以便为陪同对象引导或开路。上下轮船时，顺序通常与上下火车相同。不过若舷梯较为陡峭时，陪同对象先上后下，陪同人员后上先下。上下飞机的顺序要求与上下火车基本相同。

（四）出入电梯

陪同人员应稍候陪同对象。进入无人驾驶的电梯时，陪同者首先进入，并负责开动电梯。进入有人驾驶的电梯时，陪同者最后入内。离开电梯时，陪同者一般最后一个离开。若是自己堵在门口，首先出去也不为失礼。

（五）出入房门

在出入房门时，陪同人员通常负责开门或关门。进入房间时，若门向外开，陪同人员首先拉开房门，然后请陪同对象。若门向内开，则陪同人员首先推开房门，进入房内，然后请陪同对象进入。离开房间时，若门向外开，陪同人员首先出门，然后请陪同对象离开房间。若门向内开，陪同人员在房内将门拉开，然后请陪同对象首先离开房间。

（六）就座离座

陪同者与陪同对象身份相似，双方可以同时就座或同时离座，以示关系平等。陪同对象的身份高于陪同者，请前者首先就座或首先离座，以示尊重对方。

（七）提供餐饮

单独点菜或点饮料时，陪同者请陪同对象先点。上菜或上酒水时，为陪同对象先上，再为陪同者上；先宾后主，先女后男。

（八）日常安排

陪同对象的具体活动日程早已排定，陪同人员无权对其加以变更。若陪同对象要求变更活动安排，陪同人员不宜擅自做主，应及时向上级报告，并执行上级决定。若陪同人员发现陪同对象的活动日程的确存在不足之处，可向有关方面进行反映，但不宜直接与陪同对象就此问题进行沟通，更不宜在对方面前随意发表个人意见。

（九）业余活动

我方所接待的外宾在工作之余、在遵守我国法律的前提下，可进行自由活动。在必要时，我方陪同人员可为之提供方便。若陪同对象要求陪同人员为其业余活动提供建议时，陪同人员既要抱有热情、主动、积极的态度，也要具体考虑我方的有关规定、现场的治安状况及活动的内容是否健康、合法。若陪同对象要求陪同人员为其业余活动提供方便时，陪同人员应予以重视，既要力求满足对方的合理请求，又要善于拒绝对方的不合理请求。但无论如何，都不允许陪同人员帮助陪同对象在华从事违法犯罪的活动。

技能点三　国外习俗礼仪

一、欧洲国家习俗礼仪

（一）英国

1. 英国人性格特点

①寡言含蓄。

②恪守传统。

③崇尚艰苦奋斗。

2. 习俗

（1）饮食习俗

英国人喜欢吃牛肉、羊肉、蛋类、禽类、甜点、水果等。喜爱的烹饪方式有烩、烤、煎、炸等。

（2）主要节日

英国传统节日有新年、情人节、复活节、圣诞节等。

3. 礼仪与禁忌

（1）礼仪

①见面礼仪。英国人初次见面，一般行握手礼，不像东欧人那样经常拥抱。随便拍打客人被认为是失礼的行为。

②仪态礼仪。在英国，人们在演说或别的场合伸出右手的食指和中指，手心向外，构成Ｖ形手势，表示胜利；如有人打喷嚏，旁人会说"上帝保佑你"，以示吉祥。

③商务礼仪。在英国从事商务活动要避开7月和8月，这段时间工商界人士多休假，另外在圣诞节、复活节期间也不宜开展商务活动。在英国送礼不得送贵重礼物，以避贿赂之嫌。在商务会晤时，按事先约好的时间光临，不得早到或迟到。英国人办事认真，不轻易动感情或表态，他们视夸夸其谈、自吹自擂为缺乏教养的表现。

（2）禁忌

英国人有排队的习惯，插队在英国是一种令人不齿的行为。英国人不喜欢谈论男人的工资和女人的年龄。在英国购物，最忌讳的是砍价。英国人不喜欢讨价还价，认为这是很丢面子的事情。

（二）意大利

1. 意大利人性格特点

①酷爱文物。

②热情好客。

③时间观念不是很强。

2. 习俗

（1）饮食习俗

意大利的饮食以味醇、香浓、原汁原味闻名，注重炸、熏等方式，以炒、煎、炸、烩等方法见长。调料擅长使用番茄酱、酒类、柠檬、芝士等。

（2）主要节日

新年、复活节、狂欢节、八月节、圣诞节、解放日等。

3. 礼仪与禁忌

（1）礼仪

①见面礼仪。意大利人见面时，大多行握手礼，常见朋友之间，多招手示意。意大利的格瑟兹诺人，遇见朋友总习惯把帽拉低，以表示对朋友的尊重。

②待客礼仪。意大利人与宾客相见时，习惯热情向客人问好，面带笑容以"您"相称。他们时间观念不强，会面总是习惯迟到，认为这样是礼节风度。

③商务礼仪。意大利企业的总经理握有很大的权力，喜欢独断专行，因此从事商务活动应尽量与总经理直接打交道。意大利人对初次见面的人虽然客气，但往往对问题不予明确答复，他们不愿仓促表态。只有经过一段时间的接触，取得了他们的信任，洽谈生意才能较为顺利。

（2）禁忌

意大利人以黑色为丧礼色，是忌讳的颜色，认为只有遇有丧事时，才系黑领结。虽然意大利的国花是雏菊，但因为死人节期间，人们在陵墓献上的鲜花普遍为菊花，所以赠送鲜花时，忌送菊花。忌讳交叉握手，不要越过两个人握着的手与另一人握手，因为四人手臂交叉形似十字架，不吉利。意大利与西方一些国家一样将 13 作为"魔鬼数字"，忌用 13，饭店没有 13 号房间，公交车没有 13 路。星期五也被视作不吉利，安排宴会、聚餐等活动，要避开星期五。

（三）法国

1. 法国人性格特点

①浪漫多于严谨。

②享受胜于奋斗。

③酷爱花卉。

2. 习俗

（1）饮食习俗

法国是世界三大烹饪王国之一。以米饭或面食为主食，很爱吃肥嫩的猪肉、牛肉、羊肉，喜食鱼、虾、鸡、鸡蛋和新鲜蔬菜；喜用丁香、胡椒、香菜、大蒜、番茄酱等作调料。对煎、炸、烤、炒等烹调方法制作的菜肴很是喜爱。

（2）主要节日

新年、耶稣升天节、复活节、万圣节、圣诞节和国庆节等。

3. 礼仪与禁忌

（1）礼仪

①见面礼仪。法国人与客人见面时，一般行握手礼，少女向妇女常行屈膝礼。男女之间、女性之间见面时，常以亲面颊来代替相互间的握手。

②服饰礼仪。法国人对服饰的讲究，世界闻名。在正式场合，法国人通常穿西装、套裙或连衣裙，颜色多为蓝色、灰色或黑色，质地多为纯毛。出席庆典仪式时，一般穿礼服。

③餐饮礼仪。法国人用餐时，两手允许放在餐桌上，但不允许将两肘支在桌子上。放下刀叉时，习惯于将其一半放在碟子上，一半放在餐桌上。

（2）禁忌

法国人忌讳 13 与星期五，并对墨绿色比较反感。到法国洽谈贸易时，严禁过多地谈论个人私事，不得提出年龄、职业、婚姻状况、宗教信仰、政治面貌、个人收入等问题。如果初次见面就送礼，会使法国人认为不善交际、甚至粗俗。

在人际交往之中，法国人对礼物十分看重，也特别讲究。宜选具有艺术品位和纪念意义的物品，不宜送刀、剑、剪子、餐具或是带有明显广告标志的物品。忌讳男人向女人送香水。接受物品时，不当面打开是一种无礼的表现。

（四）德国

1. 德国人性格特点

①严肃沉稳。

②勤劳整洁。

③准时高效。

④遵纪守法。

2. 习俗

（1）饮食习俗

德国菜以朴实无华、经济实惠的特点独立于西餐世界中。其特点是食用生菜较多，很多菜都带酸味。德国烹饪是以多种多样的肉类和面包为特色，用餐相当丰富，富含脂肪，营养价值高。面包有全麦面包、荞麦面包和面包干。

（2）主要节日

德国主要有圣诞节、狂欢节、复活节等节日，其中圣诞节是德国最重要的节日，就像中国的春节。每年 10 月 10 日，是德国慕尼黑的啤酒节。1810 年 10 月 10 日，为了庆祝巴伐利亚的路德维格王子和萨克森国的希尔斯公主的婚礼而举行的盛大庆典，慕尼黑民众饮酒庆贺。自那以后，十月啤酒节就作为一个传统的民间节日保留下来。

3. 礼仪与禁忌

（1）礼仪

①见面礼仪。德国人比较注重礼节形式。在社交场合与人见面时，一般行握手礼。与熟人见面时，一般行拥抱礼。

②餐饮礼仪。德国人在用餐时，注重"以右为上"的传统和"女士优先"的原则。举办大型宴会时，一般提前两周发出请帖；一般宴会则在 8~10 天前发出请帖。他们有个习俗，那就是吃鱼的刀叉不能用来吃其他食物。

③待客礼仪。德国人一般不邀请客人去家中，不速之客有时会被拒之门外。去做客一般给女主人带一束鲜花，给小孩买玩具或书，但一定要撕去价签，并包装好。做客后，应向主人表示感谢。

（2）禁忌

在德国，不宜随意以玫瑰或蔷薇送人，前者表示求爱，后者则用于悼亡。德国人对 13 和星期五极度厌恶。他们对于四人交叉握手，或在交际场合交叉谈话或窃窃私语，也比较反感，认为这是不礼貌的。与德国人交谈时，不宜涉及纳粹、宗教与政党之争。德国人认为，在路上遇见烟囱清洁工，预示着一天要交好运。

在德国，星期天商店一律停业休息，在这一天逛街，自然难有收获。

（五）俄罗斯

1. 俄罗斯人性格特点

①英勇坚强。

②文化底蕴深厚。

③急躁情绪。

2. 习俗

（1）饮食习俗

俄罗斯人讲究量大实惠，油大味厚。他们喜欢酸、辣、咸味，偏爱炸、煎、烤、炒的食物，尤其爱吃冷菜。俄罗斯人一般以面包为主食，喜欢吃黑麦面包。喜爱吃牛羊肉，不爱吃猪肉。俄罗斯人喜欢饮酒，尤其爱烈性伏特加酒，对我国产的"二锅头"爱不释手。

（2）主要节日

俄罗斯节日主要有国庆日、圣诞节、俄罗斯建军节、诗歌节、妇女节、胜利节、三圣节和送冬节（谢肉节）等。

3. 礼仪与禁忌

（1）礼仪

①见面礼仪。俄罗斯人初次会面行握手礼。对久别重逢的熟人，则大多要热情拥抱。在称呼方面，在正式场合，他们也采用"先生""小姐""夫人"之类的称呼。

②仪态礼仪。俄罗斯人非常重视人的仪表、举止，在社交中，俄罗斯人总是站有站相、坐有坐相。站立时保持身体正直，等候人时不论时间长短，都不蹲在地上，也不席地而坐。他们在社交场合还忌讳剔牙等不雅动作。

③服饰礼仪。俄罗斯人讲究仪表，注重服饰。俄罗斯人多穿西装或套裙，俄罗斯妇女喜爱穿连衣裙。

④商务礼仪。俄罗斯商人一般初次见面时不轻易交换名片。每年的 4—6 月是俄罗斯人的度假季节，不宜进行商务活动。在商业谈判时，俄罗斯商

人对合作方的举止细节很在意，因此商务交往时宜穿着庄重、保守的西服。大多数俄罗斯商人做生意的节奏缓慢。

（2）禁忌

俄罗斯人视"葵花"为国花，讨厌13这个数字，而数字7意味着幸福或成功。黑色表示肃穆、不祥或晦气。镜子被视作"神圣物品"，打碎镜子意味着不祥；但打碎盘子、碟子则意味着富贵和幸福。

俄罗斯人忌讳的话题有：政治矛盾、经济难题、宗教矛盾、民族纠纷、前苏联解体、阿富汗战争及大国地位问题。

二、美洲国家习俗礼仪

（一）美国

1. 美国人性格特点

①热情开朗。

②独立进取。

③讲求实际。

④求变好动。

2. 习俗

（1）饮食习俗

美国人在口味上喜食生、冷、淡食，一般要清淡、微辣、微甜少酸。主要烹调方法有煎、炸、炒、炖、清蒸。

（2）主要节日

美国节日分为两大类：政治性的节日和宗教性的节日。前者如美国独立日、国旗日、华盛顿诞辰纪念日、林肯诞辰纪念日；后者如复活节、情人节、万圣节、感恩节、圣诞节；同时还有民俗节日，如愚人节、母亲节、父亲节等。

3. 礼仪与禁忌

（1）礼仪

①见面礼仪。美国人与客人见面时，一般以握手为礼。他们习惯手要握得紧，眼睛正视对方，微微欠身。

②赴宴礼仪。如果应邀参加家庭聚会，可问主人需要什么礼物，即使主人婉谢，届时仍可带一瓶酒、一束鲜花或具有中国特色的小礼物。除非事先言明，一般聚会活动以不带小孩参加为宜。

③社交礼仪。除了握手礼，美国人另外一种礼节是亲吻礼，这是在彼此很熟悉的情况下的见面礼节。

（2）禁忌

美国人讨厌 13 和星期五；讨厌蝙蝠和黑猫，前者被认为是凶神恶煞的象征，后者被视作带来厄运的动物。美国人不用一根火柴点燃两支烟，认为这样不吉利。

（二）加拿大

1. 加拿大人性格特点

①生性活泼，酷爱户外运动。

②热情好客，待人诚恳。

2. 习俗

（1）饮食习俗

加拿大人喜爱吃牛肉、鱼肉、野味、鸡蛋和蔬菜。一般喜欢甜酸、清淡、不辣的食品，爱喝原汁原味的清汤。烹调中不加调料，而是放在餐桌上自由添加。忌食各种动物内脏，不爱吃肥肉。

（2）主要节日

加拿大主要节日有冬季狂欢节、郁金香花节、淘金节等。

3. 礼仪与禁忌

（1）礼仪

①见面礼仪。加拿大人与人见面时，一般行握手礼。亲吻礼和拥抱礼仅适用于熟人之间。

②仪态礼仪。加拿大人在社交场合一般姿态比较庄重，举止优雅；交谈时，会和颜悦色地看着对方。

③服饰礼仪。在加拿大，不同场合有不同装束。在教堂，男性着深色西装，女性则穿庄重的衣裙。参加婚礼时，男子或穿西装，或穿便装。

④商务礼仪。加拿大人在商务活动场合，首次见面一般先作自我介绍，在口头介绍的同时递上名片。加拿大人有较强的时间观念，他们会在事前通知参加活动的时间。同时，参加宴会者也应准时到达，不能迟到。

（2）禁忌

加拿大人多信奉新教和罗马天主教，少数人信奉犹太教和东正教。他们忌讳 13 和星期五。忌讳白色的百合花，认为它会给人带来死亡的气息，习惯用来悼念死人。他们不喜欢别人把他们的国家和美国进行比较，尤其是拿美国的优越方面与他们相比。在饮食上，忌吃有怪味的食物，忌食动物内脏和鸡爪，也不爱吃辣味食物。

三、亚洲国家习俗礼仪

（一）日本

1. 日本人格特点

①敏感。

②忠诚。

③重视别人的态度。

2. 习俗

（1）饮食习俗

日本料理以鱼、虾、贝等海鲜味烹饪主料，并有冷、热、生、熟各种食用方法。日本人讲究食品营养学，讲究菜肴的色泽和形状，口味多为咸鲜，清淡少油，稍带甜酸和辣味。日本人不吃羊肉、猪内脏。日本人很讲茶道，餐前餐后都喜欢喝茶。

（2）主要节日

日本全年有 14 个法定节日，主要有新年、成人节、建国纪念日、绿色和平日、敬老节、文化节、天皇诞辰日、樱花节等。

3. 礼仪与禁忌

（1）礼仪

①见面礼仪。日本人见面多以鞠躬为礼，相互间行 30°和 45°的鞠躬礼，鞠躬角度不同，含义不同。在国际交往中，日本人也习惯握手礼。

②仪态礼仪。日本人常笑容满面，不仅高兴时微笑，窘迫时也会发笑，以掩饰自己的真实情感。不同手势有不同含义，横放的"OK"手势，表示钱。

③服饰礼仪。日本人很重视自己的衣着。在正式场合，男子和大多数中青年女性都穿西服。和服是日本的传统服装，除一些特殊职业者和传统节日外，在公共场合很少穿。

④商务礼仪。日本的商务活动，宜选择在 2—6 月或 9—11 月，其他时间为休假或忙于过节。日本人在商务活动中很注意名片的使用，总是随身携带。日本商人比较重视建立长期的合作伙伴关系。

（2）禁忌

日本人不喜欢紫色，认为这是悲伤的颜色；忌讳绿色，认为是不祥之色。忌讳4和9，因为和日语中的"死""苦"等字谐音；忌讳三人一起合影、中间的人被夹着，是不好的预兆。不喜欢狐狸和金银色的猫。

（二）韩国

1. 韩国人性格特点

①民族主义、爱国精神。

②尊重传统和文化。

③坚韧、顽强。

④刻苦、认真。

2. 习俗

（1）饮食习俗

韩国饮食的主要特点是高蛋白、多蔬菜、喜清淡、忌油腻，味觉以酸、辣、甜为主。韩国人以米饭为主食，菜肴以炖、煮和烤为主，基本上不炒菜。喜爱腌制泡菜，每餐必有一汤，尤其爱喝大酱汤。饮料品种较多，传统的有清酒、药酒、烧酒和啤酒。

（2）主要节日

韩国节日与我国大体相同，有春节、清明节、端午节、中秋节等，其特色节日有开天节、显忠日等，国际性节日有情人节、圣诞节等。

3. 礼仪与禁忌

（1）礼仪

①见面礼仪。韩国人见面采用鞠躬礼和握手礼，妇女一般不与男子握手，而往往代之以点头致意或是鞠躬礼仪。称呼他人习惯用尊称和敬语。

②仪态礼仪。韩国人特别注重礼仪姿态，在站姿、走姿和坐姿上都有严格要求。出行时，长者、尊者在前；男女同行时，男性在前。坐姿上，传统坐姿为男性盘腿而坐，女性双脚交叉、跪坐。

③服饰礼仪。在韩国，韩服是传统服饰，只有在节日和有特殊意义的日子里穿着。

④商务礼仪。商务活动穿着保守式样的西装。商务活动、拜访必须预约。名片上名字要求印有英文、韩文对照。

（2）禁忌

外国人应做到入乡随俗，否则会被认为对韩国的不敬。

【案例分析】

赴英国旅游一团队，一行25人，有领队陪同。到达英国后，对英国的旅游景点非常满意。最后一天，游客想带些英国的特色纪念品回国，以留作纪念。于是领队和海外地接社导游带领游客来到一家非常高档的商店。游客们挑选到了自己喜欢的物品，并针对价格进行了"砍价"，但是这批游客却被商家请出店外，不卖商品给他们了。游客被弄得一头雾水，扫兴回国。回国后，游客得知被拒绝的原因后，将组团社告上了法庭。

游客被拒绝的原因是什么？该组团社是否有责任，游客是否该将其告上法庭？

【课后小练习】

判断并分析以下情景人物做法的正误并说明理由。

①王女士收到美国朋友送的一份礼物，非常高兴，表示感谢后立即打开礼物。

②张先生在旅行中结识了两个日本朋友，他高兴地拉着两人一起合影。

③意大利的国花为鸢尾花。

④赵先生在一商务场合遇到来自韩国的李女士，向她鞠躬问候。

⑤周先生出席一个宴会，拉开门后注意到自己身后有两位女士，于是就拉着门请她们先进去。

【技能训练】

国际常用见面礼

动作要点如下。

①握手礼。双方面对面站立，面带微笑，注视对方，右手手臂向下伸直，拇指张开，其余四指并拢。

②鞠躬礼。鞠躬礼分为15°、30°和45°；度数越高向对方表达的敬意越深。基本原则：在特定的群体中，应向身份最高、规格最高的长者行45°鞠

躬礼；身份次之行 30°鞠躬礼；身份对等行 15°鞠躬礼。

③拥抱礼。两人正面站立，各自举起手臂，将右手搭在对方的左肩后面，左臂下垂，左手扶住对方的右后腰。首先向左侧拥抱，然后向右侧拥抱，最后再向左侧拥抱。

④亲吻礼。长辈与晚辈亲吻的话，长辈吻晚辈的额头，而晚辈吻长辈的下颌。同辈人或兄弟姐妹的话，只能相互贴一贴面颊。

⑤吻手礼。男士以右手或双手轻轻抬起女士的右手，俯身弯腰用微闭的双唇，象征性地轻触一下女士的手背或手指。

参考文献

［1］伍新蕾．服务礼仪与形体训练［M］．大连:东北财经大学出版社,2016.

［2］刘长凤．实用服务礼仪培训教程［M］．北京:化学工业出版社,2015.

［3］柳建营,赵国山．商务礼仪［M］．北京:中国传媒大学出版社,2015.

［4］李荣建．现代礼仪［M］．北京:高等教育出版社,2011.

［5］海英．礼仪的力量:海英老师的33堂礼仪课［M］．北京:北京师范大学出版社,2011.

［6］孙丽．人人都要懂的职场礼仪［M］．北京:人民邮电出版社,2015.

［7］孟祥武,任丽华,王绍晶．现代公关礼仪［M］．沈阳:东北大学出版社,2004.

［8］王玉山,张云树,李显忠．公关实用辞典［M］．沈阳:辽宁大学出版社,1994.

［9］秦启文．现代公关礼仪［M］．重庆:西南师范大学出版社,2001.

［10］赵颖梅．现代人完全礼仪手册［M］．海口:海南出版社,2002.

［11］李惠中．跟我学礼仪［M］．北京:中国商业出版社,2002.

［12］潘薇．公关礼仪［M］．北京:中国经济出版社,1998.

［13］张敬慈,罗健,刘一民．礼仪公关［M］．成都:四川大学出版社,1995.

［14］榕汀．青年口才艺术［M］．呼和浩特:远方出版社,2001.

［15］赵菊春．演讲艺术［M］．北京:兵器工业出版社,1999.

［16］体义,红雨．礼仪·禁忌［M］．长春:吉林教育出版社,1994.

［17］张文华．求职礼仪:就业面试指南［M］．广州:华南理工大学出版社,2000.

[18] 明山.卡耐基口才训练大全[M].北京:华龄出版社,1997.

[19] 徐成功.成功素质激励训练[M].海口:海南出版社,1996.

[20] 国家职业资格工作委员会公共关系专业委员会.公关员职业培训与鉴定教材[M].上海:复旦大学出版社,1999.

[21] 朱立安.国际礼仪[M].台北:扬智文化事业股份有限公司出版社,2000.

[22] 朱庆芳.面试技巧与方法[M].北京:中国人事出版社,1997.